# 流域生态廊道构建与修复技术

## ——以独流减河流域为例

张 彦 邵晓龙 张文强 朱金亮 徐威杰 等 编著

中国环境出版集团·北京

图书在版编目（CIP）数据

流域生态廊道构建与修复技术：以独流减河流域为例/张彦等编
著. —北京：中国环境出版集团，2023.9
ISBN 978-7-5111-5626-6

Ⅰ. ①流… Ⅱ. ①张… Ⅲ. ①流域—生态环境建设—研究—
天津②流域—生态恢复—研究—天津 Ⅳ. ①X321.2②X522.06

中国国家版本馆 CIP 数据核字（2023）第 185297 号

出 版 人　武德凯
责任编辑　史雯雅
封面设计　岳　帅

出版发行　中国环境出版集团
　　　　　（100062　北京市东城区广渠门内大街 16 号）
　　　　　网　　　址：http://www.cesp.com.cn
　　　　　电子邮箱：bjgl@cesp.com.cn
　　　　　联系电话：010-67112765（编辑管理部）
　　　　　发行热线：010-67125803，010-67113405（传真）
印　　刷　北京鑫益晖印刷有限公司
经　　销　各地新华书店
版　　次　2023 年 9 月第 1 版
印　　次　2023 年 9 月第 1 次印刷
开　　本　787×1092　1/16
印　　张　16.5
字　　数　330 千字
定　　价　112.00 元

# —— 编委会

# 目　录

# 1 研究背景与意义

## 1.1 海河南系独流减河流域的功能定位

### 1.1.1 独流减河流域概况

海河水系是中国七大河流水系之一，由海河干流、北三河、永定河、大清河、子牙河、南运河及300多条支流组成的海河水系，是我国华北地区的最大水系。其中，北三河（包括蓟运河、潮白河和北运河）与永定河合称海河北系；独流减河、大清河、子牙河和漳卫南运河等构成了海河南系。

独流减河属于人工开挖泄洪河道，也是海河南系下游地区最大的河流，设计流量3 200 m³/s。独流减河起自大清河与子牙河交会处的进洪闸，流经静海区、西青区、津南区、滨海新区的大港和塘沽等行政区域，最后经工农兵防潮闸入海，承接着海河南系中上游大清河、子牙河两大水系的入海泄洪。该河道开挖时间为1952—1953年，长度为43.5 km（至万家码头）；后于1968—1969年进行扩建东延入海，河道全长增至70 km。独流减河是典型的宽浅型河道，河道最宽处达到1 000 m左右，其中在万家码头以下北大港段辟有较宽的河槽，长度达到18.7 km，随着上游水量的减少，该区域形成独特的河槽型湿地。

海河南系天津段内沟渠纵横交错，其中一级河道6条，包括独流减河、南运河、大清河、子牙河、马厂减河、子牙新河，总长约291.26 km；二级河道11条，包括北排水河、沧浪渠、青静黄排水渠、月牙河、八米河、丰产河、外环河、新赤龙河、黑龙港河、卫津河、洪泥河等，总长约257.57 km；大型水库2座（北大港水库、团泊洼水库），中小型水库6座（钱圈水库、沙井子水库、津南水库、鸭淀水库、官港水库、邓善湾水库），水库水域面积超过200 km²；农用灌溉沟渠密布。海河南系天津段内主要河道基本情况见表1-1，主要水库基本情况见表1-2。

表 1-1　海河南系天津段内主要河道基本情况

| 河道类别 | 序号 | 水系单元 | 长度/km | 河宽/m | 水环境功能区划要求 |
|---|---|---|---|---|---|
| 一级河道 | 1 | 独流减河 | 70.14 | 800～1 000 | Ⅴ类 |
| | 2 | 南运河 | 79.2 | 8～15 | 日常Ⅴ类，引黄及南水北调期间Ⅲ类 |
| | 3 | 子牙河 | 68.51 | 80～100 | 近期Ⅴ类，远期Ⅳ类 |
| | 4 | 子牙新河 | 28.00 | 80～100 | Ⅴ类 |
| | 5 | 马厂减河 | 29.24 | 8～15 | 日常Ⅴ类，引黄及南水北调期间Ⅲ类 |
| | 6 | 大清河 | 16.17 | 80～100 | 日常Ⅴ类，引黄及南水北调期间Ⅲ类 |
| | | 小计 | 291.26 | 81～191 | — |
| 二级河道 | 1 | 北排水河 | 28.32 | 30～50 | 近期Ⅴ类，远期Ⅳ类 |
| | 2 | 沧浪渠 | 21.92 | 20～30 | 近期Ⅴ类，远期Ⅳ类 |
| | 3 | 青静黄排水渠 | 34.52 | 8～15 | 近期Ⅴ类，远期Ⅳ类 |
| | 4 | 黑龙港河 | 33.66 | 8～10 | 近期Ⅴ类，远期Ⅳ类 |
| | 5 | 洪泥河 | 25.10 | 8～10 | 日常Ⅴ类，引黄及南水北调期间Ⅲ类 |
| | 6 | 外环河 | 32.92 | 8～10 | 近期Ⅴ类，远期Ⅳ类 |
| | 7 | 八米河 | 28.17 | 8～10 | 近期Ⅴ类，远期Ⅳ类 |
| | 8 | 卫津河 | 10.60 | 8～10 | 近期Ⅴ类，远期Ⅳ类 |
| | 9 | 新赤龙河 | 10.25 | 8～10 | 近期Ⅴ类，远期Ⅳ类 |
| | 10 | 月牙河 | 16.05 | 8～10 | 近期Ⅴ类，远期Ⅳ类 |
| | 11 | 丰产河 | 16.06 | 8～10 | 近期Ⅴ类，远期Ⅳ类 |
| | | 小计 | 257.57 | — | — |

表 1-2　海河南系天津段内主要水库基本情况

| 序号 | 名称 | 面积/km² | 库容/亿 m³ |
|---|---|---|---|
| 1 | 北大港水库 | 139.19 | 5.00 |
| 2 | 团泊洼水库 | 46.35 | 1.80 |
| 3 | 鸭淀水库 | 8.97 | 0.32 |
| 4 | 钱圈水库 | 8.19 | 0.27 |
| 5 | 沙井子水库 | 7.21 | 0.20 |
| 6 | 津南水库 | 5.21 | — |
| 7 | 官港水库 | 5.19 | — |
| 8 | 邓善湾水库 | 0.88 | — |

　　海河南系天津段内除南部毗邻河北的几条河道外，绝大多数河道均与独流减河相连，因而本书中未严格区分海河南系天津段和海河南系独流减河流域，研究范围涉及静海区、

西青区、津南区、滨海新区大港的全部以及塘沽的部分区域,面积共 3 737 km²,但以独流减河干流及周边区域为重点。

## 1.1.2 独流减河流域主要功能定位

独流减河除具有防洪、灌溉等功能外,上接白洋淀,是天津市空间格局南部生态带的主轴,也是大清河流域的入海通道,具有特殊的生态地位。独流减河干流连接了北大港湿地自然保护区和团泊鸟类自然保护区两个滨海湿地生态环境保护区,并且独流减河干流部分河段本身也属于自然保护区。根据《天津市空间发展战略规划》,"北大港—独流减河—团泊洼"构成天津市南部地区贯穿东西的生态廊道,是规划中"南生态"建设的核心地带。

天津北大港湿地自然保护区位于滨海新区大港的东南部,湿地总面积 442.4 km²,有湖泊、河流、海岸滩涂、沼泽 4 种湿地类型,是天津市最大的湿地自然保护区。团泊鸟类自然保护区位于静海区东部,共 62.7 km²。这两个自然保护区位于候鸟从东亚至澳大利亚迁徙的中转站中。据考察统计,每年迁徙和繁殖的鸟类近 100 万只,其中有国家一级、二级保护鸟类 23 种,有 17 种达国际"非常重要保护意义"标准。

综上所述,作为海河流域下游滨海地区人工开挖河道,独流减河具有其自身独特的一些特点,主要包括:

第一,独流减河作为人工开挖的具有防洪分流功能的河道,承接上游子牙河、大清河上游(河北段)的泄洪来水,在天津境内流程短,其水量、水质受上游影响较大。

第二,独流减河作为天津市空间格局中南部生态带的主轴,连接了北大港和团泊两个湿地与鸟类自然保护区,且其本身部分河段也属于自然保护区,具有特殊的生态重要性。

第三,独流减河地理上位于海河下游滨海地区且农灌沟渠发达,流域自然地貌上河渠、湿地、洼淀、湖库相连,构成了"沟渠河网纵横,洼淀湿地辉映"的河湿交错的滨海河流系统。

第四,独流减河是海河南系天津段贯穿东西的最大平原型人工河道,河道宽约 1 km,而大部分河段水深一般不大于 1 m,河槽宽浅,河流滞缓。

# 1.2 存在的主要问题及科技需求

## 1.2.1 "十二五"期间存在的主要环境问题

独流减河位于海河流域下游,上接白洋淀,是天津市空间格局南部生态带的主轴,也是大清河流域的入海通道,具有特殊的生态地位。但是流域内存在污染来源复杂并呈现新特征,生态脆弱和破碎化严重、不满足高标准生态建设要求,水环境管理薄弱、存在较高环境风险等复杂水环境问题。在水生态环境方面的具体表现主要有以下两个方面：

（1）多水源并存但生态用水供应不足，河网密布但连通循环差、水流滞缓

独流减河补充水源包括海河南系上游来水、外调水以及流域内的雨洪水、污水处理厂尾水、农田退水、地下水等，多水源并存但不同水源的水量和水质季节分布不均，综合调配困难，流域内生态用水供应严重不足，河道生态基流难以保障。另外，流域内河网沟渠密布，流域及更大范围区域河网之间缺乏连通循环，由于河道宽浅的因素，河道水流滞缓，基本呈现河道型水库的特征，河流自净能力差。

（2）河滨带生态退化，截污净化功能低下

独流减河河滨生态带缺乏物理性贯通，河道、湿地、湖库、河口等生态节点之间缺乏生态廊道。尤其是独流减河部分河道作为湿地与鸟类自然保护区，其河滨生态带建设应兼顾截污净化和生境恢复两方面。由于高盐、缺水等因素，流域下游独特的宽浅型河槽湿地湿生植物多样性降低，湿地的天然自净作用下降，截污净化功能低下。独流减河特有的滨海湿地生态系统完整性差，影响流域水生态系统稳定性和后续的全面恢复。

### 1.2.2　主要科技需求

针对上述环境问题，亟须开展以下两个方面研究：

（1）多水源联合调度的生态水力学调控技术

独流减河流域多水源共存，雨洪水、外调水、污水处理厂尾水、农田退水、过境水、地下水等多水源具有时空高变动性，综合调度和调配困难。同时，流域内河网水系沟通联系不足，水流滞缓，水动力条件差，自净能力低下。亟须跨河系或河库联动的多水源联合调度生态水力学调控技术，对河道生态基流进行调补，改善河道水力条件。

（2）基于河湿生态系统完整性的生态功能性修复技术

针对流域内重要生态节点生态退化及独流减河河岸带破碎化严重等问题，亟须对独流减河河岸生态带和重要生态节点（如团泊洼、北大港湿地自然保护区）进行生态修复技术研究，研发区域"河道—湿地—湖库—河口"生态廊道构建技术以及兼顾鸟类生境保护的沿河生态功能修复技术，对下游的宽浅型河槽湿地的生态功能进行改善，恢复河滨生态带的截污净化及生态服务等功能。

# 国内外相关科技研究进展

## 2.1 生态补水技术研究进展

流域生态环境质量的恢复与重建需要合理开发利用水资源，充分考虑生态环境用水和水资源的永续利用，才能保持生态系统的良性循环。要使河流生态环境朝良性循环方向发展，首先必须满足流域生态系统所必需的水量要求。河流生态需水量是河流生态修复的重要依据，是确定河流生态补水方案的重要基础。基于生态补水方案，构建水系连通的水资源调配工程，再结合水资源调度下的生态水动力学机制和水质水量优化配置研究，能够实现流域水量平衡与水质改善的目标，保障流域生态环境质量恢复与重建。相关研究进展描述如下：

### 2.1.1 生态需水量研究进展

20 世纪 40 年代，美国鱼类和野生动物保护协会为保护河流水生生态系统开始对河道枯水流量、鱼类及无脊椎动物等所需水量进行研究。20 世纪 70 年代，河道最小生态流量、环境流量概念的提出，明确了自然与景观河流的基本流量。20 世纪 70 年代之后，欧洲各国以及澳大利亚、新西兰等接受河流生态流量的概念并对其生态环境需水量开展研究，相继提出河流最小生态（或生物）流量的概念和计算方法。随后，日本、南非等国家也开始对河流生态系统对水量与水质的要求开展各项研究，并提出各自的计算方法。1996 年，Gleick 首次明确提出了基本生态需水量（basic ecological water requirement）的定义，即在考虑气候、季节变化、现状生态等因素对生态系统影响的基础上，实现最小限度地改变生态系统、保护物种多样性和生态系统完整性的目标所需要的水资源量。

我国在生态环境需水方面的研究起步较晚。汤奇成在 1989 年研究塔里木盆地水资源与绿洲建设过程中首次明确提出"生态用水"的概念，认为生态用水是保护绿洲生态环境所需要的水，包括植树造林、种草等改善生态环境的用水和保持一定湖水水面的用水。刘昌明等认为在西部水资源开发利用中应考虑水资源开发利用与生态环境的协调发展，提出广义生态需水量是指维持全球生物地理生态系统水分平衡所需的水量，包括水热平衡、生物平衡、水沙平衡、水盐平衡等所需的水。胡波等采用生态需水系数-水文参数耦合模型分别计算了澜沧江与红河的河道内生态需水量与生态需水流量；倪晋仁等结合观测资料与河流生态需水确定原则对黄河下游河流最小生态环境需水量进行了初步研究；于鲁冀等利用斜率法、曲率法和多目标评价法 3 种改进湿周法计算分析了贾鲁河不同频率年河道内生态需水量。

对生态需水内涵的理解，不同学者由于研究对象、目的不同，提出了各自的见解和观点，并针对不同生态系统类型提出"环境流量""生态流量""生态用水""生态耗水""生态需水"等一系列相关概念。Mayer 等定义季节性湿地需水是为了达到一定的目标水平，满足植物蒸腾散发和土壤水分需求所需的全部水量，包括径流量和降水量。崔丽娟等定义湿地生态需水量是解决湿地生态恢复问题及实现湿地保护目标所需水量，即湿地为维持自身发展过程、恢复湿地生态平衡、保护湿地脆弱的生态功能区和湿地的生态景观、保证基本生态功能的发挥和保护生物多样性以及特殊的物种所需要的水量。李九一等认为沼泽湿地生态需水是指在一定的生态目标下，保证湿地生态系统不受破坏，多年平均需要补充的径流水量。崔保山等将湿地生态环境需水量分为湿地生态需水量和湿地环境需水量两部分，其中，广义的湿地生态需水量是指湿地为维持自身发展过程和保护生物多样性所需要的水量，狭义的湿地生态需水量是指湿地每年用于生态消耗而需要补充的水量，主要是补充湿地生态系统蒸散需要的水量。王新功等定义河口湿地生态环境需水量为维持湿地生态系统平衡和正常发展、保障湿地系统基本生态功能正常发挥所需的水量，其组成部分包括湿地植物需水、湿地土壤需水、野生生物栖息地需水、补给地下水需水、净化污染物需水、防止岸线侵蚀以及河口近海生物需水等。

河流生态需水计算方法主要包括水文学方法、水力学方法、水文-生态耦合方法三大类。其中，水文学方法比较常用，主要包括：蒙大拿法（Tennant 法）、枯水频率法（7Q10）、Texas 法、RVA 法等；水力学方法主要代表方法有湿周法和 R2CROSS 法等。水文-生态耦合方法是选取河道中目标物种，根据物种不同生活阶段对河流流量与流速的需求，从而确定其生态需水量，包括 IFIM、构建模块法。近年来学者开始对季节性湿地、河流廊道、农业灌区等生态系统需水量进行研究，提出相应的计算方法。

### 2.1.2 生态补水研究进展

综合国内外相关的实践和研究，"调水"（water diversion）主要分为两种形式：一种是持续性的调水工程，主要是解决产水和用水需求异地性矛盾，实现水资源在空间上重新配置的工程调控措施；另一种为生态补水，主要是向因最小生态需水量无法满足而受损的生态系统进行补水，补充其生态系统用水量，遏制生态系统结构的破坏和功能的丧失，既可以是工程措施，也可以是非工程措施。生态补水这一概念只是在国内使用比较广泛，并且与"调水"这一概念没有明确的区分。

国外关于生态补水的专门研究比较少，其研究内容主要还是针对"调水"后的效果评价和环境影响方面。Juan D. Restrepo 等对 Sanquianga 河口湿地进行生态调水后的地貌变化和生态效益开展研究；Couvillion B R 等对美国海岸保护与修复项目中路易斯安那州沿海湿地的生态补水效果开展预测研究；Ellery W N 等通过研究南非 Mpempe-Demazane 运河和 Tshanetshe 运河对 Mkuze 湿地的生态补水，对洪泛湿地补水后地貌水文和生态效应进行分析；Dadaser-Celik F 等对土耳其 Sultan 湿地生态补水开展生态补偿研究；Li Wen 等通过 Standardised Flow Index（SFI）和 Standardised Precipitation Index（SPI）对澳大利亚 Lower Murrumbidgee 河河道整治和调水后的水文干旱情况进行模拟研究，证明了在水资源管理中上下游用水关系平衡的重要性。Mead A. Allison 等通过对 Bonnet Carré 泄洪道对密西西比河 2011 年洪水响应特征的模拟，研究大型调水中河流的输沙能力，为未来密西西比河分洪调水提出了建议；R.D. DeLaune 等对湿地土壤的研究，表明生态调水是维持沿海湿地土壤有机质积累的重要手段。

国内对于生态补水的研究比较广泛，研究内容主要集中在补水效益评价、补水方案和生态补水量计算方面。在生态补水效益评价方面，张树军等考虑补水实施过程中水源区和受水区以及输水区效益变量的区别，对黑河流域生态补水功能综合效益进行评价。韩会玲等从生态效益、社会效益和经济效益几方面分析选取评价指标，建立了白洋淀生态补水效益评价指标体系。孙芳等在对白洋淀生态补水效益综合评价中采用了灰色关联分析法，结合综合指标来确定白洋淀补水工作的实际效果。葛海燕以补水后的生态环境变化和鸟类等生物指标对刁口河尾闾黄河三角洲自然保护区补水效果进行评价。

## 2.1.3　生态补水方案研究进展

一套行之有效的生态补水方案是湿地生态系统保护的保障。因此设计湿地生态补水方案，并选择出最优的补水方案显得十分重要。

Ayesha 等通过对美国俄亥俄州鲑鱼河河口湿地的研究，认为一个生态恢复项目必须要扭转人为影响和恢复生态系统功能。Alison 等通过结合空间分析和学科集成评估等对荷兰 Vecht 流域的湿地进行研究，结果表明高水位可以使湿地恢复，并且通过娱乐业为高水位恢复提供一种成本回收的手段。Raymond 等对美国缅因州海湾地区湿地盐沼的恢复项目的监测与修复的评估实践表明，修复后物理指标随着洪水的泛滥迅速反弹，盐度水平在一年后恢复，植物群落在三年后开始恢复为原有的植物种类与数量。Bridget 等对加拿大安大略省的湿地保护政策进行分析，证明了政策的进步性，但由于受到管理经验、财政等影响，导致其实施有一定困难。Kumar 等从简单一维模型到复杂的动态模型总结了有关人工湿地恢复情况，目的是更好地理解模型和优化设计模型在人工湿地上的应用。

多年来实践表明，生态补水取得了良好的社会效益、环境效益，不仅河道蓄水量增加，维护了河流生态、景观，而且水质得到明显改善，补水量越多，水质改善程度越大。汤世珍对比了艾里克湖补水前后的环境状况，并从生态与环境效益和社会与经济效益两方面分析了生态补水的效益。韩会玲等从生态效益、社会效益和经济效益 3 个方面分析选取评价指标，建立了白洋淀生态补水效益评价指标体系，旨在对生态补水进行较为科学的效益评价。黄海田等分析了南四湖应急生态补水的水情调度、工程运行、水量平衡和损失、水质等情况，指出了存在的问题，供南水北调东线工程规划和运行参考。胡广早等根据废黄河徐州市区段生态补水的实际情况，分析了存在的问题及原因，对今后补水前景进行了展望。石成春同样是基于污染物通量估算生态补水量，目的是改善水质，并不侧重解决生态缺水的问题。刘江侠等分析了南水北调工程中的水量平衡后，发现很有可能出现多余水的情况，在不影响城市供水的同时具备了对农业和生态补水的条件。

针对不同的生态系统类型及其关键因素，需要设计出有针对性的生态补水方案，以求达到最佳的生态恢复效果。赵世付对合肥市城市生态需水进行平衡分析，确定维持库湖自身存在所需补水量和为改善库湖水质所需水量，并分析城市生态补水的主要水源，确定了补水水源和补水水源配置方案。胡淑恒等通过设定不同的补水方案，根据补水前后化学需氧量（COD）、氨氮（$NH_3$-N）、总磷（TP）的浓度对比确定了最佳方案。张丽丽等通过 ArcGIS 自动分级，分析南水北调中线工程受水区生态水文级别，结合中线工程生态补水方式与工程条件，确定南水北调中线工程生态补水目标及优先级别，通过补水目标的优先级别，确定补水的先后顺序；同时指出指标体系的建立是进行生态水文分级的关键环节。殷峻暹等从水源区生态补水调度启动机制、受水区生态补水对象识别技术、中线干线生态补水调度分水机制三方面内容，提出了中线生态补水调度技术框架。刘江侠将海河流域补水年份归纳为 4 种类型，即单补农业型，农业和生态双补型，农业、生态和地下水源多补型，不需补水型，针对不同的类型制定海河流域不同年景下农业和生态的补水方案。卓俊玲等构建了湿地补水的景观生态决策支持系统和河口湿地生态需水的生态-水文模拟系统，对湿地进行模拟补水，分别确定了干旱、湿润和一般年份的湿地生态补水方案。胡广鑫等使用 MIKE 21 数值模拟软件构建二维水动力学模型对东昌湖生态补水进行模拟，分析不同补水口设置和水量分配情况对湖泊流速变化的影响，确定东昌湖生态补水的较优方案。刘越等分析汛期和非汛期的水位经验频率以及白洋淀湿地的生态功能，从补水时间和补水量两个方面确定白洋淀湿地生态补水方案。胡淑恒等选用一维河道稳态水质模型及均匀混合水质模型研究了不同量的生态补水的影响，确定最佳补水方案。近年来，多目标决策也逐渐发展成为优选最佳生态补水方案的一个重要手段。

## 2.1.4　生态补水的水动力–水质耦合研究进展

通过对生态补水的水动力-水质耦合机制进行研究,可以预测生态系统在补水后水量和水质的时空变化。结合国内外水环境数值模拟的最新研究进展,一般采用二维水动力-水质耦合模型模拟特征监测时段内,水生态系统流场和污染物浓度的变化情况,并分析验证模型的合理性,进而对可行的生态补水改进方案进行模拟,并对比分析不同补水量、补水方式、补水口位置情况下,生态补水对水动力和水质条件的改善情况。

近年来,国内对于水动力-水质耦合机制的研究已经取得了大量的成果,但研究对象多集中在南方水资源丰富的湿润地区,如太湖、巢湖、玄武湖和滇池等湖泊,其水动力学模型研究已经开展很久,不过由于这些湖泊多处于水资源丰富的湿润地区,所以模型中未考虑湖体结冰、蒸发等因素对湖泊流场的影响,并且大都只设定在恒定的风力作用下对湖泊流场进行模拟,而忽略了真实条件下风场的随机性。北方资源性缺水的浅水生态系统面临着越来越大的水量和水质双重压力。尤其是因为水资源的缺乏,一些水生态系统除了接受降水的补给外,自身没有来水和排水系统,水体交换周期较长,只能依赖引外源水补充。但是外源水的径流量可能不稳定,导致生态系统补给水源水量不足。另外,人为干扰强度大也是当前水生生态系统的一大特征,往往导致水生高等植物和浮游动物缺乏、水体透明度低、自净能力差。为了保障生态系统的良性运行,通过人工水源进行生态补水是有效的措施之一。但是,生态补水存在较大风险,依靠传统的物理模型研究水量水质变化规律已经不能满足要求。因此,利用水动力-水质耦合模型构建水量优化调控技术,对可行的生态风险较小的生态补水方案进行模拟对比分析是当前研究的重要方向。

水生态系统的水质模型是描述水体中污染物随空间和时间迁移转化过程的数学方程,用于表达污染物在环境中的变化规律及其影响因素之间相互定量关系。水质模型的发展在很大程度上取决于对污染物在水体中的迁移、转化过程研究的不断深入,以及计算机技术在水环境研究中应用程度的不断提高。水质模型在理论上从最初的物质和能量守恒原理发展到如今的随机理论、模糊理论和灰色理论;而在研究方法上,也从最初的以简单解析解和浓度表达为主发展到现在的以人工神经网络模拟辅助的解析解以及与地理信息系统相结合的数值解。这些研究成果对水环境管理技术的现代化起到了极大的推动作用。

研究生态补水过程中的水动力-水质耦合机制需要考虑另外一个极为重要的因素——水体富营养化。富营养化的主要表现特征之一是浮游植物的大量繁殖,其生长不仅与自身的光合作用、呼吸作用和生物捕食等过程相关,还受到营养物质含量的影响,其中磷被认定为多数湖泊富营养化形成最关键的物质。在这一理论的指导下,确定浮游植物与营养盐相互关系的模型逐步发展起来。其主要类型分为 3 种：一是磷负荷量与藻类生物量之间的经验模型；二是通过假定限制因子来模拟浮游植物的生长规律；三是由光合作用的相关因素来估算浮游植物的初级生产力。富营养化以及生态系统的自净能力的研究主要基于生态动力学模型。生态动力学模型是以对流-扩散方程为基础，依据水动力学理论建立模型，主要考虑物理扩散、生化反应以及营养盐平衡等因素，模拟浮游植物的生长规律和营养盐循环过程，以此分析生态系统中各因素之间关系的复杂模型。湖泊生态动力学模型是一种把生态学现象和概念转变成数学语言，并按照由此推导的数学关系式进行运算来预测湖泊富营养化程度的系统分析方法。与之前的几种湖泊富营养化模型相比，生态动力学模型考虑了更多的影响因素，能够更详细准确地反映营养物随时间和空间的变化规律，较为准确地描述湖泊中生物化学变化过程。

## 2.1.5　生态补水的水资源优化配置研究进展

当面对多水源或者更复杂情形的生态补水时，水资源优化配置的研究就显得十分必要。随着水资源供需矛盾的日益加剧，尤其是 2000 年以来，水资源优化配置定量研究成为政府和学界的热点研究领域。在国内，水资源配置理论研究主要是基于供需单方面限制的优化配置理论，基于经济最优、效率最高的优化配置理论和基于资源、社会经济、生态环境统筹考虑的协调优化配置研究三方面。水资源优化配置的常规操作方法有线性规划、非线性规划、动态规划、大系统分解协调理论等，启发式操作方法有神经网络、随机优化、模糊化、蚁群算法、遗传算法等。随着相关研究方法的不断深入与扩充，针对水资源优化配置的研究必将更加深入和完善。

周明华等采用多目标规划模型方法，研究分析了浙江省的水资源优化配置，结果得出了稳定有效的 2010 年和 2020 年的配水方案。付银环等在两阶段随机规划方法的基础上，以西营灌区、清源灌区、永昌灌区为研究区，建立了地表水和地下水联合调度的灌区之间水资源优化配置模型。王战平以宁夏引黄灌区为例，采用 GIS 和 RS 等先进工具，建立了引黄灌区的 SWAT 模型，对灌区的水资源优化配置进行了研究，并对优化配置结果进行分析，进而对引黄灌区的管理提出建议和对策。张洋研究了向海湿地生态补水的过程，由于洮儿河剩余可用水量不足以满足向海湿地的缺水量，需要转移洮儿河灌区的水量供给向海湿地，为减小水量转移对灌区的影响，进一步研究了生态补水的水资源优化配置。

MIKE BASIN 是研究水资源优化配置的重要软件，在水源调度和管理研究中被广泛应用。早在 2000 年，Kjeldsen 教授等就已经将 MIKE BASIN 模型应用到了南非的夸祖鲁纳塔尔省流域的水资源可持续发展风险标准评估的研究问题之中，并通过对 6 种不同方案的模拟，基于初始经验的改进，取得了较为可靠的研究结果，并且对风险标准评估可持续发展问题提供了一个可行性较高的解决方案。

较多学者基于 MIKE BASIN 成功模拟了水文过程，并进行了有效的水资源配置。2006 年 IRESON 教授等将 MIKE BASIN 和 ASM 结合起来建立了水资源框架指令系统，并将其应用于在数据稀缺的情况下做出决策。2014 年 Kaiglová 和 Langhammer 教授提出了利用 MIKE BASIN 建模来评估复杂条件下的水质污染状况。Bangash 在 2012 年提出了在数据资源有限的条件下如何利用 MIKE BASIN 软件对 Mediterranean 流域进行水资源配置的水文模拟，解决了数据短缺条件下水文模型建立困难的问题，同时通过各评价指标的评估验证了模型建立的可行性。Doulgeris 利用 MIKE BASIN 模型在气候变化减缓的情况下对 Nestos 河进行水资源配置的模拟，并对两种方法（the equal shortage 和 the yield stress）进行比较，结果显示，模型对于前者更加敏感。

2008 年，肖志远教授等利用 MIKE BASIN 软件对河流的子流域进行了划分，初步构建了流域水量预测模型系统，从而提高了水量模型的模拟预测精度和可靠性。同年，莫凯教授等利用 MIKE BASIN 软件模拟复杂水库调度的过程，解决了水库下游供水、预警及泄洪等问题，将 MIKE BASIN 的应用扩展到了水资源分配和水库调度结合上来，但是更多的是该软件在水库调度方面应用的开发和优化，并不涉及水质水量时空变化规律的模型耦合。杨芬等以缺水型大城市——北京为研究对象，以 ArcGIS 为平台，基于 MIKE BASIN 模型针对永定河、蓟运河等 6 个地表水源及地下水源开展了一系列水文模拟及水资源配置研究，经分析比较，发现 MIKE BASIN 模型可以更好地应用于缺水型大城市的水资源配置问题，并能够进行不同水源条件的方案计算，为水资源的配置、规划工作提供了科学依据。2014 年，王蕾教授等利用 MIKE BASIN 软件构建了水资源配置模型，采取地表水与地下水联合调度的方法解决了当地的缺水问题，但是并没有将河流的水质优化考虑在内。2014 年，卢书超等在其《基于 MIKE BASIN 的石羊河流域水资源管理的研究》一文中，将基于 MIKE BASIN 的水量调节模型进行了二次开发和利用，从而实现了提高模型精准度和模型运行效率的目的。曹东卫基于 ArcGIS 和 MIKE BASIN 模型对还乡河流域的污染负荷进行模拟，并与降雨径流模型 NAM 耦合，计算出了流域内污染负荷通量，为水环境管理提供了新的思路。

## 2.2  流域生态环境质量恢复与重建研究进展

流域生态环境质量恢复与重建是指使用工程的、生态的或综合的措施，使流域恢复因人类活动的干扰而丧失或退化的全部或部分自然功能。流域生态修复的目的是恢复已受损流域生态系统的结构与功能，使之达到一个具有流域地貌多样性和生物群落多样性的动态稳定并可以自我调节的河流系统。

生态环境质量恢复是使生态系统回到一个近似受干扰之前的状态；恢复到原状或健康、有活力的状态；重新建立该区域之前存在的历史条件，包括整个功能、结构和遗传组成。这些定义的共同点是将生态系统的结构（土壤条件、水文、水质、河道形态）和功能（水的储存、再交换和补给，沉积物的输送和滞留，生物、营养物质和沉积物的传输）恢复到历史的或未干扰前的状态。

生态恢复需要对生态系统停止人为干扰，以减轻负荷压力，依靠生态系统的自我调节能力与自组织能力使其向有序的方向进行演化；或者利用生态系统的这种自我恢复能力，辅以人工措施，使遭到破坏的生态系统逐步恢复或使生态系统向良性循环方向发展。生态恢复必须平衡考虑两种因素：一是以重建生态系统功能为目标的恢复；二是处理生态和人类社会关系为导向的恢复。这两种恢复都被认为主要是使生态系统恢复到过去状态（通常指在干扰或损害之前的状态）的一种手段；旨在修复损害但不一定恢复历史原有生态系统的能力。因此，恢复涵盖了范围广泛的活动，从将已有的生态系统及其所有物种精确恢复到退化地区，到追求将一个退化地区恢复到具有某种功能的生态系统，再到基本为了粮食生产或控制土壤侵蚀采取的植被恢复。

与水生态恢复相关的类型有许多，包括流域恢复、河流廊道恢复、湿地恢复、河岸带修复、洪泛平原恢复、河道（内）修复。流域恢复是非常宽泛的概念，包括森林管理、湿地和河岸带修复、河道修复等。河流廊道恢复属于小流域恢复，仍旧相对宽泛，包括洪泛平原、河岸带和河道。湿地恢复包括恢复退化湿地或重建已被破坏的湿地，如果湿地属于河流廊道的一部分，则湿地修复属于河流廊道修复的一类。河岸带是河流和陆地区域的交会处，具有提供栖息地、消退洪水等服务功能，河岸带恢复指增强河岸带的功能和结构，其依赖河流水文和受干扰程度。洪泛平原恢复，包括河岸恢复和非河岸修复（拆除堤防、回收脆弱土地、去除结构等）。河道（内）修复是直接在河道中的工作，包括河道稳定、生境质量恢复和洪水控制等。

### 2.2.1　流域生态修复的理论研究进展

利用生态系统的自我恢复能力，必须要确定恢复阈值。一个生态系统的恢复阈值受到生物因素（如杂草入侵、缺乏授粉）和非生物因素（如水文或土壤结构和过程的变化）的影响。生态系统状态转换的概念模型和潜在阈值识别见图 2-1。非线性和非平衡的生态系统动态已经形成共识，但关于组织状态转换的阈值何时和何地可能发生的争论仍在持续。

恢复活动涵盖一系列干预措施，从几乎没有到全面建设新型生态系统。生物干预通常需要重建被恢复生态系统中所需的物种或物种组合。在其他地区，可能需要对物理和/或化学环境进行重大改变，以恢复生态系统、景观或区域过程，如水文和养分动态。一个生态系统越退化，基本的生态系统过程越是发生根本改变，恢复就越困难和昂贵。

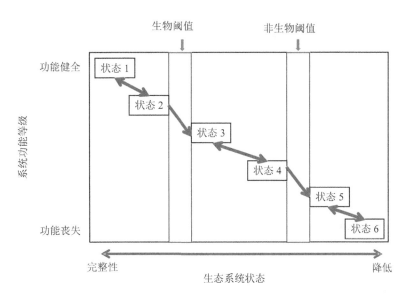

图 2-1  生态系统退化和恢复的状态与过渡

生态过程是生态系统内部和不同生态系统之间物质、能量、信息的流动和迁移转化的总称，是水环境修复的主要驱动力。结构组分是生态过程的载体，其变化会引起相关的生态过程改变；而生态过程中包含众多塑造结构格局的动因和驱动力，其改变也会使格局产生一系列的响应。加深对结构、组分、生态过程、生态系统服务的综合研究，对于深刻理解和把握河流生态恢复十分重要。生态学过程包括生物过程与非生物过程，生物过程包括种群动态、种子或生物体的传播、捕食者-猎物相互作用、群落演替、干扰传播等；非生物过程包括水循环、物质循环、能量流动、干扰等。

识别生态系统何时无须帮助（通过自动过程）与何时需要进行积极的恢复工作非常重要。通常，重点首先是恢复植物群落或个体植物物种，例如，恢复主要植物物种或代表性物种与所需的群落类型。这样做的方法取决于退化的程度和预期的连续动态。如果修复是从裸露的基底开始的，干预取决于预期的演替动力学。在有可能假定继承将从先驱阶段进入后期阶段的地方，可以启动流程，然后让流程继续进行。在某些情况下，如在热带地区恢复被遗弃的牧场，提供一些早期结构元素可以使栖息地成为鸟类散布种子的焦点。相比之下，如果一个"初始序贯"的继承模式运行（整个演替序列中的物种早期建立并基于差异寿命互相取代），那么需确保后续演替种类在初始修复时引入。在系统因某种原因卡住的情况下，可能需要重新引入所需物种。

在某些情况下，恢复的重点是特定的植物物种，通常是主要的结构物种，如植树造林的措施，使得林地或森林生态系统发育；减轻鹿和其他草食动物的放牧压力的措施，使得樟子松在苏格兰长时间没有林地的地区成功再生。在其他情况下，重点可能是稀有和受威胁的物种。在这种情况下，可以使用一系列技术，包括种子储存、组织培养、萌发增强和移位。

生态恢复的目的是解决现有的生态环境问题并使得生态系统能够自我恢复。如果做得好，将修复该系统，并允许基本种群和生态系统进程继续或重建，最终该系统自我维持。许多恢复项目的目标是进行一次性干预，然后让系统自行排序，但很多情况下，恢复可能需要持续的管理。

### 2.2.2 流域生态治理恢复和重建研究进展

（1）流域生态质量恢复和重建的理念

流域生态质量恢复的关键是河流生态质量的恢复和重建。最早对河流修复概念进行界定的是美国国家科研委员会（National Research Council，NRC）在 1992 年的报告中将修复定义为"使生态系统回到接近受损前的状态"，并指出"修复意味着重建受干扰前水体的功能及相关的物理、化学和生物特征"。而 Boon 认为修复作为一种可能的保护手段，目的是使河流不再处于半自然状态，其活动本身应集中在重建一种使河流自然过程能够再生的状态，从而使河流生态系统能回到自然演替的轨迹上。

但由于对河流自然状态难以确定，所以为避免人们的判断过于主观化，美国河流修复委员会发展了河流生态修复的概念，提出了目前得到广泛认可的定义：从环境角度，河流修复是保护和恢复河流系统达到一种更接近自然的状态，并利用可持续的特点增加生态系统的价值和生物多样性的活动，即修改受损河流物理、生物或生态状态的过程，以使开展修复工程后的河流较目前状态更加健康和稳定，这样定义使抽象的自然状态具体化，明确了河流生态修复的方向。

一般河流生态修复的目标主要包括河岸带稳定、水质改善、栖息地增加、生物多样性的增加、渔业发达及美学和娱乐，以期河流能够更加自然化，这是修复工程的一个最普遍的目标。

1938 年，德国 Seifert 首先提出近自然河溪治理的概念。它是指能够在完成传统河道治理任务的基础上，可以达到接近自然、经济并保持景观优美的一种治理方案。1965 年德国 Ernst Bittmann 在莱茵河用芦苇和柳树进行了生物护岸实验，实现了对河流结构的修复，可以看作最早的河流生态修复实践。20 世纪 70 年代末，瑞士 Zurich 州河川保护局建设部的 Christian Goldi 将德国 Bittmann 的生物护岸法发展为"多自然型河道生态修复技术"，即拆除已建的混凝土护岸，改修成柳树和自然石护岸给鱼类等提供生存空间，把直线形河道改修为具有深潭和浅滩的蛇形弯曲的自然河道，让河流保持自然状态。

随着修复实践的开展，河流修复已经从单纯的结构性修复发展到整个系统整体的结构、功能与动力学过程的综合修复。Brooks 和 Shields 从修复的范围上进行了解释，认为河流修复不仅包括河道本身，还应扩展到河漫滩乃至流域。因此，在流域修复思想的指导下，各国相继进行了流域范围的河流生态修复。如莱茵河行动计划（RAP），其重点是在流域范围内向莱茵河中长距离地迁移大西洋的鲑鱼。2001 年，针对荷兰段的修复计划，主要也是通过改进鱼类的迁移来实现对莱茵河的治理，并将一定数量的鲑鱼回到莱茵河作为河流生态系统修复成功的标志。此外，为恢复美国亚利桑那州凤凰城流域原有的风貌而进行的 TresRios 工程，其规模是史无前例的，主要内容包括：①恢复流域地区的生物栖息地；②建设湿地并扩大洪水缓冲带；③修建一条种植本土植物的河岸带及一系列具有宽阔水体的沼泽。

众多发达国家注重修复河流生态系统的完整性，追求河流的近自然性、生境的多样性等，提出了流域生态修复的 8 项措施，并广泛应用于实践工作，包括恢复缓冲带、重建植被群落、降低河流边坡、重塑弯曲河谷、修复浅滩和深塘、修复水边湿地、修复沼泽地、修复池塘等。日本在 20 世纪就开展了"创造多自然型河川计划"，提倡凡有条件的河段应尽可能利用木桩、竹笼、卵石等天然材料来修建河堤，并将其命名为"生态河堤"。Nakano 等对日本北部的 Shibetsu 河的生态修复进行了调查研究，探讨了大型无脊椎动物种群的恢复机理，指出重塑的蜿蜒河道为大型无脊椎动物创造了两种主要的生境：稳固的河床边缘生境和在河道弯曲处形成的树木的生境，这两种生境有利于大型无脊椎动物的发展。20 世纪 80 年代，德国提出了"重新自然化"概念，意在将河流及其滨岸带修复或重建到接近自然的程度。英国在修复和重建河流生态系统的过程中，则强调优先考虑河流的生态功能，采用了"近自然"河流及其滨岸带设计技术。Pedersen 等通过对丹麦 Skjern 河的生境、大型植物和大型无脊椎动物在 2000 年（修复前）和 2003 年（修复后）的两次调查观测，分析了生物群落的恢复机理，指出生态修复使生境变得丰富多样，极大地促进了生物群落的增长，并指出生物群落将会随着河流形态的稳定而持续发展。美国于 1977 年新通过了"清洁水保护法"修正案，把修复河流水体的物理、化学和生物完整性作为重要目标。1996 年完成的美国南达科他州 Foster 河岸带生态恢复和示范工程，通过大量疏浚河岸带滩地和河道泥沙，不仅认识了河岸带植物恢复的机理，而且验证了河岸带植被恢复和数量增加，可以使河流水质得到改善，河溪滩地动物生境得到恢复，生物多样性增加，河道和河岸稳定性增强，流水的侵蚀和沉积作用降低。1999 年，Rood 应用生态生理学原理和选择白杨树种，通过三个河坝放水控制试验，成功地恢复了美国内华达州 Truckee 河的河岸带滩地生态系统。1998 年开始的美国佛罗里达州南部的 Kissimmee 河生态恢复工程，计划在 15 年内恢复 70 km 的河道和 11 000 hm$^2$ 的湿地生态系统。鱼类群落恢复技术在国外开展较早，从 19 世纪后期开始的一个多世纪以来，鱼类的人工增殖放流技术在鱼类群落恢复中处于核心地位。另外，20 世纪 60 年代以后，在北美地区的酸雨污染湖泊的生态修复过程中，鱼类恢复技术得到了全面探索，形成了一套比较完整的技术。而欧洲各国则在河流鱼类洄游通道恢复的研究与实践中积累了大量经验，取得了明显的成效。20 世纪 80 年代开始，我国逐步开展了鱼类群落多样性研究，并在鱼类增殖放流和水利工程建设中的鱼类群落保护方面进行了较多实践。

由于河流水生态系统具有较大的时空差异性，故在不同的时空尺度下，环境流量的设定也不同。流域尺度下，由于常规水文监测站点仅设于少量典型水系上，且水文计算和河流环境流量评估经常面临长序列水文监测资料缺乏的问题。Alcázar 等采用人工神经网络数学模型，以具有天然流量分布特征的水文数据对西班牙 Ebro 流域河流的环境流量进行了评估，较好地解决了环境流量计算中长序列水文数据不足的问题。Alcázar 和 Palau 构建了流域尺度下河流水文情势、地形地貌评估指标体系，通过主成分分析法、聚类分析方法，基于具有天然流量分布特征的水文监测数据，将流域划分为若干具有相似水文情势和地形地貌特征的子流域，应用多元线性回归模型建立各子流域的环境流量评估模型，为流域管理者提供了操作性较强的环境流量评估方法。

流域尺度下河流环境流量优化计算应遵循先分区、再分类的原则。首先确定流域的生态分区，再对生态分区内河流进行综合分类。Alcázar 和 Palau 在流域尺度下，计算了西班牙 Ebro 流域河流的环境流量，采取先分区、后分类的原则，基于流域水文站分布，构建了河流流态、流域地形地貌评价指标体系，对这些指标进行主成分分析和空间聚类分析，将具有相似水文、地形地貌特征的河流划分为一类，应用线性内插法计算每一类河流的环境流量，并以多元线性回归法构建了每一类河流的环境流量预测模型，为水量充足、水生态完整性较好的山区河流的环境流量评估提供了方法借鉴。本章根据《全国重要江河湖泊水功能区划（2011—2030 年）》对海河流域的分区结果，按照流域水资源配置和使用要求，辨识河道上游、下游使用功能和保护目标的差异，以及河道子系统、湿地子系统和河口子系统在水功能区分布的空间差异，根据平原河流的生态类型，构建了海河流域平原河流水力连通完整性环境流量优化计算模型，以保障河道子系统、湿地子系统和河口子系统水文循环和空间连通完整性为目标，提出了不同时空尺度下的河流环境流量，以期为流域水资源配置和河流栖息地完整性恢复提供基础依据。

在河段尺度下，杨涛等以渭河宝鸡市区段为研究对象，对其河道功能进行了界定，采用 Tennant 法和最小月平均流量法对渭河宝鸡市区段不同时段（各月）的河道环境流量进行定量研究，并分析了月环境流量保障水平，为渭河宝鸡市区段水资源的合理调配提供了科学依据。在流域尺度下，Yang 等基于 GIS 空间叠加分析技术，根据流域地形结构格栅图、水系图，以干旱指数、径流深将黄河流域划分为 35 个子流域，并计算了每个子流域的环境流量，结合流域水资源现状，提出了流域环境流量配置和保障方案，为黄河流域水资源管理提供了科学依据。河流环境流量 6 种研究方法的研究尺度及方法对水文、水生态监测数据的要求依次提高，计算精度和预测准确度也相应提高。

总之，前期的环境流量研究多以水文学方法为主，从 1970 年起，北美洲出现了区别于水文学的方法。这些方法主要利用生物生境质量和河流流量之间的关系来计算环境用水量。重点考虑的是保证鱼类的洄游、产卵和养殖所需要的环境用水。在这些方法的基础上，水力分级法和生境模拟法逐渐发展起来。

澳大利亚、欧洲和美国都采用过水力分级法，其中比较常用的是湿周法，即保护好临界水域的水生生物栖息地的湿周。另一种比较常用的方法是 R2CROSS 法，其原理是依靠水力模型来模拟流量和水力参数的关系，该方法操作起来比较困难，因此发展比较缓慢，逐渐被生境模拟法所取代。

生境模拟法是目前发展比较快的一种方法，应用范围仅次于水文学法。1970 年，美国科罗拉多州动物保护组织研发的 IFIM 法广为应用，该方法包括水力学和栖息地模型。它在北美的 38 个州被选为首选方法，也广泛应用于葡萄牙、日本、捷克及英国等 20 个国家。此后，在欧洲又研发了 CASIMIR 法，该法基于现场数据-流量在时间、空间的变化，估算主要水生生物、植被的数量、规模等。

整体分析法目前的方法种类较少，但是其在环境流量评价领域起到了重要的作用。它主要应用于南非的 BBM 方法和澳大利亚的 FLOWRESM 法（专家评价法和科学评价法）。由于微观-宏观和宏观-微观的结合必然是整体分析法的必然趋势，所以目前欧洲、中南美洲、亚洲和非洲等的各个国家都在致力于该方法的研究。

此外，还有一些综合的方法，如巴斯克法、泄洪法等，其应用面相对较窄，比如仅针对无脊椎动物进行环境流量计算。

环境流量的计算方法有 200 多种，涉及世界六大区。选择环境流量评价方法，要从本国国情出发，还受到资料、时间、资金和技术的制约，因此许多方法都有相应的局限性。我国的环境用水一方面要加强基础研究工作，另一方面要根据本国特点开发出适合于本国国情和水情的环境流量计算和分配方法。

（2）流域生态修复影响评价和监测

跟踪评价大多是针对利用生物引种或改变栖息地结构等生态修复方式进行的，由于生物体中无论是稀有物种还是数量较多的藻类都对修复的响应较慢，修复效果不能在短期内表现。因此，开展河流生态修复后跟踪监测和评价是十分必要的。

1994 年，为修复莱茵河水体群落生境，建立了 2 条次级河道，同时也制定了 5 年的工程后监测计划，包括监测水生大型无脊椎动物、鱼类和涉水鸟类的情况。2001 年，针对新西兰地区为修复 Waitaki 流域具有碎石河床河流以及湿地的栖息地而采用的 PRR（Project River Recovery）工程进行了效果评价。

（3）流域生态修复中的多学科交叉应用

河流生态修复以恢复生态学、基础生态学和景观生态学作为理论基础。针对河流的生态修复更是在此基础上融合了物理、化学、水文形态等多个学科的内容。

传统的河流修复计划多着眼于物种或栖息地的恢复，试图重塑河道形态，以利于特定物种及其生境的恢复。据调查，国外75%的河流修复研究是致力于河道形态的修复，大约40%是尝试修复丧失的河岸植被和湿地群落，距离自然修复与重建河流生态的良性循环要求还相差甚远。

此外，景观生态学在河流修复中的应用也是多学科综合的另一个重要方面。很早就有河流廊道概念的提出，即把与河流联系紧密的河岸带和洪泛区这个复杂的生态系统，包括陆地、植物、动物及其内部的河流网络，称为河流廊道。它是景观生态学中最重要的廊道类型，具有物质的传输、污染物的净化、动植物迁移和水陆生动植物的栖息地等功能，其不仅可以保护生物多样性，而且能维持较高的鱼类产量。

（4）流域生态修复案例研究——以美国佩诺布斯科特河为例

20世纪90年代起，美国在河流修复的一系列实践中大力推行综合性的"流域保护方法"。与以往以污染治理为中心不同，"流域保护方法"的目标在于河流整体生态功能的恢复，通过使用数据和一系列科学方法进行流域综合分析，选定合适的修复方案，开展修复工作。缅因州佩诺布斯科特河（Penobscot River，以下简称佩河）流域修复就是"流域保护方法"的一个典型应用案例。佩河是11种本地海洋洄游鱼类的栖息地，这里的鱼类洄游受到干流上多道水坝的威胁。佩河的修复使用流域统筹规划方法，平衡水力发电和生态系统恢复的需求。

流域修复方法是一种分析过程，为支持一个流域改善水资源状况、实现可持续利用，制定缓解或补偿性的措施。大自然保护协会（The Nature Conservancy，TNC）在美国广泛应用流域修复规划方法开展修复活动，其框架流程如图2-2所示。

图2-2　流域生态修复规划流程图

1）利益相关方参与

利益相关者对项目的参与应该是自始至终的。在规划初期识别项目范围内的利益相关者，包括政策制定者、当地社区、管理机构、科学家和工程师、非营利机构、项目资助者等，并初步分析不同群体的需求，作为项目重要输入。在此基础上，与关键利益相关者建立点对点联系，定期沟通项目进展，在项目面临关键决策时，需与利益相关者共同完成，取得一致意见。值得注意的是，当地社区的需求和意愿是后期行动计划能否顺利实施的关键，但其往往在规划阶段处于弱势。在弱势群体的风险无法缓解的情况下，不应进行战略规划；当存在潜在风险但利益相关者可以接受时，风险应当成为密集监测和适应性管理的重点。

佩河生态修复项目中关键的利益相关者，包括：负责颁布水坝许可证的联邦能源管理委员会（FERC），佩河下游水坝所有者 PPL 水电公司，印第安原住民、TNC、美国河流、大西洋鲑鱼联合会等。PPL 水电公司需要获得水坝许可；FERC 有为佩河上的水坝颁布许可证的职责，除考虑河流水力发电外，还应"平等考虑"河流中生物的保护和恢复工作；当地印第安部落（当地社区）的文化和经济受到洄游鱼类数量急剧下降的影响，联邦政府也有义务确保印第安部落的自然资源得到适当管理和保护。各方就各自的观点与建议进行磋商，最终签订了《佩诺布斯科特河下游地区综合和解协定》（以下简称《和解协议》），旨在重新调整佩河下游地区的水力发电设施，在保持 PPL 公司水坝电力生产的同时，努力恢复洄游鱼类的数量。同时还成立了佩河恢复信托基金（PRRP），利益相关方都作为信托基金的董事会成员，为佩河修复规划和实施过程中的利益相关方参与奠定了基础。

2）流域现状分析

淡水生态系统完整性的现状分析主要围绕其五大关键生态属性：水文情势、水质、栖息地、连通性以及生物组成。对这五大要素的改变就是对淡水生态系统完整性的威胁，具体如表 2-1 所示。现状分析的核心是以流域数据为基础建立概念模型，开发关键生态属性现状评估的指标体系，定量、科学地分析关键生态属性的现状及其威胁来源，从而确定现状、威胁来源、影响的逻辑链条及时空分布。现状分析的一般步骤包括：①收集流域基础信息，构建地理信息数据库；②建立对关键生态属性评估的指标体系，进行流域评估；③依据分析结果，构建河流生态系统完整性诊断概念模型。需要注意的是，河流修复的目的不是恢复原始状态，而是在达到生态目标的基础上，各利益相关方相互折中达成一致的结果，因此收集社会经济数据也非常重要。佩河案例综合评估了流域生态系统、鱼类资源的现状和面临的威胁。在五大关键生态属性的现状方面，佩河流域水质良好，水文情势的变化对鱼类种群的影响较小，但连通性受到干流多个大坝、支流的道路交叉口、小水坝和涵洞的影响较大，支流和水塘等栖息地的可达性因此降低，鱼类种群也受到入侵物种的影响。干流上的大坝以及支流的小水坝、涵洞、道路交叉点的影响被认为是佩河流域淡水生态完整性面临的最主要威胁。

表 2-1　河流生态系统完整性的五大关键属性

| | 定义 | 可用衡量指标 | 退化带来的危害 | 主要威胁来源 |
|---|---|---|---|---|
| 水质 | 水体的物理化学性质 | 主要指标包括水体的氮磷含量、污染物含量、化学需氧量以及水温等 | 水质污染会改变流域生态系统结构,致病菌、病毒、有害物质造成流域内受重金属和合成有机物污染的农田会对人类健康产生威胁 | 两岸向河道内排污的企业、农业,农业面源污染,水坝等阻隔设施增加了营养物质或污染物的水力停留时间,也间接增加了河流部分断面发生水质变化的风险 |
| 水文情势 | 淡水生态系统最关键的是月平均流量指标,指一定时间内水量和水流的变化形式 | 月平均流量指标、极限流量指标、频率、持续时间和变化速率等 | 无法为湖泊湿地提供水文条件,抑制淡水生态系统鱼类、鸟类、岸边滩植物的繁殖繁衍 | 水利设施(如水库、水坝等)、引水灌溉设施 |
| 栖息地 | 本地物种赖以栖息的生态环境,其中不仅包括水生生物的栖息地,还包括陆生生物的栖息环境 | 栖息地情况调查,如美国快速生物监测协议(RBPs)中的生境指标 | 生物多样性降低 | 河道内的采石挖沙、河道的截弯取直、航道建设、渠化以及水利设施建设 |
| 连通性 | 河流不同水体之间的物理联系,以及水体中生命形式,包括成年动物、幼虫、种子和果实等活动的程度 | 连通河网长度、连通河网比例 | 影响鱼类及其他水生物迁徙、洄游 | 自然阻隔,如瀑布或堰塞湖;人为阻隔,如水坝或者设计不合理的涵洞 |
| 生物组成 | 指生态系统所持有的生物结构、组成成分、相互作用及关键的生物过程,也包括营养过程 | 鱼类分布与组成、河流无脊椎动物预测与分类系统、生物完整性指数 | 整个生态系统所提供的服务功能,如气候调节、基因库保存、有害生物控制及净化水质和大气等服务功能将会下降甚至消失 | 主要威胁包括鱼类的过度捕捞以及外来物种入侵等 |

3)确定规划目标和期望产出

目标是项目的愿景,中短期目标则表述为期望产出。目标的实现反映了河流生态系统得以修复。对目标进行监测,可以检验活动开展的效果以及流域的变化情况。目标的设定应充分考虑生态恢复的需求以及利益相关方的诉求,如设定生态、社会经济目标(渔业资源恢复、水力发电需求、航运需求等),平衡生态与发展的关系,保证目标可实现。在与现状分析阶段一致的指标体系下，为每一个关键生态属性设置期望产出。期望产出是指修复活动开展后，关键生态属性可能出现的改变，理论上是人力可控的。通过对指标变化的监测判断期望产出是否达成，可以判断不同保护策略是否可以达成生态目标。

佩河修复项目最初的目标是在保证水力发电需求的情况下，恢复鱼类资源。结合后期对栖息地等的评估，设定了佩河流域综合修复目标：到 2020 年，恢复 1 000 英里*的支流历史栖息地连通，并恢复其对洄游鱼类的生态功能，提高 12 种海洋鱼类的生产力；恢复原住民在保护区内捕鱼的权利，为旅游、商业和社区创造新机遇。该目标中不仅有针对影响鱼类种群数量最大的连通性问题，同时考虑了当地印第安原住民的社会、文化和经济需求，设定了项目的期望产出。

4）制定保护策略并排序

基于前阶段识别出的指标现状最差的关键生态属性及其威胁来源和分布区域，建立针对各个威胁的备选保护策略清单。通过构建各个保护策略对关键生态属性影响的逻辑结果链，筛选出潜在的可行策略。针对所选策略，在流域的相应地点设计保护行动，进而结合约束条件针对保护行动的效益、可行性及风险进行定量分析，筛选出合适的保护行动或行动组合。最后将选定的策略及行动进行组合，形成不同的保护情景。需要注意的是，"行动"和"策略"之间是有区别的："策略"不包含地点，只是一种方法的概念；而"行动"则表示"策略"在具体地点的实施。如在考虑恢复河流的连通性时，大坝拆除、鱼道建设等都可作为修复的"策略"，而从项目实施层面考虑，选择拆除哪个大坝，或在哪个大坝建设鱼道，则是具体的"行动"。常见威胁和相应的备选策略如表 2-2 所示。

表 2-2  常见威胁和相应备选策略

| 威胁 | 大坝 | 道路 | 城镇 | 农业 | 工业 | 所有类别 |
|---|---|---|---|---|---|---|
| 可能的保护行动 | 拆坝 | 道路与河流交互点最佳实践 | 污水处理最佳实践 | 替代作物 | 河道栖息地修复 | 政策改变 |
| | 限制新建大坝 | 道路建设最佳实践 | 暴雨管理 | 提高灌溉效率 | 提高用水效率 | 政策执行 |
| | 生态流管理 | 土壤侵蚀控制 | 新设施最佳实践 | 营养物质管理 | 改善废水管理 | 政策激励 |
| | 过鱼设施 | | 提高用水效率 | 泥沙管理 | 养鱼场管理 | |
| | | | | 杀虫剂管理 | | |

5）情景分析和比较

情景分析用于在不同措施之间进行评估和比选，具体步骤如下。

A. 设计保护行动情景。情景的设计应能够代表一个合理范围内所有的修复方案，包

---

* 1 英里=1.609 34 km，全书同。

括：是否涉及水利设施的改建、拆除，是否进行河道内栖息地修复等。当开发情景时，有必要设计一个"无行动"情景，描述在不进行任何保护或修复措施的情况下，保护目标会维持原样还是恶化或变好。这将为可选的修复方案提供一个现实的基线。

B．应用评估标准为情景打分。在关键生态属性评估和确定预期产出过程中制定的评估标准可以直接用于情景分析。为了评估多种情景，需要建立一个基于评估标准的打分系统，以对各情景进行直观比较。在基础信息和数据精度比较高的情况下可以建立比较精细的打分标准，在信息不够充分的标准下可以分等级判别，如用传统的不好、一般、好和非常好四个等级。清楚地定义这些等级，以确保等级之间可以比较。该过程最好引入各利益相关者进行集体讨论。

C．评估可行性和投资回报率。为了评估可行性和投资回报率，首先需要识别某项措施所有的工作任务。每一种情景的成本是所有活动预估成本的加和。需要注意的是，情景必须要考虑风险，风险是多方面的，如建设的鱼道无法达到预期的过鱼效率等。分析所选一个或多个情景的优势、劣势、风险和可能的应用顺序，最终选定一个情景。佩河项目预测了能源需求与不同情景下的水力发电量，定量评估了各情景对环境造成的影响，并最终选择了在不影响水力发电量的情况下对环境影响最小的最佳方案。《和解协议》议定，为PPL公司在佩河流域的6座大坝提供新的许可证，其中包括允许这些大坝增加发电量。作为代价和补偿，PPL公司出资以停止使用三个大坝陈旧的发电设施，拆除最靠近入海口的Veazie大坝和Great Works大坝，并在上游Howland大坝附近修建一条洄游鱼类通道，升级其他4座大坝的过鱼设施。

6）制定并实施流域修复规划

根据选定的情景方案制定整体规划，包括预算及资金来源、关键步骤、时间表、各步骤利益相关人和执行人、社区参与计划、沟通计划等。在此过程中，为了优化实施规划，将所选情景的保护行动逐一制定详细的步骤，同时利用结果链展示步骤的关联性。结果链要体现保护行动的重要步骤和中间产出、一定的先后顺序，以及对哪些生态要素可能产生影响，从而为下一步详细计划做准备，起到承上启下的作用。截至2016年，佩河项目已完成所有鱼道、拆坝的工程建设，为濒危的大西洋三文鱼、短吻鲟鱼、美洲西鲱鱼、大肚鲱鱼以及其他7种溯河产卵鱼类恢复了将近1 000英里的栖息地。

7）监测及适应性管理

某条河流定量的恢复标准，原则上建立在自然水文情势的基础上。但是由于我们对水流组成要素、地貌及生态过程之间互动关系的了解还不全面，确定河流修复的具体标准会有难度。因此，在这种情况下开展的修复行动应当被视为试验，并进行验证和评估，即适应性管理。在这一过程中，监测的意义在于：理解之前设计的实际收益、之前未预期到的情况，以及对于社会及环境的负面影响；报告项目状态、进度及变更；避免法律或者名誉风险；与当地居民、利益相关者以及其他群体进行交流；分享所学的经验及教学；根据结果开展适应性管理，以便避免或者抵消不利影响，促进正面影响。因此，必须制订监测计划用于记录基线情景并持续评估保护行动的效果。根据定量化的管理目标，不断试验并改进这个目标。在监测的过程中需要注意的是：栖息地及生物的反应有滞后性，对于本底数据，需要在行动前开始采样，也可能需要几年的数据采样，具体要视对阐释结果的要求严格程度。

为监测佩河生态系统对大规模河流修复作出的反应，2009 年起开展生物和非生物监测调查，跟踪大型工程和水坝拆除前后的河流物理、化学和生物变化。以生物组成为例，在2016 年的洄游季节，美洲西鲱鱼的数量从几乎为零到接近 8 000 尾，鸭舌草鱼和蓝背鲱鱼从水坝拆除前的不到 10 万尾恢复到现在近 200 万尾。

监测数据也会反馈到项目的管理调整上。如 2012 年曾监测到鲑鱼数量经过回升之后大幅下降，经排查确认是鱼道运行方式影响了鲑鱼种群的生存，FERC 已要求电力公司优化鱼道运行方式，以使鱼类能够自由地向上游或下游移动。

# 3 流域水生态质量调查与问题诊断

## 3.1 独流减河水生态质量调查

### 3.1.1 流域土地利用类型及景观格局分析

独流减河流域（38°33′06″N～39°10′28″N、116°41′28″E～117°42′50″E）以独流减河干流为基础，连接了北大港湿地自然保护区和团泊鸟类自然保护区，是天津市南部生态带的主轴，涉及津南区、西青区、静海区以及部分滨海新区四个行政区，总面积约为 3 737 km²，是京津冀协同发展的重要组成部分。根据 2016 年 9 月国产高分一号卫星遥感影像监测，该区域土地利用类型主要包括林地、草地、河渠、坑塘/水库、耕地、建设用地和未利用地等 7 种土地利用类型。土地利用现状结果如图 3-1 所示，各种土地利用类型面积统计如表 3-1 所示。

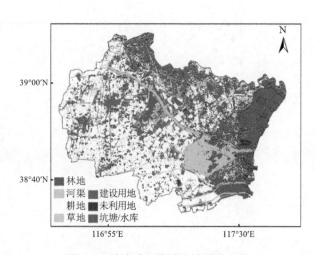

图 3-1 独流减河流域土地利用现状

表 3-1　各土地利用类型面积统计

| 土地利用类型 | 林地 | 河渠 | 耕地 | 草地 | 建设用地 | 坑塘/水库 | 未利用地 |
|---|---|---|---|---|---|---|---|
| 面积/km² | 130.32 | 136.59 | 1 502.73 | 506.44 | 853.52 | 576.44 | 30.74 |
| 所占比例/% | 3.49 | 3.66 | 40.21 | 13.55 | 22.84 | 15.43 | 0.82 |

独流减河流域内耕地为主要土地利用方式，面积为 1 502.73 km²，占流域总面积的 40.21%，主要分布在独流减河南侧；建设用地面积为 853.52 km²，面积较大，占总面积的 22.84%，主要分布在独流减河北侧；坑塘/水库面积为 576.44 km²，占总面积的 15.43%，主要分布在团泊洼水库、北大港水库和沿海区域；草地面积为 506.44 km²，占总面积的 13.55%，主要在北大港湿地保护区内、独流减河宽河槽和其他区域分布；河渠面积为 136.59 km²，占总面积的 3.66%，主要是该区域的一级河道、二级河道、其他河流和水渠，分布在各个区域；林地面积为 130.32 km²，占总面积的 3.49%，主要分布在河流、水库和道路的两侧，以及部分人工林地区域；未利用地主要为未被开发和裸露地表，面积较少，分布较为离散。

### 3.1.2　流域陆地生态系统组成特点调查与分析

湿地是陆地生态系统的重要组成部分，具有很强的生产力与其他景观不可代替的生态功能，例如，湿地能调节径流量、净化污水、贮蓄水源、调节气候、维持区域生物多样性与生态平衡。资料显示，每平方米的湿地能生产 2 kg 左右的有机物质，是除热带雨林外生产力最强的系统。但是在很长的一段时间内，人们没有认识到湿地的重要价值，认为湿地是荒地，大范围地对湿地进行改造开发，致使世界各地的湿地都在以惊人的速度萎缩退化。资料显示，荷兰在 1950 年至 1985 年湿地损失率达到 55%；法国 1900—1993 年湿地损失率达到 67%；在我国有 40% 的重要湿地受到严重退化的威胁，特别是近半个世纪以来这种情形在加剧。

天津位于海河流域下游、华北平原东北部。天津曾被称为"北国江南，水泽之乡"。20 世纪初期，天津水域连片、河流纵横，属于典型的湿地生态系统，全域湿地面积达 5 471 km²，占全区总面积的 45.9%。天津湿地在天津的生态环境与生产生活方面都发挥着巨大的作用：①提供丰富的自然资源与野生动物资源。据调查，天津有湿地植物 400 余种，野生动物 600 余种，还是东亚—澳大利亚鸟类、亚洲东部候鸟南北迁徙的重要中转站，这些动植物绝大部分都依赖湿地生存。②防旱治涝。湿地能保持大于其土壤本身重量 3～9 倍或更大需水量，天津处于海河流域下游，降雨年内、年际变化大，湿地能起到蓄丰补枯的作用。③美化生态环境。湿地被称为"地球之肾"，能净化水质与改善空气质量，天津湿地对缓解沙尘天气有显著的作用。④提供休闲娱乐场所。人们的旅游与休闲意识日益增强，湿地陶冶情操的同时能为当地增加经济收入。但由于气候变化与城市的发展，人类活动增强，对湿地的开发利用强度增大，湿地面积减少，生物生存条件遭到破坏，多样性下降，湿地生态功能受损，造成巨大的经济损失，甚至威胁居民的身体健康与生命安全，保护天津湿地成为当务之急。

独流减河湿地位于华北平原黄骅坳陷的中部，沼泽地貌类型为海积冲积类型平原低洼地，地表为湖海相沉积砂质黏土。课题研究的独流减河湿地包括团泊洼湿地、独流减河下游的钱圈湿地及宽河槽、北大港湿地。1975 年独流减河湿地大部分为自然湿地，湿地类型为河流湿地、沼泽湿地、芦苇湿地以及少部分的库塘湿地。1983 年在团泊洼湿地周围出现少量的养殖湿地，并且在团泊洼原芦苇区修建了团泊洼水库。1993—2009 年，团泊洼湿地周围出现大量养殖湿地及部分盐田湿地，天然湿地面积大量减少，人工干扰痕迹明显。而独流减河下游的北大港湿地人工干扰较小，只有一小部分养殖湿地及盐田湿地。到 2009 年独流减河湿地天然湿地面积比 1975 年减少了 57%，而人工湿地面积则增加了 2.26 倍。团泊洼天然湿地面积的减少，直接减少了对江河洪水调蓄的容积，改变了湿地的生态水功能。在丰水年，团泊洼不仅降低了调蓄滞洪的能力，水涝时还要向河道排放，增加了防汛分洪难度。在枯水年，又缺少供水水源，要调境外水，使团泊洼在防洪抗旱方面的功能大大减弱，出现风蚀加重、土壤局部沙化、盐渍化、水土流失、旱灾次数增加等生态环境恶化现象。

### 3.1.3　流域水生生态系统组成特点调查与分析

（1）浮游生物

为研究独流减河水生生态系统，2016—2018 年，按照季度对独流减河进行采样。在河道沿程设置 15 个断面，采集浮游生物样，监测物种数、密度和生物量等指标。独流减河15 个采样断面的信息如表 3-2 所示。

表 3-2　独流减河采样断面信息

| 采样断面 | 纬度 | 经度 | 采样断面 | 纬度 | 经度 |
|---|---|---|---|---|---|
| 1 | 39.054° | 116.921° | 9 | 38.811° | 117.319° |
| 2 | 39.033° | 116.986° | 10 | 38.789° | 117.330° |
| 3 | 39.006° | 117.048° | 11 | 38.767° | 117.394° |
| 4 | 38.977° | 117.103° | 12 | 38.756° | 117.435° |
| 5 | 38.919° | 117.159° | 13 | 38.749° | 117.477° |
| 6 | 38.877° | 117.202° | 14 | 38.762° | 117.514° |
| 7 | 38.841° | 117.258° | 15 | 38.765° | 117.561° |
| 8 | 38.826° | 117.303° | | | |

如图 3-2 所示，独流减河浮游植物的物种数、密度和生物量在冬夏两季存在明显差别。2016 年 12 月的采样结果显示，浮游植物有 7 门 102 种，3 号断面物种数最低，为 13 种，9 号断面最高，为 39 种。3 号、4 号、5 号断面浮游植物密度较高，分别为 27.19×10⁶ 个/L、23.46×10⁶ 个/L、24.39×10⁶ 个/L。3 号、4 号、9 号、14 号断面浮游植物生物量较高，分别为 11.05 mg/L、11.66 mg/L、12.09 mg/L 和 11.64 mg/L，2 号断面浮游植物生物量最低（1.15 mg/L）。其中优势种为假鱼腥藻（*Pseudanabaena limnetica*）、泥污颤藻（*Oscillatoria limosa*）、小环藻（*Cyclotella*）和小球藻（*Chlorella vulgaris*）。

2017 年 7 月的采样结果显示，浮游植物有 6 门 57 种，1 号、5 号断面最低（9 种），12 号断面最高（18 种）。10 号断面浮游植物密度最高（33.69×10⁶ 个/L），14 号、15 号断面密度最低，分别为 2.48×10⁶ 个/L 和 2.37×10⁶ 个/L。10 号断面的浮游植物生物量最高（49.95 mg/L），15 号断面最低（0.86 mg/L）。优势种为不定微囊藻（*Microcystis incerta*）、链状小环藻（*Cyclotella catenata* Bach.）和小球藻（*Chlorella vulgaris*）。

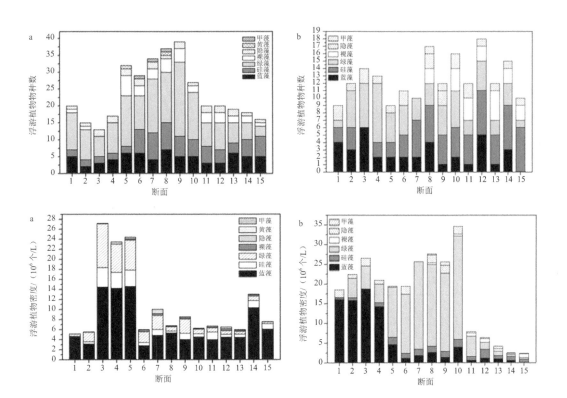

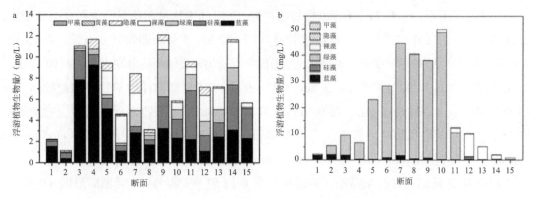

（a 为 2016 年 12 月采样，b 为 2017 年 7 月采样）

**图 3-2　独流减河浮游植物物种数、密度和生物量分布情况**

如图 3-3 所示，2016 年 12 月浮游动物有 4 门 18 种，10 号、15 号断面物种数最低为 5 种，1 号断面最高为 10 种。7 号、8 号、11 号、12 号断面浮游动物密度较高分别为 1 474 个/L、1 182 个/L、1 205 个/L、1 126 个/L。8 号、11 号、13 号断面浮游动物生物量较高分别为 3.02 mg/L、3.04 mg/L、3.13 mg/L，15 号断面浮游动物生物量最低，为 0.04 mg/L。优势种为紫晶喇叭虫（*Stentor amethystinus*）、琵琶钟虫（*Vorticellidae lutea*）、萼花臂尾轮虫（*Brachionus calyciflorus* Pallas）、螺形龟甲轮虫（*Keratella cochlearis*）、简弧象鼻溞（*Bosmina coregoni* Baird）和无节幼体（*Nauplius*）。

2017 年 7 月，浮游动物有 9 种，11 号断面物种最多为 7 种，8 号、9 号断面最少，各为 2 种。15 号断面密度最大，为 644 个/L，4 号断面密度最小，为 23 个/L。1 号、13 号断面生物量较大，分别为 2.12 mg/L、2.26 mg/L，5～9 号断面生物量均较小，最小为 8 号断面（0.02 mg/L）。优势种为中华拟铃壳虫（*Tintinnopsis sinensis*）、螺形龟甲轮虫（*Keratella cochlearis*）、中华哲水蚤（*Calanus sinicus*）、矮小拟镖剑水蚤（*Cyclopinidae*）、桡足幼体（*Copepodid larva*）和无节幼体（*Nauplius*）。

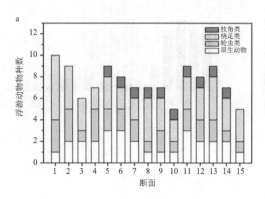

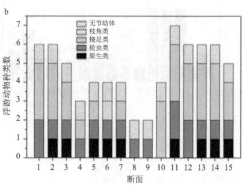

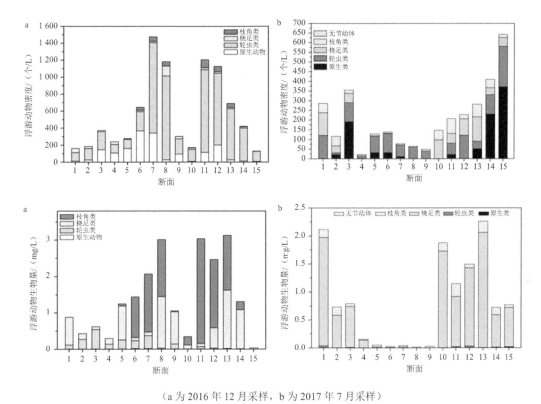

（a 为 2016 年 12 月采样，b 为 2017 年 7 月采样）

**图 3-3 独流减河浮游动物物种、密度和生物量分布情况**

综上所述，从 2016 年 12 月到 2017 年 7 月独流减河的浮游植物种类减少 45 种，浮游动物减少 9 种，优势种也发生较大变化，除季节变化带来的影响外，2017 年春季橡胶坝建设也是重要的影响因素之一。浮游植物中的链状小环藻（*Cyclotella catenata* Bach.）、小球藻（*Chlorella vulgaris*）与浮游动物中的螺形龟甲轮虫（*Keratella cochlearis*）、无节幼体（*Nauplius*）在建坝前后均为优势种。

（2）水生植物群落

独流减河沿岸生长芦苇等植物，这些水生植物在水生态系统中具有重要作用。独流减河 2017 年 5 月、7 月和 9 月沿河植物群落分布情况的调查结果如表 3-3 所示。调查发现芦苇（*Phragmites australias* Trin）是植物群落建群种，伴生有少量植物扁秆藨草（*Scirpus planiculmis* Fr.Schmidt）。根据调查结果，发现不同监测点同种植物的含水量不同，植物的不同生长期含水量和干鲜比也有变化，且随着植物生长，植物群落生物量增加。

表 3-3　独流减河水生植物分布调查结果

| 时间 | 断面 | 物种 | 水深/cm | 类型 | 株高/m | 直径/mm | 密度/（株/m²） | 生物量/（g/m²） | 干鲜比 | 含水量/% |
|---|---|---|---|---|---|---|---|---|---|---|
| 5 月 | 7 | 芦苇 | 41 | 小 | 0.95 | 3.92 | 189 | 2 278 | 0.275 | 72.5 |
|  |  |  |  | 中 | 1.27 | 5.23 |  |  |  |  |
|  |  |  |  | 大 | 1.42 | 5.01 |  |  |  |  |
|  | 8 | 芦苇 | 10 | 小 | 0.46 | 3.44 | 478 | 1 568 | 0.329 | 67.1 |
|  |  |  |  | 中 | 0.64 | 3.92 |  |  |  |  |
|  |  |  |  | 大 | 0.95 | 4.77 |  |  |  |  |
|  |  | 扁秆藨草 |  | 一 | 0.50 | 3.22 | 384 | 616 | 0.163 | 83.7 |
|  | 9 | 芦苇 | 37 | 小 | 0.80 | 3.22 | 239 | 1 501 | 0.345 | 65.5 |
|  |  |  |  | 中 | 1.01 | 4.06 |  |  |  |  |
|  |  |  |  | 大 | 1.29 | 4.81 |  |  |  |  |
|  | 10 | 芦苇 | 10 | 小 | 0.81 | 3.30 | 213 | 1 607 | 0.314 | 68.6 |
|  |  |  |  | 中 | 1.09 | 3.92 |  |  |  |  |
|  |  |  |  | 大 | 1.33 | 5.04 |  |  |  |  |
|  |  | 扁秆藨草 |  | 一 | 0.60 | 2.72 | 32 | 52 | 0.150 | 84.6 |
| 7 月 | 5 | 芦苇 | 27 | 小 | 0.46 | 2.24 | 305 | 3 298 | 0.432 | 56.8 |
|  |  |  |  | 中 | 1.13 | 2.97 |  |  |  |  |
|  |  |  |  | 大 | 1.63 | 5.61 |  |  |  |  |
|  | 6 | 芦苇 | 20 | 小 | 0.40 | 2.04 | 293 | 3 584 | 0.500 | 50.0 |
|  |  |  |  | 中 | 1.32 | 3.76 |  |  |  |  |
|  |  |  |  | 大 | 1.81 | 5.61 |  |  |  |  |
|  |  | 扁秆藨草 |  | 一 | 0.32 | 2.79 | 27 | 109 | 0.230 | 77.3 |
|  | 7 | 芦苇 | 15 | 小 | 0.60 | 2.24 | 926 | 3 702 | 0.456 | 54.4 |
|  |  |  |  | 中 | 1.23 | 5.00 |  |  |  |  |
|  |  |  |  | 大 | 1.62 | 7.00 |  |  |  |  |
|  | 8 | 芦苇 | 10 | 小 | 0.61 | 2.55 | 958 | 3 831 | 0.499 | 50.1 |
|  |  |  |  | 中 | 1.28 | 4.33 |  |  |  |  |
|  |  |  |  | 大 | 1.83 | 7.46 |  |  |  |  |
|  |  | 扁秆藨草 |  | 一 | 0.43 | 3.42 | 27 | 107 | 0.283 | 71.7 |
|  | 9 | 芦苇 | 15 | 小 | 0.51 | 2.36 | 604 | 2 415 | 0.437 | 56.3 |
|  |  |  |  | 中 | 1.15 | 4.31 |  |  |  |  |
|  |  |  |  | 大 | 1.54 | 5.80 |  |  |  |  |
|  | 10 | 芦苇 | 1 | 小 | 1.25 | 4.45 | 1 065 | 4 260 | 0.515 | 48.5 |
|  |  |  |  | 中 | 1.83 | 5.52 |  |  |  |  |
|  |  |  |  | 大 | 2.35 | 7.96 |  |  |  |  |

| 时间 | 断面 | 物种 | 水深/<br>cm | 类型 | 株高/<br>m | 直径/<br>mm | 密度/<br>(株/m²) | 生物量/<br>(g/m²) | 干鲜比 | 含水量/<br>% |
|---|---|---|---|---|---|---|---|---|---|---|
| 9月 | 5 | 芦苇 | 22 | 小 | 0.61 | 2.15 | 317 | 7 791 | 0.388 | 61.2 |
| | | | | 中 | 1.72 | 4.95 | | | | |
| | | | | 大 | 2.17 | 7.16 | | | | |
| | 6 | 芦苇 | 28 | 小 | 0.71 | 3.23 | 229 | 5 146 | 0.405 | 59.5 |
| | | | | 中 | 1.63 | 3.86 | | | | |
| | | | | 大 | 2.12 | 6.98 | | | | |
| | 7 | 芦苇 | 0 | 小 | 0.69 | 3.45 | 265 | 3 693 | 0.430 | 57.0 |
| | | | | 中 | 1.62 | 3.99 | | | | |
| | | | | 大 | 1.98 | 5.54 | | | | |
| | 8 | 芦苇 | 0 | 小 | 0.83 | 3.01 | 424 | 8 629 | 0.455 | 54.5 |
| | | | | 中 | 1.79 | 4.89 | | | | |
| | | | | 大 | 2.08 | 6.88 | | | | |
| | 9 | 芦苇 | 0 | 小 | 1.15 | 3.10 | 253 | 5 131 | 0.352 | 64.8 |
| | | | | 中 | 1.65 | 4.05 | | | | |
| | | | | 大 | 2.02 | 6.04 | | | | |
| | 10 | 芦苇 | 0 | 小 | 1.13 | 3.68 | 125 | 3 093 | 0.510 | 49.0 |
| | | | | 中 | 2.09 | 5.31 | | | | |
| | | | | 大 | 2.55 | 8.71 | | | | |

## 3.2　独流减河重要生态节点生物多样性和生态服务功能评估

### 3.2.1　独流减河下游地区湿地群生物多样性评估——以鸟类为例

于 2017 年 3 月 24—28 日（2017 年春季）、2017 年 10 月 11—15 日（2017 年秋季）和 2018 年 3 月 29 日—4 月 2 日（2018 年春季），分别调查研究区内水鸟种群数量与分布，统计鸟类 56 种、79 109 只，56 种、57 280 只，40 种、36 993 只。其中老朱水库属于私人鱼塘，在 2017 年春季与 2018 年春季两次调查中，由于通往水库大门被锁，联系无果无法到达调查位点。官厅水库第三个位点在 2018 年春季调查中，由于是在周末调查，无法联系到保护区人员，不允许进入，未能调查。

（1）2017 年春季监测结果

2017 年 3 月 24—28 日，在水鸟迁徙期对研究区内主要湿地的春季迁徙水鸟进行调查，此次调查共统计水鸟 55 种、79 109 只，分属 7 目、10 科。其中以雁形目鸭科鸟类数量最多，占到总数的 44.22%；其次是鹤形目秧鸡科，占到总数的 31.17%；鸻形目鸥科占总数的 7.40%，鸻形目反嘴鹬科占总数的 5.18%，鸻形目鹬科占总数的 4.63%，鸻形目鸻科占总数的 3.55%，鹈形目鸬鹚科占总数的 0.95%，鹈形目鹭科占总数的 0.81%，鲣鸟目鸬鹚科占总数的 0.04%，鹳形目鹳科占总数的 0.03%。

其中，白骨顶（*Fulica atra*）24 653 只、罗纹鸭（*Anas falcata*）13 373 只、灰雁（*Anser anser*）11 643 只、反嘴鹬（*Recurvirostra avosetta*）3 804 只、遗鸥（*Ichthyaetus relictus*）3 539 只、豆雁（*Anser fabalis*）2 215 只、红嘴鸥（*Chroicocephalus ridibundus*）2 023 只、矶鹬（*Actitis hypoleucos*）1 769 只、绿翅鸭（*Anas crecca*）1 632 只、小天鹅（*Cygnus columbianus*）1 555 只，这 10 种鸟类的数量最多。

包括国家Ⅰ级保护鸟类东方白鹳（*Ciconia boyciana*）、遗鸥 2 种，国家Ⅱ级保护区鸟类小天鹅、疣鼻天鹅（*Cygnus olor*）、白琵鹭 3 种，世界自然保护联盟（IUCN）红色名录极危物种青头潜鸭（*Aythya baeri*）1 种，濒危物种东方白鹳、鸿雁（*Anser cygnoides*）、罗纹鸭、白眼潜鸭（*Aythya nyroca*）、白腰杓鹬（*Numenius arquata*）、黑尾塍鹬（*Limosa limosa*）。

本次共调查 57 个位点，其中有 1 个位点（老朱鱼塘）由于不允许进入未能进入调查，5 个位点无水鸟分布，12 个位点的水鸟种群数量达到重点鸟区（Important Bird Area，IBA）的标准（图 3-4）。从图中可以看出，2017 年春季北大港鸟类主要分布在北大港湿地与滨海地区，团泊洼有部分水鸟分布，其他地区水鸟分布较少。其中北大港湿地的万亩鱼塘的整个区域水鸟分布较多；北大港水库水鸟集群在东岸与南岸，而西岸与北岸水鸟数量较少；团泊洼的水鸟主要分布在水库西北角区域；北大港滨海则是重要的水鸟栖息地。

图 3-4  2017 年春季调查位点

单个位点达到 IBA 标准的物种有灰雁、小天鹅、白骨顶、罗纹鸭、青头潜鸭、反嘴鹬、白琵鹭，其中 BDG06 位点的单个位点的鸟类数量超过 2 万（表 3-4）。其中北大港水库是灰雁、小天鹅、罗纹鸭、白骨顶的主要栖息地，团泊洼水库是白骨顶、罗纹鸭与青头潜鸭的主要栖息地，万亩鱼塘是灰雁、反嘴鹬、白琵鹭与罗纹鸭的主要栖息地，北大港滨海则支撑着大量的遗鸥在此栖息。

表 3-4  2017 年春季调查 IBA 物种与数量

| 所属区域 | 观测点 | IBA 物种 | 数量 | 1%标准 |
|---|---|---|---|---|
| 北大港水库 | （三）BDG02 | 灰雁 | 9 840 | 500 |
| | （四）BDG06 | 小天鹅 | 965 | 920 |
| | | 罗纹鸭 | 4 555 | 780 |
| | | 白骨顶 | 16 100 | 1 000 |
| | | 总数大于 2 万 | 24 653 | 20 000 |
| | （五）BDG08 | 白骨顶 | 2 400 | 1 000 |
| | | 罗纹鸭 | 2 500 | 780 |
| 团泊洼水库 | （六）TB07 | 白骨顶 | 4 400 | 1 000 |
| | | 罗纹鸭 | 3 000 | 780 |
| | （七）TB09 | 罗纹鸭 | 805 | 780 |
| | | 青头潜鸭 | 10 | 3 |
| 万亩鱼塘 | （八）YT01 | 灰雁 | 1 377 | 500 |
| | | 反嘴鹬 | 2 340 | 1 000 |
| | （九）YT03 | 白琵鹭 | 120 | 100 |
| | | 罗纹鸭 | 2 260 | 780 |
| | （十）YT06 | 白琵鹭 | 111 | 100 |
| 北大港滨海 | （十一）BDGBH01 | 遗鸥 | 520 | 120 |
| | （十二）BDGBH02 | 遗鸥 | 1 192 | 120 |
| | （十三）BDGBH03 | 遗鸥 | 270 | 120 |
| | （十四）BDGBH04 | 遗鸥 | 963 | 120 |
| | （十五）BDGBH05 | 遗鸥 | 594 | 120 |

（2）2017 年秋季监测结果

2017 年 10 月 11—15 日，在水鸟迁徙期对研究区内主要湿地的秋季迁徙水鸟进行调查，此次调查共统计水鸟 56 种、57 280 只，分属 6 目、10 科。其中以鹤形目秧鸡科鸟类数量最多，占总数的 51.06%；其次是雁形目鸭科，占总数的 17.29%；鸻形目鸥科占总数的 6.73%，鸻形目鹬科占总数的 4.44%，鸻形目鸻科占总数的 3.04%，鹈鹕目鸬鹚科占总数的 1.52%，鹈形目鹭科占总数的 1.25%，鸻形目反嘴鹬科占总数的 0.61%，鲣鸟目鸬鹚科占总数的 0.53%，鸻形目蛎鹬科占总数的 0.002%。

其中，白骨顶 29 245 只、灰雁 4 290 只、红嘴鸥 2 513 只、红头潜鸭（*Aythya ferina*）1 625 只、黑腹滨鹬（*Calidris alpina*）1 625 只、绿翅鸭（*Anas crecca*）1 573 只、遗鸥（*Ichthyaetus relictus*）1 039 只、灰斑鸻（*Pluvialis squatarola*）780 只、赤膀鸭（*Anas strepera*）765 只、绿头鸭（*Anas platyrhynchos*）549 只，这 10 种鸟类的数量最多。

包括国家 I 级保护鸟类遗鸥 1 种，国家 II 级保护区鸟类小天鹅、白琵鹭 2 种，IUCN 红色名录极危物种青头潜鸭 1 种，IUCN 红色名录近危物种白眼潜鸭（*Aythya nyroca*）、黑尾塍鹬（*Limosa limosa*）、白腰杓鹬（*Numenius arquata*），IUCN 红色名录易危物种大杓鹬（*Numenius madagascariensis*）、黑嘴鸥（*Chroicocephalus saundersi*）、遗鸥。

本次将预设的 58 个位点全部调查，2 个位点无水鸟分布，10 个位点的水鸟种群数量达到 IBA 的标准（图 3-5）。从图 3-5 中可以看出，2017 年秋季北大港鸟类主要分布在万亩鱼塘与老朱鱼塘区域、团泊洼水库与滨海区域，其中尤以老朱鱼塘与万亩鱼塘区域最为集群。

图 3-5　2017 年秋季调查位点

在 10 个位点中达到 IBA 标准的物种有白骨顶、反嘴鹬、黑尾塍鹬、东方白鹳、遗鸥（表 3-5）。北大港是白琵鹭与白骨顶的主要栖息地，钱圈水库是青头潜鸭的主要栖息地，团泊洼主要支撑白骨顶栖息，万亩鱼塘是白琵鹭与白骨顶的主要栖息地，老朱鱼塘是灰雁与白骨顶的主要栖息地，北大港滨海支撑着遗鸥在此栖息。

表 3-5　2017 年秋季调查 IBA 物种与数量

| 所属区域 | 观测点 | IBA 物种 | 数量 | 1%标准 |
|---|---|---|---|---|
| 北大港水库 | （十六）BDG06 | 白琵鹭 | 184 | 100 |
| | | 白骨顶 | 7 600 | 1 000 |
| 钱圈水库 | （十七）QQ02 | 青头潜鸭 | 3 | 3 |
| 团泊洼水库 | （十八）TB07 | 白骨顶 | 2 166 | 1 000 |
| | （十九）TB08 | 白骨顶 | 3 400 | 1 000 |
| | （二十）TB09 | 白骨顶 | 1 160 | 1 000 |
| 万亩鱼塘 | （二十一）YT02 | 白琵鹭 | 184 | 100 |
| | （二十二）YT03 | 白骨顶 | 7 600 | 1 000 |
| 北大港滨海 | （二十三）BDGBH01 | 遗鸥 | 620 | 120 |
| | （二十四）BDGBH04 | 遗鸥 | 297 | 120 |
| 老朱鱼塘 | （二十五）LZ01 | 灰雁 | 3 790 | 500 |
| | | 白骨顶 | 5 000 | 1 000 |

（3）2018 年春季监测结果

2018 年 3 月 29 日—4 月 2 日，在水鸟迁徙期对研究区内主要湿地的春季迁徙水鸟进行调查，此次调查共统计水鸟 40 种、36 993 只，分属 6 目、9 科。其中以鸻形目鸥科鸟类数量最多，占总数的 39.03%，其次是鸻形目反嘴鹬科，占总数的 16.38%，鸻形目鹬科占总数的 15.24%，雁形目鸭科占总数的 11.67%，鹤形目秧鸡科占总数的 5.91%，鸻形目鸻科占总数的 5.37%，䴙䴘目䴙䴘科占总数的 1.46%，鹈形目鹭科占总数的 0.23%，鹳形目鹳科占总数的 0.12%。

其中，遗鸥 13 869 只、反嘴鹬 5 557 只、黑尾塍鹬 3 878 只、白骨顶 2 185 只、环颈鸻 1 769 只、黑腹滨鹬 1 462 只、翘鼻麻鸭 1 196 只、罗纹鸭 849 只、鸿雁 562 只、黑翅长脚鹬 504 只，这 10 种鸟类的数量最多。

包括国家Ⅰ级保护鸟类遗鸥 1 种，国家Ⅱ级保护区鸟类小天鹅、白琵鹭 2 种，IUCN 红色名录濒危物种东方白鹳，IUCN 红色名录易危物种鸿雁、遗鸥，IUCN 红色名录近危物种黑尾塍鹬、白腰杓鹬。调查结果详见表 3-6。

本次共调查 56 个位点，其中有两个位点（老朱鱼塘、官港湖）由于不允许进入未能进入调查，10 个位点无水鸟分布，8 个位点的水鸟种群数量达到 IBA 的标准（图 3-6）。从

图 3-6 可以看出，2018 年春季北大港鸟类主要分布在万亩鱼塘与北大港滨海区域，其他地区水鸟的分布都较少。

图 3-6　2018 年春季调查位点

在 8 个位点中达到 IBA 标准的物种有白骨顶、反嘴鹬、黑尾塍鹬、东方白鹳、遗鸥（表 3-6）。万亩鱼塘是反嘴鹬、黑尾塍鹬与东方白鹳的主要栖息地，团泊洼主要支撑着白骨顶在此栖息，北大港滨海支撑着遗鸥在此栖息。

表 3-6　2018 年春季调查 IBA 物种与数量

| 所属区域 | 观测点 | IBA 物种 | 数量 | 1%标准 |
|---|---|---|---|---|
| 团泊洼水库 | （二十六）TB07 | 白骨顶 | 1 405 | 1 000 |
| 万亩鱼塘 | （二十七）YT01 | 反嘴鹬 | 3 178 | 1 000 |
| | | 黑尾塍鹬 | 2 448 | 1 390 |
| | （二十八）YT03 | 反嘴鹬 | 1 580 | 1 000 |
| | （二十九）YT04 | 东方白鹳 | 35 | 30 |
| 北大港滨海 | （三十）BDGBH01 | 遗鸥 | 9 673 | 120 |
| | （三十一）BDGBH02 | 遗鸥 | 3 490 | 120 |
| | （三十二）BDGBH03 | 遗鸥 | 320 | 120 |
| | （三十三）BDGBH04 | 遗鸥 | 386 | 120 |

### 3.2.2 独流减河下游地区湿地群生态系统服务功能评估

（1）提供产品功能

独流减河下游湿地群能够提供物质产出，具有很高的自然生产力。淡水鱼类是湿地供给的主要食物产品。通过对独流减河下游地区湿地群的实地考察，了解到该湿地群包括众多的河流、湖泊、沼泽、水田，还有围湖造塘形成的人工鱼塘。人工养殖的鱼类有青鱼、鳊鱼、卿鱼、鲤鱼、草鱼等，常见的野生鱼类有泥鳅、黄鳝、桂林薄鳅、中华花鳅等。

（2）调节功能

独流减河下游湿地群能够降低该区域的温度、提高区域湿度。此外，独流减河下游湿地群的调节功能还体现在调节大气、调节水文、净化环境等方面。湿地生态系统的气候调节功能主要表现在，通过湿地植被进行光合作用对大气中的二氧化碳进行固定，并向大气释放氧气。本项功能价值采用碳税法和造林成本法进行估算，由光合作用方程式可知，植物每生产 1 g 干物质需要固定 1.63 g $CO_2$，同时向大气中释放 1.2 g $O_2$。湿地生态系统对于有机污染物、重金属的吸收转化具有较高的效率，具有良好的水质净化功能。

（3）支持功能

独流减河下游湿地群能够为许多鸟类群体提供越冬的驿站和生存繁衍的场所。据统计资料，湿地群共有 166 种鸟类，其中候冬鸟和旅鸟共有 78 种，水鸟有 51 种，鸳鸯和雀鹰是国家 II 级保护动物。鱼类有 7 目 13 科 30 种。在植物群落构成方面，以挺水植物和沉水植物为主。挺水植物中数量最多的物种是华克拉莎，沉水植物数量最多的是密齿苦草。种子植物主要为被子植物，共有 34 科 73 属 128 种，禾本科和莎草科是优势科。众多的植物组成不仅提高了湿地生物多样性的丰富度，还能通过光合作用改善区域的碳氧平衡。湿地中的鸭趾草、马来眼子菜、水蓼、密齿苦草等植物还能够固定土壤，体现出湿地具有良好的支持功能。

## 3.3 独流减河流域滨海湿地群健康评估

### 3.3.1 基于遥感解译的河流与湿地退化过程

（1）遥感技术在湿地监测方面的应用

因遥感观测所具有的覆盖广、效率高、价格低廉、易于操作等优点，在进入 21 世纪之后，在湿地领域的研究中也越来越多地使用了遥感图像和相关技术，它们的应用彻底改变了以往观测时必须耗费大量人力、物力进行实地观测的方式。

从遥感技术自身发展的角度讲，遥感技术的不断发展为湿地的监测工作提供了越来越多的研究方法。从传统的多光谱影像（如 Landsat 数据、SPOT 影像等），到后来的雷达影像和高光谱影像数据，丰富的影像资源不断地拓宽湿地监测和分析的研究途径。其中，高光谱影像（如 MODIS 数据）已被广泛应用于湿地地物的分类和提取研究，它在土壤含水量的定量反演中也具有较好的适用性。早在 20 世纪六七十年代，微波遥感就已开始在湿地领域中得到应用，随着微波遥感技术的发展，逐渐成为利用遥感进行湿地研究的重点，其中又以 L 波段和 C 波段最为常用。具体来说，微波影像中的 L 波段主要应用于湿地中的林地植被的观测，而 C 波段则在生物较少的湿地区域的观测上具有优势。

遥感技术在湿地方面的具体应用上主要分为三个部分，现分别简述如下：

1）利用遥感技术对湿地进行分类。我国学者在对湿地进行研究的过程中，将湿地的类型共划分为五大类，大类下面又共包括 28 个小类。其中湿地的 5 大类主要是指沼泽、湖泊、河流、库塘及滨海湿地等。具体的利用遥感监测方法对湿地的解译方式主要包括人工目视解译和自动解译两种。其中，人工目视解译主要是按照人对湿地特征的认识对影像进行分类，使用该法进行解译往往需要一定的野外验证才能更好地保证解译的精度。而且这种分类方式存在一定的主观性，故与解译者的实际工作经验有密切的关系。自动解译方法主要包括使用单分类方法和复合分类法两种。前者主要是指使用某一种图像识别和处理技术来对湿地进行观测，如使用决策树分类法、神经网络法等。而后者则是指在对湿地进行观测时，综合运用多种分类来提高湿地解译的精度，使不同分类充分发挥各自的优势。

2）利用遥感技术进行湿地的定量分析。定量遥感在湿地的研究中得到较多应用，主要有对湿地景观格局演变的研究，如湿地范围、湿地斑块间隙、斑块空间变化和形状指数特征、湿地景观异质性特征等；对湿地生物量进行计算；对湿地水质进行评价；对湿地蒸散发进行计算等。综合运用多时相遥感数据和社会经济发展数据，可对湿地的整体健康状况做出评价。已有的湿地管理系统多采用建立以湿地演变指标和经济发展指标为基础的评价体系的方式来对湿地健康状况进行评价和管理。

3）利用遥感手段对湿地的水体范围进行观测。主要方法包括人工数字化法、监督分类法和多波段法等。其中，人工数字化法是利用遥感解译水体最初始的方法，它的优点是解译结果较为准确、精度高，但这种方法的人工参与过多、效率低下的缺点也很明显。监督分类法主要是采用人机交互的解译方式，此法也需要人工较多地参与，且解译者对湿地的主观判断对解译结果有着重要的影响，即解译的主观性较强，解译结果的精度也不是太高。最后的多波段法主要是利用波段运算的方法来快速提取水体范围，主要包括谱间关系法和比值法两种。谱间关系法所建立的模型较为复杂，且模型的通用性较差；而比值法是根据不同地物在不同波谱间的特性来凸显水体、抑制其他地物，从而进行水体的提取，但阈值的确定需要经过多次试验才能确定。

（2）遥感影像解译方法

本书选取独流减河流域下游北大港湿地、钱圈湿地、宽河槽、团泊洼湿地。利用 Landset 卫星影像，解析湿地内部具体的湿地类型（滩涂、沼泽湿地、河流、潟湖湿地、水库湿地、养殖湿地、稻田湿地、盐田、沟渠、水塘、人工建筑、其他），探究不同年份（1975 年、1985 年、1991 年、1996 年、2001 年、2006 年、2011 年、2017 年）湿地内部湿地类型面积的变化特征，从而探究其退化状态。

1）数据处理

遥感数据的一系列高精度处理均在 ERDAS Image9.2 的支持下完成，主要包括：

a）多波段合成。根据地物光谱效应特征，选取三个波段进行遥感图像的彩色合成，以对不同湿地类型进行识别。

b）图像的几何校正。以当地的大比例尺地形图作为标准图像，对 2005 年时的影像进行校正。在两幅图上分别选取对应的地面控制点（GCP）。GCP 点采集好之后，进行全区坐标变换和数据的重采样。本书采取最邻近法进行重采样。将 2000 年校正后的影像作为标准影像，其他时段的影像以此为标准，进行影像与影像间的校正。

c）图像的增强处理。校正后的遥感图像经直方图均衡化、边缘增强、线性拉伸等增强处理，滨海湿地地物影像特征更加明显易辨，便于相关信息的识别和提取。

d）分析栅格的生成。为了反映湿地变化的空间特征，同时消除比例尺造成的面积误差以及在进行空间叠加过程中避免边界不完全一致而出现的细小图斑问题，按照 1 km 栅格成分图的设计思想，以 300 m×300 m 栅格矢量数据作为数据综合的平台，获取和表现天津滨海 30 年来湿地类型的变化。

2）遥感影像的解译

首先通过野外实地调查，确定影像上的对应点的湿地类型、地面景观状况，制定出影像判读的专题分类系统，根据目标地物与影像特征之间的关系，通过影像反复判读和野外对比检验，建立遥感影像判读标志。其次根据建立的遥感影响判读标志，综合运用各种解译方法，对遥感影像进行详细解译。最后通过地理信息系统进行管理，可以实现对数据的空间查询、检索和计算，并且将解译结果制成专题地图，计算出各种类型湿地的面积。

（3）河流与湿地退化过程

1）北大港湿地退化过程

根据湿地解译结果，北大港沼泽湿地面积逐步缩减，逐渐被养殖湿地与沟塘湿地取代。沟塘湿地面积逐年增加。面积变化结果显示沼泽湿地在 20 世纪七八十年代间经历了一定的下降过程，自 2 400 km² 下降至 2 300 km²，这一时期的沟塘面积逐步增加，自 800 km² 增加至 1 600 km²，养殖湿地自 2006 年起逐渐出现，出现农作物的种植，且面积逐年增加（图 3-7、图 3-8）。

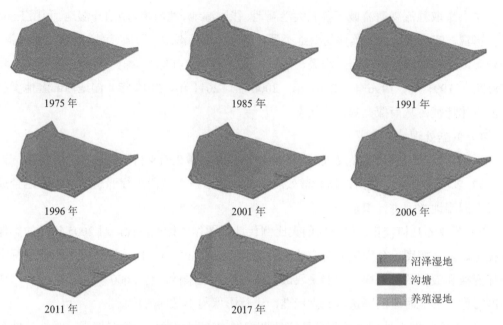

图 3-7　北大港湿地退化过程图（1975—2017 年）

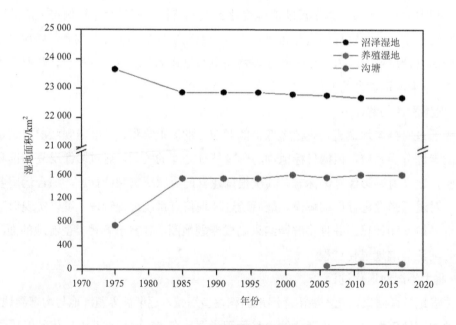

图 3-8　北大港湿地退化趋势图

2）宽河槽湿地退化过程

宽河槽湿地面积逐步退化，逐渐被盐田、水塘和养殖湿地取代。盐田和水塘面积逐步增加，并转换为养殖湿地，人工建筑逐年增加。面积变化趋势显示沼泽湿地的面积逐年下降，1975—2017 年，从 11 000 km² 下降至 6 000 km²。自 1991 年起出现人工建筑，且面积逐年增加，至 2017 年达到 120 km²，1996 年逐渐出现养殖湿地，面积在 2011 年达到最高值。2001 年出现了盐田湿地，面积在 2011 年达到最高值（图 3-9、图 3-10）。

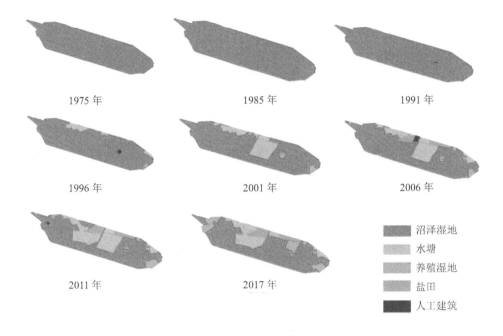

图 3-9　宽河槽湿地退化过程图（1975—2017 年）

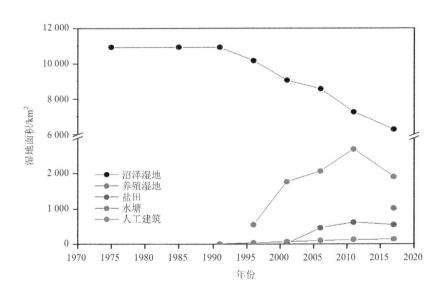

图 3-10　宽河槽湿地退化趋势图

3）钱圈湿地退化过程

钱圈湿地沼泽湿地面积逐步退化，逐渐被养殖湿地、盐田和沟渠取代，养殖湿地的面积在 2005 年以后迅速增加。2011—2017 年，钱圈湿地的湿地类型发生了剧烈变化，其中沼泽湿地剧烈减少至完全消失，取而代之的是养殖湿地迅速增加至 640 km$^2$（图 3-11、图 3-12）。

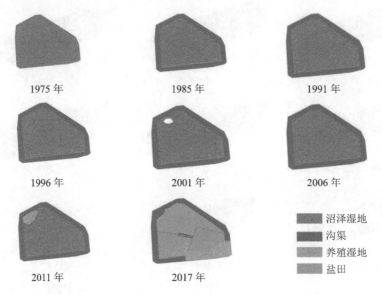

图 3-11　钱圈湿地退化过程图（1975—2017 年）

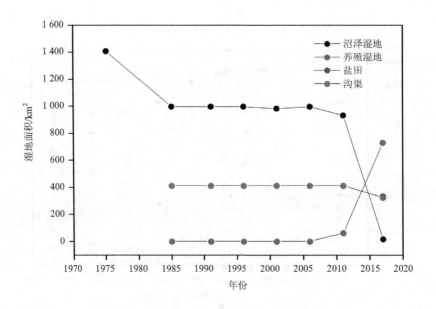

图 3-12　钱圈湿地退化趋势图

4）团泊洼湿地退化过程

2006 年以前团泊洼湿地变化不大，2006 年以后人工开发强度逐渐增大。2006 年后团泊洼水塘面积由 8 500 km² 迅速下降至 4 100 km²，逐步被人工建筑与沼泽湿地所取代（图 3-13、图 3-14）。

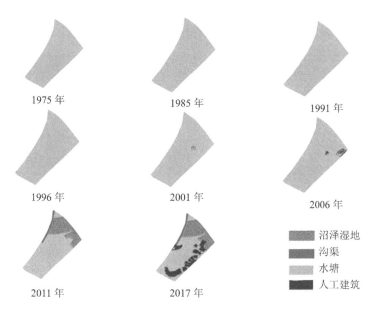

图 3-13　团泊洼湿地退化过程图（1975—2017 年）

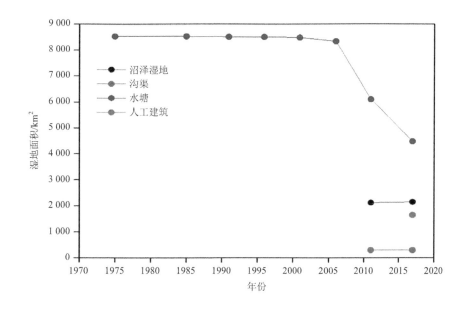

图 3-14　团泊洼湿地退化趋势图

### 3.3.2　基于环志追踪的鸟类多样性研究

在独流减河流域开展的三次调查统计到鸟类 7 目 11 科 68 种，发现研究区域内水鸟主要分布在北大港水库、万亩鱼塘、老朱鱼塘、团泊洼水库、钱圈水库和北大港滨海区域（图3-15）。沙井子水库、鸭淀水库、官港湖、子牙河鸟类分布较少。其中，万亩鱼塘、老朱鱼塘和北大港水库同属于北大港湿地的区域。

图 3-15　三次调查中 IBA 位点分布

从图 3-15 可以看出，北大港湿地的鸟类主要集中在万亩鱼塘和老朱鱼塘区域，北大港水库仅有少数几个位点水鸟较为集中，分布在水库的东北角和东南角两个角落区域；钱圈水库中由于有一个位点发现青头潜鸭而使其栖息地价值升高；团泊洼水库的鸟类都集中在水库的西北角落区域，此区域是支撑团泊洼水库成为国际重要湿地的重要位点；北大港滨海的水鸟则沿海岸线分布，随潮水的涨落而变化，此段海岸带是支撑遗鸥和其他鸻鹬类水鸟迁徙停留的重要栖息地。

（1）北大港湿地水鸟分布

北大港湿地的水鸟集中分布在北大港水库、万亩鱼塘、老朱鱼塘三个区域中。老朱鱼塘虽然仅在 2017 年秋季调查一次，但当次调查统计水鸟达 16 665 只，占整个调查的 30%。

其中，万亩鱼塘在三次调查中都是水鸟的重要栖息场所，在 2017 年的两次调查中，万亩鱼塘区域以雁形目鸟类为主。2018 年春季调查中万亩鱼塘以鸻形目鸟类为主，这可能是由于 2018 年鱼塘内水位较低而造成的，在 2018 年春季调查时发现在万亩鱼塘内许多鱼塘由于缺水裸露出白色的盐碱性土壤（图 3-16）。

图 3-16　缺水鱼塘露出盐碱化土壤和水量丰盈的鱼塘

北大港水库水鸟的分布与栖息地的关系非常典型，以水库东北角区域的 BDG02 位点为例，在 2017 年春季调查时，此地为浅水的沼泽滩涂湿地，大量的水鸟聚集在此处，尤其以灰雁数量为最，单个位点单次统计灰雁达 9 840 只，占到其东亚迁徙路线总数量的 1/5，作为一个停歇位点，鸟类种群数量之大，分布之聚集，在整个迁徙路途上都是非常罕见的，足以说明此区域对鸟类的重要意义。然而到了 2017 年秋季和 2018 年春季，此区域完全干涸无水，变成一片芦苇丛生的枯地，水鸟已很难看见（图 3-17）。

图 3-17　BDG02 2017 年春季水量充盈、水鸟密布；2018 年春季，无水枯地

北大港水库的东南位置，此区域大多被承包为私人的鱼塘，鸟类的栖息环境也受到水位的影响。相较于 2017 年春季的水量充盈，2018 年春季许多鱼塘已经干枯，我们可以发

现小天鹅与鸿雁被压缩在一个浅水的鱼塘内，在鱼塘的淤泥中觅食，还有部分鸿雁被迫停歇在干枯的鱼塘上休息。

（2）钱圈水库水鸟分布

钱圈水库是一个面积较小的水库，此水库完全被承包为鱼塘用于渔业养殖，水库水位受承包人调控。在 2017 年与 2018 年两次春季调查中，同一时间水库的景象却千差万别，2017 年春季水库鱼塘水量充足，有部分鹭类和鸭类分布，2018 年水库鱼塘干涸，整个水库基本无鸟类分布（图 3-18）。

图 3-18    2017 年水量充裕的钱圈水库；2018 年鱼塘干涸的钱圈水库

2017 年秋季调查时发现 3 只青头潜鸭，达到国际重要湿地的 1% 标准，使钱圈水库的湿地价值提升。青头潜鸭属于雁形目鸭科潜鸭属鸟类，体圆，头大。雄鸟头和颈黑色，并具有绿色光泽，眼白色，在野外极易与白眼潜鸭混淆（图 3-19）。青头潜鸭多栖息在大的湖泊、江河、海湾、河口、水塘和沿海沼泽地带，常成对或成小群活动在水边水生植物丛中或附近水面上。2003 年，青头潜鸭在全球仅存不到 500 只，东亚—澳大利西亚迁徙路线办公室（EAAFP）估算东亚迁徙路线上仅 300 只，IUCN 在国际濒危物种红色名录中将其受威胁等级定位"极危"。对其栖息地的保护与恢复已迫在眉睫。

图 3-19    青头潜鸭；白眼潜鸭

（3）团泊洼水库水鸟分布

三次调查中，团泊洼水库的鸟类都集中分布在水库的西北角区域，此区域内水位较浅，并且有河岸缓和，有自然的涨落区域，适宜鸟类栖息。值得注意的是，在 2017 年的调查中我们在水库西北角的这片区域中发现了 10 只青头潜鸭，足以证明此区域对鸟类栖息的重要性。在水库的东岸和南岸由于河岸被水泥固化，失去了原有的自然涨落区域，鸟类分布稀少，仅有少量适宜深水区栖息的鸟类分布，如红嘴鸥、凤头䴙䴘。

团泊洼水库的干扰问题非常突出，在东岸大量已建成或正在兴建大量的别墅群，为了建筑别墅，人们加固河岸严重破坏了团泊洼原有的自然涨落区域，并且临水别墅配备码头，频繁的人为水上活动，使此区域的鸟类难以栖息（图 3-20）；在水鸟分布较多的西北角区域，主要的干扰因素为人们各种的野外活动，如野炊、垂钓等，同时由于此区域与水库堤坝外的鱼塘相通，外部鱼塘的水位变化也会影响此区域的水位变化。

图 3-20　团泊洼正在兴建中的别墅；团泊洼已建成别墅群

（4）北大港滨海水鸟分布

在三次调查中，北大港滨海都是遗鸥的主要栖息地，2018 年春季调查中遗鸥最高统计达 13 869 只。遗鸥隶属于鸟纲，鸻形目，鸥科，鸥属，是最晚被科学界认知的中等体形鸥类，直到 1971 年才被独立成种（图 3-21）。遗鸥是我国 I 级重点保护野生动物，是国际上极少被同时列入《迁徙动物公约》（MSC）和《濒危野生动植物物种国际贸易公约》（CITES）附录 I 的鸟种，是世界自然保护联盟（IUCN）红皮书易危物种，其保护意义非常重要。

由于遗鸥定种较晚，所以有关遗鸥迁徙行为的研究较少，主要集中在其繁殖区域的研究，可以确认遗鸥有 4 个繁殖种群，以哈萨克斯坦为代表的中亚繁殖种群；分布于蒙古高原中部和西部，并至南戈壁区的戈壁繁殖种群；分布于中、俄、蒙三国交界的远东繁殖种群；鄂尔多斯高原的繁殖种群。目前遗鸥相对清晰的一条迁徙路线是由鄂尔多斯高原至渤海湾的飞行路线，渤海湾区域是遗鸥的重要停留与越冬位点。根据我们的调查，可以看出北大港滨海湿地是遗鸥迁徙过程中的重要停留位点，其重要性不言而喻。

图 3-21　在北大港滨海停留的遗鸥

调查中发现，遗鸥主要分布在退潮的滩涂上，在此区域觅食。北大港滨海区域，大多被海水养殖场承包，主要在滨海区域养殖贝类等海产品，而这些海产品也是遗鸥迁徙时补充能量的极佳食物。如图 3-22 所示。

图 3-22　在滩涂上觅食的遗鸥

调查中发现，在此区域不乏有人为活动对鸟类栖息地造成影响，主要有三方面的影响。第一，在此区域有一个大型的采沙场，大量的采沙使此区域的滩涂被破坏，鸟类觅食地丧失，同时频繁的作业对此区域的鸟类造成严重的噪声干扰，影响鸟类正常的栖息。第二，此区域濒临大港油田，所以近海石油勘探工作时有发生，而且由于石油勘探工作都是在退潮时进行，正好与鸟类活动相冲撞，勘探时频繁的人为活动影响鸟类的觅食。第三，此区域由于是滨海养殖区域，退潮时赶海拾贝的人络绎不绝，很大程度上干扰了鸟类在此区域内的觅食行为（图 3-23）。

（①采沙场，②石油勘探，③④赶海拾贝）

**图 3-23 人类活动对鸟类栖息地影响**

调查中发现，目前独流减河下游区域的湿地状况不容乐观，三个国际重要湿地都面临着巨大的生态挑战。团泊洼水库有大片区域被开发为建筑用地，原有涨落区域被加固为堤岸，水鸟栖息地被压缩在角落，极易丧失其国际重要湿地的地位；北大港湿地，大部分水域被承包为私人的鱼塘，鱼塘间沟壑纵横，湿地破碎化严重，湿地供水受鱼塘承包人员控制，极为不稳定，不能保证鸟类迁徙期湿地水量充足，湿地质量堪忧，同时周边的水库钱圈水库与沙井子水库都存在相同的问题，完全被承包为私人鱼塘，供水极为不稳定；北大港滨海，大多区域也被承包为私人的海产品养殖场，虽然一方面为迁徙鸟类提供了丰富的食物，但海产品收获的季节也是水鸟迁徙的季节，大量的人为活动势必对鸟类的觅食行为造成影响，同时滨海区域的采沙场对此区域鸟类栖息地的健康是一个巨大的隐患问题，频繁的采沙活动很可能波及鸟类原本栖息的滩涂区域，破坏鸟类栖息地。

综上可知，独流减河下游湿地生态质量不容乐观，建筑用地大量地侵占湿地面积，水鸟栖息地被压缩；过度的渔业生产使栖息地破碎化严重，湿地供水不稳定；频繁的人类活动与采沙，干扰滨海湿地鸟类的正常觅食，侵蚀滨海湿地面积。

### 3.3.3 基于沉积物风险有机物质检测与风险评价的湿地群健康诊断

（1）研究目标与内容

为诊断独流减河滨海湿地群健康状况，采用基于 GC-MS 和 LC-MS/MS 的沉积物风险有机污染物分析技术和有机物生态风险评价手段，对独流减河干流宽河槽湿地以及团泊洼、北大港湿地等重要生态节点的沉积物进行采样检测，分析其中毒害有机污染物的分布特征，并对其进行毒害效应和生态风险评价，基于此建立一套针对湿地群健康状况的诊断方法并进行综合评价。

主要研究内容包括以下几个方面：

1）采集独流减河干流及重要生态节点沉积物样品，分析毒害有机污染物含量。

2）对毒害有机污染物的毒害效应和生态风险进行估算。

3）通过综合评分诊断独流减河流域滨海湿地群健康状况。

（2）样品采集与前处理

采集独流减河流域表层沉积物样品，采样位置主要包括：独流减河干流 10 个监测点位，编号 R1～R10；重点生态节点 5 个监测点位，编号 W1～W5，其中团泊洼湿地 2 个样点，北大港湿地 3 个样点。沉积物样品采集点位如图 3-24 所示。由于有机污染物具有较高的疏水性，在表层水体中的富集量极低，往往难以被检出，因此样品采集分析以表层沉积物为主。沉积物样品以不锈钢抓泥斗进行采集，样品混入 1 g 叠氮化钠拌匀以避免微生物干扰，随后以锡箔纸包裹，低温保存，运输至实验室，在 –40℃ 条件下冷冻干燥，研磨并过 100 目筛待测。

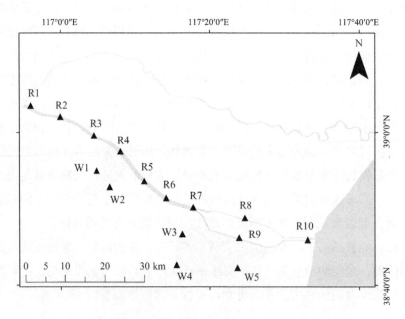

图 3-24　独流减河干流及重要生态节点表层沉积物采样点示意图

（3）风险有机物筛查与定量检测

根据对独流减河流域前期研究资料的整理分析，结合流域内土地利用类型、产业结构特征和污染本底值调查情况，确定独流减河流域水环境中存在的主要毒害有机污染物类型为多环芳烃类和环境雌激素类，前者在工业生产和煤炭、木材等燃料的燃烧过程中大量排放，而后者则广泛应用于畜禽养殖、化工生产和个人日常护理品及洗涤剂排放。多环芳烃和环境雌激素不仅是独流减河流域大量使用和排放的有机物，也因其具有较强的毒害作用和生态风险而被广泛关注。

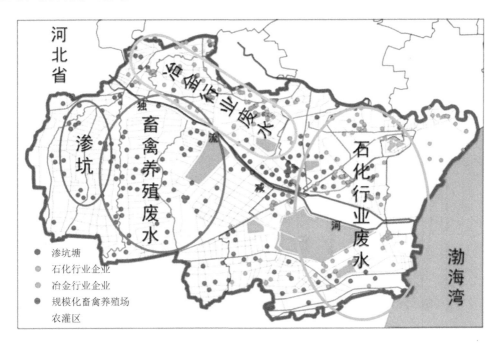

图 3-25　独流减河流域污水排放行业分布示意图

1）沉积物多环芳烃的分析

沉积物样品中的多环芳烃与以超声浸提-固相萃取的方式进行提取和净化，使用GC-MS 进行定量检测分析。样品前处理方法和仪器检测方法参照《土壤和沉积物　多环芳烃的测定　气相色谱-质谱法》（HJ 805—2016）。

沉积物中风险有机污染物的检测结果显示。在独流减河干流与中下游重要生态节点团泊洼、北大港湿地的表层沉积物样品中，16 种多环芳烃均存在不同程度的检出。其中苊烯（Acy）、苊（Ace）、芴（Fluo）、菲（Phe）、蒽（Ant）、荧蒽（Flua）和芘（Pyr）7 种物质在各样点中检出率为 100%。检出率较低的物质为二苯蒽（DBA）和茚并[1,2,3-$c$,$d$]芘（IncdP），分别在 4 个和 5 个样点中检出。

独流减河干流及重要生态节点团泊洼、北大港湿地各采样点表层沉积物中，16 种多环芳烃的总含量（∑PAHs）范围为 609.6～5 612.01 ng/g，平均值为 1 717.66 ng/g。∑PAHs含量最高的样点为 W4 样点，最低为 R5 样点。两处湿地 5 个采样点的∑PAHs 含量平均值为 2 849.26 ng/g，是独流减河干流样点∑PAHs 含量平均值（1 151.86 ng/g）的两倍，表明湿地表层沉积物中多环芳烃的含量更高。在各单体多环芳烃的分布方面，16 种多环芳烃含量范围在 1.46～2 054.78 ng/g，平均含量为 132.13 ng/g。沉积物中多环芳烃的种类主要以中低环数的芳烃为主，其中苊（Ace）、菲（Phe）、荧蒽（Flua）在沉积物中的平均含量相对较高，分别达到 604.87 ng/g、340.91 ng/g 和 191.73 ng/g，上述三种物质的最高检测值均超过 1 000 ng/g，Phe 最高值达到 2 054.78 ng/g，在沉积物中的含量水平较高。

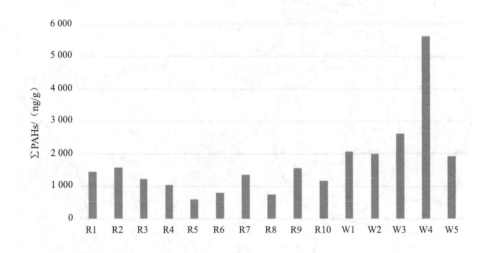

图 3-26　独流减河干流及重要生态节点表层沉积物中多环芳烃含量分布

从空间分布来看，独流减河干流表层沉积物中多环芳烃含量自上游至下游呈现出先降低再上升的趋势，这可能与河道两侧的城镇居民分布有关，河流上游和下游多村镇，人口密集，产业分布广泛，除工业排放外，汽车尾气、煤和木材等燃料的使用都高于中游段以农田耕地为主的区域，因此多环芳烃的使用排放量较高，导致最终汇聚在沉积物中的含量较高。而相对于河道，湿地的水流较缓，沉降作用相对更强，同时湿地植物丰茂，枯萎植被等有机质进入沉积物环境中能够促进有机污染物质的吸附，导致湿地表层沉积物中的多环芳烃含量要高于独流减河干流。W4 样点较高的多环芳烃含量则可能与其靠近南大港油田，受到石化工业废弃物的污染有关。

2）沉积物环境雌激素分析

沉积物样品中的环境雌激素以超声浸提-固相萃取的方式进行提取和净化，使用 LC-MS/MS 进行定量检测分析。样品前处理方法和仪器检测方法参照相关国家标准和文献资料中总结的较为成熟的分析方法。

检测结果显示：在独流减河干流与中下游重要生态节点团泊洼、北大港湿地的表层沉积物样品中，三种环境内分泌干扰物（EDCs）壬基酚、辛基酚和双酚 A 的含量范围分别为 153.54～1 271.54 ng/g、90.72～604.88 ng/g、83.45～544.39 ng/g。其中壬基酚平均含量最高，达到 616.07 ng/g，其次为双酚 A 和辛基酚，平均含量分别为 279.30 ng/g 和 266.83 ng/g。内分泌干扰物总量的含量范围在 458.03～2 189.67 ng/g，平均含量为 1 162.19 ng/g。最高值出现在北大港湿地东侧 W5 样点处，最低值位于独流减河下游入海口附近的 R10 样点处。从空间分布上看，内分泌干扰物在独流减河干流呈现出与多环芳烃相似的分布特征，上游城镇河段沉积物中含量高于中游农田河段，河流下游宽河槽附近样点内分泌干扰物含量出现了小幅度上升，而入海口附近的样点含量则较低。内分泌干扰物在日常生活中广泛使用，其排放途径包括畜禽养殖、个人护理品和洗涤剂使用，以及印染、塑料加工和乳化剂加工等工业生产方面。由于独流减河沿岸村镇较多，规模化养殖场以及小型加工作坊数量庞大，加之该区域污水收集与处理率低，生活污水、养殖废水和小作坊加工废水均存在散排现象，导致内分泌干扰物随污水进入河道水环境，并最终汇聚在沉积物中。团泊洼和北大港湿地表层沉积物中的含量高于干流，推测是由于两处湿地周边养殖业分布较多，内分泌干扰物使用量较大，且进入湖库后水流较缓，沉降作用较强。而入海口处内分泌干扰物含量的降低则可能与潮水稀释有关。

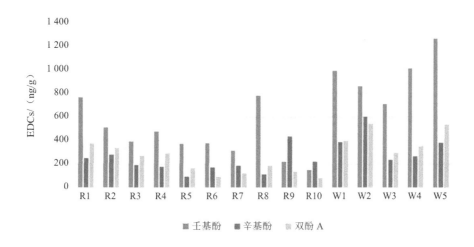

图 3-27　独流减河干流及重要生态节点表层沉积物中内分泌干扰物含量分布

（4）沉积物有机污染物风险评价

已有研究发现，低环 PAHs 具有急性毒性，而高环 PAHs 具有潜在致癌性。环境内分泌干扰物虽不具有急性毒性，但其可通过干扰生物体的内分泌系统作用，造成畸变或生殖毒性。为评价独流减河流域沉积物中毒害有机污染物的生态风险，采用效应区间低中值法和风险商值法对多环芳烃类和内分泌干扰物进行生态风险评价。

1）表层沉积物多环芳烃生态风险评价

效应区间低中值法是用沉积物中多环芳烃含量与 ERL（风险评价低值，生态毒害作用＜10%）、ERM（风险评价中值，生态毒害作用＞50%）进行比较从而确定其生态毒害可能性的方法，若 PAHs 含量小于 ERL，表明其对生物产生的危害较小；若含量介于 ERL 和 ERM 之间，表明其对生物存在一定程度的危害；若含量大于 ERM，则其对生物危害性较大。该评价方法所采用的 ERL 和 ERM 取值分别参考沉积物质量评价标准的取值。根据效应区间低中值法，计算了独流减河流域表层沉积物样品中多环芳烃类污染物的生态风险，结果表明：

就沉积物中多环芳烃类总含量而言，只有 W2 样点达到中等风险水平，其余样点沉积物中∑PAHs 含量均低于 ERL，暂未对生态环境产生显著的风险。但在单体多环芳烃风险方面存在一定的差异性，所有调查样本中，单体多环芳烃体现出中等以上生态风险的比例为 27%，高风险样本占比为 3%。Acy、Ace 和 Fluo 在大多数位点呈现出中等以上风险。其中，Fluo 在所有样点表层沉积物中的含量均超过了 ERL 值，显示出中等风险，而 Ace 的潜在风险性更强，有 7 个样点的沉积物 Ace 含量超过了 ERM 值，意味着其对水生生物可能产生较强的毒害作用，高风险点位为河流上游的 R1 样点、中游 R7 样点以及所有的湿地样点，表明湿地中表层沉积物更容易受到 Ace 带来的潜在生态风险的威胁。在表层沉积物中 Acy 的风险分布方面，有 11 个样点体现出了中等风险，两座湿地的五个样点全部体现为中等风险，生态风险程度要高于独流减河干流。而 Phe、Nap、Ant 和 Flua 分别在 7 个、2 个、1 个和 1 个样点中体现出中等以上生态风险，且具有潜在生态风险的样点均集中在湿地样点。总体来看，表层沉积物中单体多环芳烃生态风险的主要贡献者为中低环数的芳烃，而只有 Ace 在部分样点体现出了高风险。在空间上，团泊洼、北大港湿地调查样点体现出生态风险的比率和程度均高于独流减河干流，应引起足够重视。

2）表层沉积物内分泌干扰物生态风险评价

采用风险商值（RQ）法对沉积物中内分泌干扰物的生态风险进行初步评价，其计算公式为

$$RQ=MEC/PNEC$$

式中，RQ 为风险表征系数即风险商值；MEC 为环境样品中实测的内分泌干扰物浓度；PNEC 为该污染物的预测无效应浓度。

当 RQ＜0.1 时，为低风险，RQ 介于 0.1～1 时为中等风险，当 RQ＞1 时，表明污染物存在较高的生态风险。该方法所选取的 PNEC 值参考欧盟相关评价标准中水体预测无效应浓度的数值，并根据污染物的沉积物-水分配系数和沉积物有机碳百分含量进行计算转化为沉积物中的预测无效应浓度。

根据计算结果，独流减河干流及团泊洼、北大港水库各样点表层沉积物中内分泌干扰物总量的风险商值在 0.65～25.41，全部样点的风险商值均大于 0.1，风险商值大于 1 的样本数量占比达到了 95.5%，表明内分泌干扰物在独流减河流域造成了较高的生态风险。双酚 A 在三种污染物中平均风险商值占比最高，其次为辛基酚和壬基酚。其中，双酚 A 在独流减河上游 R1～R4 样点和两座湿地 5 个样点的生态风险商值均大于 10，团泊洼湿地 W1 样点和北大港湿地 W5 样点的商值则高达 25 以上，表明双酚 A 在此区域内以呈现出极高的生态风险，对底栖生物和鱼类等水生生物存在较强的潜在毒性。

（5）小结

根据对独流减河干流及团泊洼、北大港湿地表层沉积物中有毒有害有机污染物的检测分析和生态风险评价，结果表明独流减河流域湿地受到多环芳烃类和内分泌干扰物类有机物的污染，且污染程度较重。多环芳烃类污染物中，具有潜在急性毒性的低环芳烃检出率和含量较高，且 3 环以下的芳烃大部分样本的含量超过了 ERL 值，具有潜在的中等以上生态风险。沉积物样本中内分泌干扰物的生态风险评价结果显示，独流减河流域受到较高的内分泌干扰物潜在毒性威胁。其中双酚 A 为生态风险的最大贡献者，上游河段与两处湿地表层沉积物的内分泌干扰物生态风险评价值极高，需进行重点关注。同时，两座湿地的样点相比于独流减河干流，具有更高的有机污染物赋存含量，其体现出的生态风险程度也高于河流沉积物，表明团泊洼、北大港湿地表层沉积物受到有机物的污染严重，已经达到可能对水生生物产生较高毒害作用的程度。

综上所述，独流减河流域滨海湿地受有毒有害有机物污染，且已表现出较高的生态风险，其可能与流域内的工业生产、畜禽养殖以及村镇生活污水排放和燃料燃烧有关。独流减河连江通海，是海河流域重要的输水通道和生态廊道，其中下游滨海湿地群更是承担着鸟类栖息地的重要生态作用，有毒有害有机物在沉积物环境中的污染造成了区域内水环境健康质量的下降，意味着独流减河及滨海湿地群的生态作用退化，其对水环境和生态系统的潜在威胁应当得到足够的重视。

## 3.4 独流减河流域生态环境质量问题诊断

### 3.4.1 独流减河下游湿地群普遍退化严重

独流减河下游区域的湿地状况不容乐观，三个国际重要湿地都面临着巨大的生态挑战。团泊洼水库，大片区域被开发为建筑用地，原有涨落区域被加固为堤岸，水鸟栖息地被压缩在角落，极易丧失其国际重要湿地的地位；北大港湿地，大部分水域被承包为私人的鱼塘，鱼塘间沟壑纵横，湿地破碎化严重，湿地供水受鱼塘承包人员控制，极不稳定，不能保证鸟类迁徙期湿地水量充足，湿地质量堪忧，同时周边的水库钱圈水库与沙井子水库都存在相同的问题，完全被承包为私人鱼塘，供水极不稳定；北大港滨海，大多区域也被承包为私人的海产品养殖场，虽然一方面为迁徙鸟类提供了丰富的食物，但海产品收获的季节也是水鸟迁徙的季节，大量的人为活动势必会对鸟类的觅食行为造成影响，同时滨海区域的采沙场对此区域鸟类栖息地的健康是一个巨大的隐患问题，频繁的采沙活动很可能波及鸟类原本气息的滩涂区域，破坏鸟类栖息地。

独流减河位于海河扇形水系的末端，天然水系结构形式对于泄水防洪非常不利，且随着对水资源利用程度提高，在人工改造下，通过对七里海、大黄堡以及北大港的分析，水闸、水库以及堤防的修建，造成河流被分段，河道人工化，阻隔了河流与湿地进行水量交换，也阻隔了生物洄游的路径，生物多样性降低，湿地退化。通过遥感解译，我们发现独流减河下游湿地近年来均发生了不同程度的退化，特别是 2006 年以来，人类活动加速了湿地的退化，无论是从湿地面积，抑或是湿地的土地利用类型都发生了不同程度的退化，其中以团泊洼为甚，受到了房地产开发、养殖等人类活动的巨大影响。

综上所述，独流减河下游湿地生态质量不容乐观，建筑用地大量地侵占湿地面积，水鸟栖息地被压缩；过度的渔业生产使栖息地破碎化严重，湿地供水不稳定；频繁的人类活动与采沙，干扰着滨海湿地鸟类的正常觅食，侵蚀着滨海湿地面积。针对目前湿地退化的趋势，可采取以下解决措施：

（1）建立有效的湿地管理机制

湿地的管理涉及多个部门与行业，各个部门对湿地管理采取的措施与办法有一定的偏差，导致不能有效地保护湿地，反而会对湿地的保护产生不利的影响。因此，应该组织起有关单位进行统一部署，明确分工，强化各部门的责任，明确各部门的职能，同时各部门合作，有效地进行湿地的保护与管理工作。

（2）加快湿地保护立法

我国 1985 年开始实施《中华人民共和国森林法》，该法对森林管理、森林保护、植树造林、森林采伐利用、奖励与惩罚等做出了详细的规定，对我国森林的保护起到了重要的作用。湿地的保护也应该列入法制体系，明确湿地的开发利用条款，用法律去约束破坏湿地的行为，强化湿地资源的保护。

（3）扩大保护区的范围

天津现有 1 个国家级湿地自然保护区，即天津古海岸与湿地国家级自然保护区；有 3 个市级自然保护区，分别是北大港湿地自然保护区、大黄堡湿地自然保护区与团泊洼鸟类自然保护区；另有东丽湖自然保护区和于桥水库水源自然保护区。随着管理水平的不断提高与保护湿地意识的不断加强，扩大湿地保护区的范围，提升保护区的级别，并根据具体情况纳入新的自然保护区，积极做好天津湿地的保护与恢复工作。

（4）加强湿地监测

应加强湿地监测，对湿地环境的变化、湿地水质、水量、生物量、湿地利用情况等进行实施监测，不仅要通过 3S 技术对湿地的变化进行宏观监测，还应选取典型湿地进行定位观测，观测其功能、结构、生态以及随季节的变化等方面的信息，为湿地的科学研究以及合理利用提供及时与详尽的信息。2011 年 8 月天津建成全国首个湿地保护区鸟类视频检测系统，采用具有夜视功能的高清摄像头，对鸟类实施 24 小时监控，为湿地的保护与研究分析提供了很好依据，也为天津市实施湿地监测提供了很好的开端。

（5）建立人工湿地生态系统

人工湿地不仅仅指本书中的水库与水田，还指由人工建造与控制运行的与沼泽类似的地面，主要利用生物技术进行污水处理。天津滨海新区临港经济区为改善生态环境建设了面积为 60 多万 $km^2$ 的人工湿地公园，对工业区的污水进行净化。人工湿地生态系统的建立，不仅美化环境，还能净化环境。

（6）提高民众意识

保护湿地不仅仅是政府的事，还应深入人心。几年来湿地面积减小正是因为公众尤其是决策者对湿地功能与重要性的认识不够，导致湿地被过度开发利用甚至遭到破坏。因此应该加强对湿地功能、重要性以及现状的宣传工作，让人们充分了解什么是湿地、湿地对社会发展以及生态平衡的重要性、湿地的现状以及面临的威胁，让公众对湿地存在忧患意识，积极参与到湿地保护的工作中。

（7）建设节水型社会

湿地的生存离不开水。由于天津地理位置与气候的原因，天津水资源总量紧缺，并且天津入境水量也呈减少趋势，天津 20 世纪 70 年代以前的年平均入境水量为 127.479 亿 $m^3$，而 20 世纪 70 年代以后的年平均入境水量只有 32.57 亿 $m^3$，入境水量急剧减少，而同时天津人口快速增加。根据统计，天津市 2018 年的户籍人口数是 1970 年的 2.4 倍，水资源的短缺日趋紧张。因此要加强节水型社会的建设，合理配置，节约用水，保证生态用水量才能维持湿地的可持续发展。

（8）对水源进行合理配置

天津上游修建的水库、水闸等使天津入境水量大幅度减小，天津境内也由于水库、水闸、堤防等的修建，导致河湖水系的连通性减弱。因此，应协调好天津与周边省份以及天津市内部用水关系，做到合理规划，协调好社会效益、经济效益与水生态效益三者的生态关系，通过合理调度，实现河湖水系的良好连通性，切实保障生态环境用水。

（9）湿地修复突出重点

湿地的退化是长期形成的，因此应该顺应自然，不能急功近利地进行"生态建设"。根据湿地的退化风险，考虑环境的承载力，分析不同区域湿地修复的可能性，注重可操作性，有序地进行湿地生态修复的工作。

### 3.4.2 重要鸟类栖息地受人为活动影响干扰较大，鸟类生境受损严重

湿地野鸟指数计算结果显示，2004—2018 年，以 2004 年为基准，研究区野鸟指数呈现先上升后下降的过程。野鸟指数值在 2004—2015 年呈上升趋势，在 2015 年达到峰值，上升的原因可能为观鸟人数的增多导致的观测记录增加。自 2015 年至 2018 年呈下降趋势，下降的原因可能为人为或自然原因导致的鸟类丰富度和多样性下降。2018 年的野鸟指数值对比 2004 年基准值有所降低。

鸟类监测结果显示，独流减河下游区域仍是重要的鸟类栖息地，单次调查水鸟水量近 8 万只，多种珍稀鸟类在此停留栖息。北大港湿地与北大港滨海，仍是鸟类的重要栖息位点，但团泊洼水库鸟类物种数量下降严重，这可能是造成此区域湿地野鸟指数下降的原因之一。

生物遥测结果显示，研究区域内追踪水鸟主要利用"水库/坑塘"的土地类型，结合观测数据，我们发现鸟类的活动区域主要在此类土地类型的滩涂区域，然而分析 1990—2010 年土地利用数据，我们发现大量"水库/坑塘"被"草本湿地"和"居住地"取代，滩涂面积锐减，这也是导致此区域湿地鸟类指数下降的原因之一。目前独流减河下游河流湿地面对的主要问题：湿地私人承包化严重、人为活动干扰频繁，导致此区域内湿地破碎化严重；年际间供水量差异巨大，湿地整体缺水，使湿地浅水滩涂向无水的"草本湿地"演变；湿地堤岸固化、居住地侵占与填海等行为，使得自然水文节律消失，导致内陆与滨海湿地滩涂面积减少；垂钓、赶海、勘探、采沙等影响鸟类正常行为模式。水鸟栖息地环境极不稳定，湿地的生态环境不容乐观。

风险污染物检测分析结果表明，独流减河流域干流及中下游湿地表层沉积物受到有机风险物质的污染程度严重，多环芳烃和酚类雌激素是沉积物中主要的风险污染物。其中，低环数的多环芳烃具有较高的检出率和沉积物赋存含量，且 3 环以下的芳烃大部分样本的含量超过了 ERL 值，具有潜在的中等以上生态风险。沉积物样本中酚类雌激素的生态风险评价结果显示独流减河流域受到较高的酚类雌激素潜在毒性威胁。其中双酚 A 为生态风险的最大贡献者，上游河段与两处湿地表层沉积物的酚类雌激素生态风险评价值极高，需进行重点关注。同时，两座湿地的样点相比于独流减河干流，具有更高的有机污染物赋存含量，其体现出的生态风险程度也高于河流沉积物，表明团泊洼、北大港湿地表层沉积物受到风险有机物的污染严重，已经达到可能对水生生物产生较高毒害作用的程度。综上所述，独流减河流域滨海湿地群受毒害有机物污染，且已表现出较高的生态风险，其可能与流域内的工业生产、畜禽养殖以及村镇生活污水排放和燃料燃烧有关。独流减河连江通海，是海河流域重要的输水通道和生态廊道，其中下游滨海湿地群更是承担着鸟类栖息地

的重要生态作用，毒害有机物在沉积物环境中的污染造成了区域内水环境健康质量的下降，意味着独流减河及滨海湿地群的生态作用退化，其对水环境和生态系统的潜在威胁应当得到足够的重视。

通过生物遥测结果我们可以发现，独流减河下游区域是重要的鸟类迁徙停留位点。鸟类的追踪数据显示，鸟类在此停留时间最长可达 53 天，其栖息地的质量直接影响着鸟类迁徙的成功与否。

鸟类的主要活动区为"水库/滩涂"。除鸿雁和灰鹤外，其他鸟类都有个体对"水库/滩涂"利用比例都超过了 80%；针尾鸭与东方白鹳个体对"水库/滩涂"的利用率达到了100%。而 1990—2015 年，团泊洼水库此类鸟类活动区面积锐减，北大港湿地相较于最高值也略有下降，是湿地生态质量下降的驱动因素之一。

鸟类主要在北大港湿地与钱圈水库两个区域停歇，团泊洼水库追踪鸟类分布很少，与其鸟类活动面积下降相对应；钱圈水库不属于保护区，需加强保护，列入 IBA 湿地并纳入保护区。

生物遥测结果显示，鸟类主要在"水库/滩涂"土地类型上活动，此类土地类型为鸟类主要活动区。结合土地利用变化，发现鸟类适宜活动区面积减少，湿地生态质量下降。

# 4 滨海河流生态恢复与修复技术体系集成与模式构建

　　针对独流减河流域城镇化进程加剧，生态单元被严重割裂，河道、湿地、湖库和河口等重要生态节点之间缺乏有机的自然连接通道，河滨带生态功能退化，截污净化功能低下等问题，通过以重要生态节点为连接点，重点考虑土地利用类型、建设用地和人口等人为干扰因素，基于最小累积阻力模型，构建了"团泊洼—独流减河—北大港—宽河槽"为主轴的"点—线—网—面"结构的生态廊道网络布局。在此基础上，针对廊道重要生态节点功能退化问题，突破了变盐度水体及人工严重干预的地形条件下的浅宽型河槽湿地净化效果优化及生物多样性提升技术；针对廊道生态需水量不足问题，突破了以满足独流减河关键节点的生态水量和水质双重需求为目的的多水源生态补水技术；针对廊道功能单一问题，突破了鸟类生境保护及截污净化统筹的河岸生态功能修复技术。其流程如图 4-1 所示。

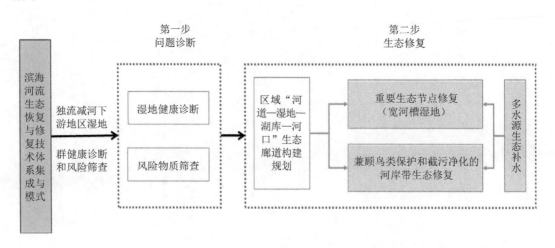

图 4-1　滨海河流生态恢复与修复技术体系集成与模式构建流程图

# 4.1　基于重要生态节点的区域生态廊道构建技术研究

## 4.1.1　区域生态廊道构建技术研究与技术路线

（1）研究内容

天津南部独流减河流域内大规模的城镇化进程，导致生态单元被严重割裂，景观格局破碎化和孤岛化问题日益严峻，河道、湿地、湖库和河口等重要生态节点之间缺乏有机的自然连接通道，鸟类生存环境遭到严重破坏，河滨带生态功能退化，截污净化功能低下，严重威胁该流域生态系统的稳定性、多样性和完整性。该研究根据景观生态学理论，对该区域进行生态调查，完成多尺度分割高分影像提取土地利用类型，并对重点牛杰保护区域进行景观格局分析，研究各景观节点的生态现状和景观连接度；研究该区域人类活动影响，构建景观阻力面，通过选取生态源斑块，根据多属性决策分析（MC-DA）方法中的加权叠加和最小累积阻力模型构建基于"河道—湿地—湖库—河口"的生态廊道；对廊道网络空间结构进行统计分析，研究廊道网络空间连接度，确定需重点保护和加强建设的点（区），确定廊道空间配置和最佳宽度，明确河流廊道，优化生态格局，提高该区域的生境质量。

（2）技术路线

在景观生态学理论指导下，借助地理信息科学与遥感技术对区域生态廊道构建进行研究。首先，基于多尺度分割 GF-1 遥感影像进行土地利用分类，选取种类和景观两个层次景观格局指数对独流减河流域重要生态保护区（独流减河、团泊洼水库、北大港湿地）的空间异质性和景观连接度进行分析和评价，分析该流域生态破碎化状况；其次，基于该区域内河道、湿地、湖库和河口等重要生态节点，选取重要生态源斑块，根据土地景观类型与人类活动影响计算景观阻力面，利用多属性决策分析方法中的加权叠加和最小累积阻力模型构建潜在生态廊道；再次，借助网络连接度评价指标量化所建生态廊道的空间连接度，并根据重要生态用地提取生态节点，结合建设用地和重要交通道路网识别廊道生态断裂点；最后，通过统计分析方法计算不同宽度廊道内土地利用空间组合配置，确定最佳生态廊道宽度和基本结构，进而基于生态廊道优化生态空间规划设计生态框架。最终，通过增加流域内生态廊道数量将破碎化的生态节点连接起来，加强生态廊道建设和重点保护生态廊道上的植被与水生态环境，增加流域生态系统的多样性、稳定性和完整性。研究技术路线如图 4-2 所示。

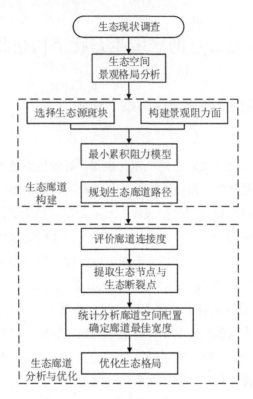

图 4-2　研究技术路线

## 4.1.2　研究区划分及重要生态节点选择

　　天津南部独流减河流域（38°33′06″N～39°10′28″N、116°41′28″E～117°42′50″E）（图 4-3）对滨海新区生态环境的保护与修复具有重要的意义，该区域内以独流减河干流为基础，连接了北大港湿地自然保护区和团泊洼鸟类自然保护区，是天津市南部生态带的主轴，涉及津南区、西青区、静海区以及部分滨海新区四个行政区，总面积约 3 737 km²，是京津冀协同发展的重要组成部分。

　　研究区地势平坦，湿地资源丰富，其中团泊洼鸟类自然保护区和北大港湿地自然保护区，总面积约 505.1 km²，是东南亚候鸟迁徙的重要中转站，每年迁徙和繁殖鸟类近 100 万只，其中国家Ⅰ级、Ⅱ级保护鸟类 23 种，有 17 种达国际"非常重要保护意义"标准。流域内河网密布，其中一级河道共 6 条，总长约 291.3 km；二级河道共 12 条，总长约 257.6 km。此外，天津古海岸与湿地国家级自然保护区的 10 个贝壳堤散布其中，流域内除团泊洼和北大港 2 座大型水库之外，还包括 6 座中小型水库，水库水域总面积超过 200 km²，具有重要的生态价值。

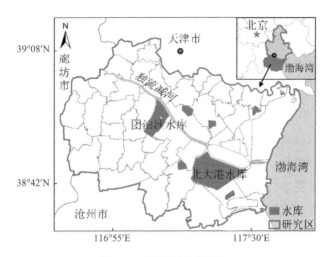

图 4-3 研究区地理位置

## 4.1.3 生态现状调查与景观格局分析

### 4.1.3.1 基于多尺度分割遥感影像提取土地利用类型

生态现状调查的关键步骤就是获取该区域的土地利用现状数据。土地利用是指人类对土地自然属性的利用方式和目的意图，是一种动态过程，对于土地利用变化的分析是希望通过长时间序列在相同空间范围内对于特定类型或特定区域的土地使用情况变化进行分析，从而判断该区域或该类型土地变化的规律，进而分析人类生产生活和环境的变化对于土地利用的影响。目前，通过卫星遥感影像提取区域土地利用信息是常用的方法，常用的高分辨率遥感影像主要包含：高分一号（GF-1）影像、WorldView 影像、QuickBird 影像、SPOT 影像和 IKONOS 影像等卫星数据。

在土地利用分类方法方面，高分辨率遥感影像具有更加丰富的光谱信息，几何、形状、纹理、结构等空间信息，能够更加清晰地区分不同地物类型，但也给计算机自动识别和分类带来诸多不确定性，使得传统面向像元的分类结果出现严重的"椒盐效应"。基于多尺度分割影像的分类方法是一种面向对象的分类技术，以由若干像元组成的对象为处理单元，充分利用高分辨率影像的光谱、几何、纹理等影像信息进行地物分类，提高分类精度，有效避免"椒盐效应"。现阶段，该方法已在土地分类方面得到广泛的研究与应用。但是由于该方法受传感器类型、拍摄季节、成像条件、地物特征差异的影响，并没有一种普适的分类方法，针对不同影像类型、不同时间和不同地区，分割参数和分类流程需要进行专门的设计。

该研究主要以 2016 年 9 月云量较少、成像质量较高的 GF-1 PMS 卫星遥感影像为基础数据源，然后结合现场实地调查，利用 eCognition 8.7 软件，采用四个不同尺度参数进行影像分割，充分利用影像的几何、纹理和细节等空间特征与光谱特征建立分类规则集，完成更多要素土地利用信息精细化提取，为该区域生态格局空间异质性分析、景观连接度评价和生态廊道构建提供数据支持。

（1）高分一号卫星遥感数据简介

高分一号（GF-1）卫星是国家高分辨率对地观测系统重大专项天基系统中的首发星，该卫星历经 30 个月的研制，于 2013 年 4 月 26 日 12 时 13 分 04 秒由长征二号丁运载火箭在酒泉卫星发射基地成功发射入轨，其主要目的是突破高空间分辨率、多光谱与高时间分辨率结合的光学遥感技术，多载荷图像拼接融合技术，高精度高稳定度姿态控制技术，5～8 年寿命高可靠低轨卫星技术，高分辨率数据处理与应用等关键技术，推动我国卫星工程水平的提升，提高我国高分辨率数据自给率。

国产高分一号卫星影像体现了高空间、多光谱与高时间分辨率相结合，该数据具有以下优点：①像元间不存在波段错位现象，影像畸变和扭曲现象极小；②数据所含噪声较少，辐射精度较高；③影像信息量丰富，特别是近红外波段信息量较多；④图像清晰，波段组合后能够较好地反映不同地物特征等。如表 4-1 为高分一号卫星有效载荷技术指标，表 4-2 为高分一号卫星轨道和姿态控制参数。

表 4-1　高分一号卫星有效载荷技术指标

| 有效载荷 | 波段号 | 光谱范围/μm | 幅宽/km | 侧摆能力 | 重访周期/d | 空间分辨率/m | 覆盖周期/d |
|---|---|---|---|---|---|---|---|
| 全色相机 | — | 0.45～0.89 | 68 | ±25° | 3～5 | 2 | 41 |
| 多光谱相机 | B01 | 0.45～0.52 | 68 | ±25° | 3～5 | 8 | 41 |
| | B02 | 0.52～0.59 | | | | | |
| | B03 | 0.63～0.69 | | | | | |
| | B04 | 0.77～0.89 | | | | | |
| Wide Field View Multispectral Camera（WFV） | B01 | 0.45～0.52 | 820 | ±25° | 2 | 16 | 4 |
| | B02 | 0.52～0.59 | | | | | |
| | B03 | 0.63～0.69 | | | | | |
| | B04 | 0.77～0.89 | | | | | |

表 4-2　高分一号卫星轨道和姿态控制参数

| 参　数 | 指　标 |
|---|---|
| 轨道类型 | 太阳同步回归轨道 |
| 轨道高度 | 645 km（标称值） |
| 倾角 | 98.0506° |
| 降交点地方时 | 10：30 am. |
| 侧摆能力（滚动） | ±25°，机动 25°的时间≤200 s，具有应急侧摆（滚动）±35°的能力 |

（2）分类流程

首先，在 ENVI 5.3 软件中对高分一号 PMS 数据进行辐射定标，将 DN 值转换为光谱反射率，利用 FLAASH 模块进行大气校正，降低大气对影像质量的影响，利用 RPC 文件进行影像正射校正，校正地物变形，将多光谱影像像元与全色波段影像像元进行乘积变换融合，使多光谱影像空间分辨率由 8 m 提高至 2 m，增加地物可视化程度。然后，结合现场实地调查，构建土地利用分类体系，利用 eCognition 8.7 软件，采用四个不同尺度参数进行影像分割，充分利用影像的几何、纹理和细节等空间特征与光谱特征建立分类规则集，完成更多要素土地利用信息精细化提取，制作土地利用专题图，具体分类流程见图 4-4。

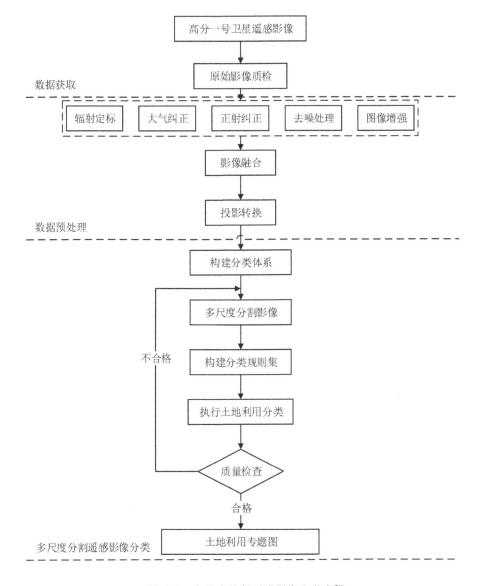

图 4-4  多尺度分割遥感影像分类流程

（3）分类流程构建分类体系

目前，土地利用分类体系较多，针对不同需求具有不同的分类方法。本书针对生态廊道构建需求，参考《生态环境状况评价技术规范》（HJ 192—2015）中不同地表覆盖特征的描述，根据现场实地调查，结合研究区地物特征，分为林地、草地、河渠、坑塘/水库、耕地、建设用地和未利用地等 7 个类型，其中，建设用地包含道路、居民点和工矿用地。如图 4-5 所示为现场调查照片，如表 4-3 所示为不同地物类型现场调查照片和目标分类体系。

图 4-5　现场调查照片

表 4-3　目标分类体系

| 类型 | 影像特征 | 样本标志 | 类型 | 影像特征 | 样本标志 |
|---|---|---|---|---|---|
| 林地 | 颜色较为深重，分布较为规则，内部有点状特征，信息熵较高 | | 建设用地 | 道路：光谱反射率较高，特征明显，形状规则，呈带状分布 | |

| 类型 | 影像特征 | 样本标志 | 类型 | 影像特征 | 样本标志 |
|------|----------|----------|------|----------|----------|
| 草地 | 颜色较淡，纹理比较光滑，分布离散、无规则形状 | | 建设用地 | 居民点：光谱反射率较高，与道路相似，几何面积较小，分布集中 | |
| 河渠 | 蓝和近红外波段反射率较低，形状呈线带状，长宽比明显，纹理较为单一 | | | 工矿用地：光谱反射率较高，与居民点相似，几何面积较大 | |
| 坑塘/水库 | 光谱和纹理与河渠相似，形状不呈带状，无规则 | | 未利用地 | 光谱反射率低，呈白色或暗灰色，较为复杂，分布离散，几何形状不规则，纹理结构复杂 | |
| 耕地 | 光谱与林地和草地较为相似，分布较为规整，内部纹理比较规则 | | | | |

（4）多尺度分割遥感影像

多尺度分割是影像进行精确分类的基础工作和关键步骤，其基本思想是综合考虑遥感影像的光谱、几何和纹理等特征因素，通过用户设定的尺度参数值、色彩因子、形状因子、紧密度、光滑度和各波段的分割权重，从任意一个像元开始，采用自下向上的合并迭代算法，将影像分割成若干个同质性最高、异质性最低的斑块对象。其中，同质性主要由斑块对象的像元标准差来衡量，异质性主要由其光谱异质性和形状异质性来衡量。尺度参数是一个抽象概念，确定影像分割结果所允许的最大差异性，是直接影响影像分类精度的关键因素，其值越大，影像对象分割结果越大；越小，分割结果越为破碎。同时，分辨率为 2 m 的 GF-1 影像波段数量较少，空间分辨率较高，地物空间结构复杂，影像分割后存在"同物异谱，同谱异物"现象，为了提高影像分类精度，设计严谨合理的多尺度分割体系至关重要。

本书根据 7 种土地利用类型，利用现阶段遥感影像分析中最具有代表性的专业分类软件 eCognition8.7 进行处理，为最大限度地将每种类型与其他类型相分离，依照由"粗分类"到"细分类"的思路，采用四个分割尺度，并设置不同的尺度参数因子权重，综合整体分割和类内分割模式，将研究区 GF-1 影像分割为四层（Level 1～Level 4），每层分离出不同的土地利用信息。

第一层（Level 1），首先采用 160 分割尺度对影像进行整体分割，目的是区分出水体与非水体；第二层（Level 2），采用 120 分割尺度分别对水体和非水体进行类内分割，区分出水体中的河渠与坑塘/水库，以及非水体中的植被与非植被；第三层（Level 3），采用

100 分割尺度分别对植被和非植被进行类内分割，区分出植被中的林地与非林地，以及非植被中的未利用地和建设用地；第四层（Level 4），采用 80 分割尺度分别对非林地进行类内分割，区分出耕地与草地，完成分类。具体分割参数和分割结果如表 4-4 和图 4-6 所示。

表 4-4  影像多尺度分割参数设置

| 层次 | 分割尺度 | 尺度参数因子权重 | | | | |
| --- | --- | --- | --- | --- | --- | --- |
| | | 形状因子 | 色彩因子 | 紧密度 | 光滑度 | 波段权重 |
| Level 1 | 160 | 0.1 | 0.9 | 0.5 | 0.5 | 1，1，1，1 |
| Level 2 | 120 | 0.2 | 0.8 | 0.5 | 0.5 | 1，1，1，1 |
| Level 3 | 100 | 0.2 | 0.8 | 0.5 | 0.5 | 1，1，1，1 |
| Level 4 | 80 | 0.2 | 0.8 | 0.5 | 0.5 | 1，1，1，1 |

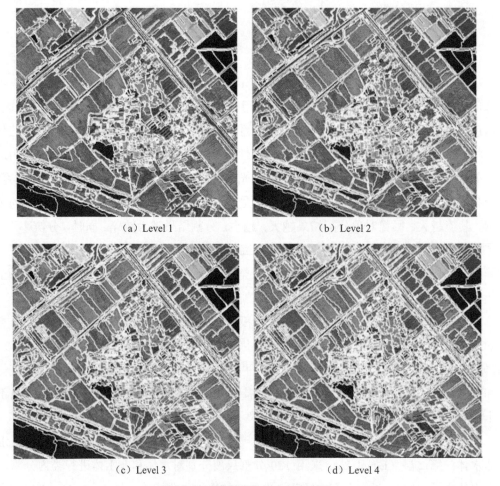

（a）Level 1  （b）Level 2

（c）Level 3  （d）Level 4

图 4-6  遥感影像多尺度分割结果

（5）构建分类规则集

在多尺度分割得到各层对象的基础上，选取合适的光谱、几何和纹理等特征参数，并计算斑块对象特征参数值和知识发现，可通过构建分类规则集，采用阈值条件分类器逐层提取地物信息。本书根据研究区影像的特征和目标分类体系，通过试验对比分析，最终采用的特征参数主要包括：波段均值（Mean）、亮度值（Brightness）、归一化植被指数（NDVI）、标准差（Standard Deviation，StdDev）、长宽比（Length/Width）、基于灰度差分矢量熵（GLDV Entropy，DV_Ent）等 6 种，具体特征参数公式及其含义如表 4-5 所示。

表 4-5　特征参数公式及含义

| 特征类别 | 特征参数 | 公式 | 含义 |
|---|---|---|---|
| 光谱特征 | Mean | $\overline{C}_L = \dfrac{1}{n}\sum\limits_{i=1}^{n} C_{Li}$ | $C_{Li}$ 表示分割对象在 $L$ 波段的第 $i$ 个像素的像素值，$n$ 表示对象的像素个数 |
| | Brightness | $b = \dfrac{1}{n_L}\sum\limits_{i=1}^{n_L}\overline{C}_i$ | $b$ 表示一个影像对象光谱均值的平均值，$n_L$ 表示波段数量 |
| | NDVI | $\text{NDVI} = \dfrac{\text{NIR} - R}{\text{NIR} + R}$ | NIR、$R$ 分别为遥感影像的近红外波段和红波段 |
| | StdDev | $\sigma_L = \sqrt{\dfrac{1}{n-1}\cdot\sum\limits_{i=1}^{n}\left(C_{Li} - \overline{C}_L\right)^2}$ | 由构成一个影像对象的所有 $n$ 个像素的图层值计算得到标准差 |
| 几何特征 | Length/Width | $\gamma = \dfrac{l}{w} = \dfrac{eig_1(S)}{eig_2(S)}$ | $eig_1(S)$、$eig_2(S)$ 为协方差矩阵的特征值，较大的特征值作为分子，即 $eig_1(S) > eig_2(S)$ |
| 纹理特征 | DV_Ent | $\text{Ent} = \sum\limits_{i,j=0}^{N-1} P_{i,j}\left(-\ln P_{i,j}\right)$ | Ent 表示影像对象中的纹理是否杂乱无章，当纹理不一致时，其熵值较大 |

在本方法中，根据影像特征构建了四个尺度的影像分类层次体系。第一层，在遥感影像中，水体的 NIR 波段和 Blue 波段的反射率较低，可用此将其"粗分类"为水体和非水体两部分；第二层，由于河渠 Length/Width 较为明显，数值较大，可用此作为将水体分为河渠和坑塘/水库两部分的条件，非水体部分根据 NDVI 指数继续"细分类"为有植被覆盖区和非植被覆盖区；第三层，林地 Mean 中的 Green 波段光谱反射率较低，纹理熵信息较为丰富，可在植被区域内首先提取林地，其他为非林地，同时，在非植被区域内提取未利用地和建设用地；第四层，在非林地区域中利用草地的反射率较低、耕地的纹理较为规则的特点区分出草地和耕地，最终完成地表覆盖分类。遥感影像分类层次及规则集构建结果如图 4-7 所示。

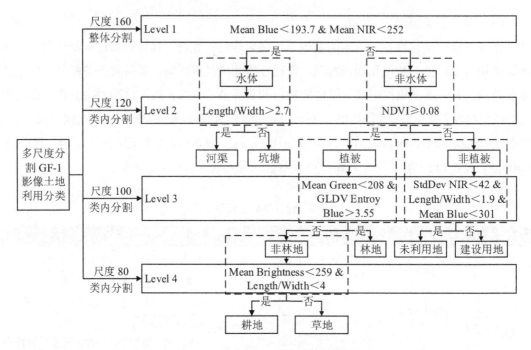

图 4-7   遥感影像分类层次及规则集

（6）分类结果

根据上述多尺度分割和分类方法，最终从 GF-1 遥感影像中提取出林地、草地、河渠、坑塘/水库、耕地、建设用地和未利用地等 7 种土地利用信息。结合国产天地图高清影像和 GF-1 影像随机采集样本区和样本点，利用混淆矩阵方法对分类精度进行评价，结果显示总体精度高达 91%，Kappa 系数为 0.893，该方法构建的多层次分类规则集分类精度较高。最终土地利用分类结果如图 4-8 所示，各种土地利用类型面积统计如表 4-6 所示。

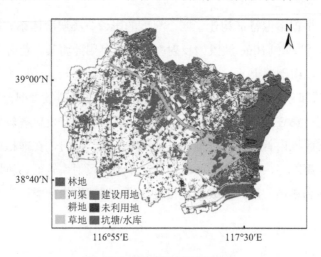

图 4-8   研究区土地利用现状

表 4-6　各土地利用类型面积统计

| 土地利用类型 | 林地 | 河渠 | 耕地 | 草地 | 建设用地 | 坑塘/水库 | 未利用地 |
|---|---|---|---|---|---|---|---|
| 面积/km² | 130.32 | 136.59 | 1 502.73 | 506.44 | 853.52 | 576.44 | 30.74 |
| 所占比例/% | 3.49 | 3.66 | 40.21 | 13.55 | 22.84 | 15.43 | 0.82 |

由表 4-6 可见，耕地为主要土地利用方式，占总面积的 40.21%，主要分布在独流减河南侧；建设用地面积占比为 22.84%，面积较多，主要分布在独流减河北侧；河渠主要是该区域的一级河道、二级河道与其他河流和水渠，分布在各个区域；坑塘和水库主要分布在团泊洼水库、北大港水库和沿海区域；草地主要在北大港湿地保护区内、独流减河宽河槽和其他区域分布；未利用地主要为未被开发和裸露地表，面积较少，分布较为离散。

### 4.1.3.2　景观格局分析

景观格局通常是指景观的空间结构特征，具体是指由自然或人为形成的一系列大小、形状各异的景观镶嵌体在景观空间的排列，它既是景观异质性的具体表现，同时又是包括干扰在内的各种生态过程在不同尺度上作用的结果。空间斑块性是景观格局最普遍的形式，它表现在不同的尺度上。景观格局及其变化是自然的和人为的多种因素相互作用所产生的一定区域生态环境体系的综合反映，景观斑块的类型、形状、大小、数量和空间组合既是各种干扰因素相互作用的结果，又影响着该区域的生态过程和边缘效应。不同的景观类型在维护生物多样性、保护物种、完善整体结构和功能、促进景观结构自然演替等方面的作用是有差别的。同时，不同景观类型对外界干扰的抵抗能力也是不同的。因此，对某区域景观空间格局的研究，是揭示该区域生态状况及空间变异特征的有效手段。可以将研究区域不同生态结构划分为景观单元斑块，通过定量分析景观空间格局的特征指数，从宏观角度给出区域生态环境状况。

生态景观调查运用景观生态学理论，采用景观时空分析方法分析景观基质、斑块与廊道的空间形态、分布特征及其变化，为揭示景观生态过程与景观功能、人类活动与景观变化特征直接的关系提供基本手段。景观指数的重要作用在于：它能定量描述景观格局，建立景观结构与过程或现象的联系，更好地理解和解释景观功能。本研究借助 GIS、GPS 与 RS 技术（"3S"技术），根据景观分类系统和土地利用类型数据，利用景观分析专业软件 FRAGSTATS 4.2 计算所选景观格局指数，从斑块类型、斑块形状特征、斑块水平异质性和景观水平异质性四个方面，对天津南部重要生态保护区（团泊洼水库、北大港湿地、独流减河河口）的景观组分和空间配置进行统计分析，对生态格局的空间异质性和斑块间的相互联系进行定量化描述、分析和评价，从而为区域景观规划提供一定的依据。

（1）数据来源与预处理

本部分研究所需的基础数据主要为土地利用现状数据，来源于通过对天津南部进行多尺度分割遥感影像提取的土地利用数据。首先，利用 ArcGIS10.2 软件对包含独流减河河道、团泊洼水库、北大港湿地的矢量面数据进行缓冲区处理，得到景观格局分析的目标地理范围。由表 4-7 可见，在廊道宽度值为 600～1 200 m 时，能创造自然的、物种丰富的景观结构，满足物种的生境需求，为防止缓冲区太小影响景观格局评价结果，因此，将 1 200 m 作为缓冲区距离。继而用经过缓冲区处理后的矢量文件裁剪天津南部的土地利用现状数据，获取该区域的土地利用矢量数据，如图 4-9 所示。其次，根据景观类型分类系统对其进行景观类型划分，并进行栅格化处理，转化成栅格文件，像元大小为 10 m×10 m。最后，将其导入景观格局分析软件 FRAGSTATS 4.2 中，选取并计算 14 个与本研究相关的景观格局指数，为景观格局分析提供数据支持。

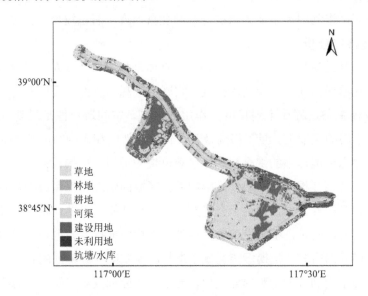

图 4-9   重要生态保护区土地利用现状

表 4-7   生态廊道适宜宽度总结

| 宽度值/m | 功能及特点 |
| --- | --- |
| 3～12 | 廊道宽度与草本植物和鸟类的物种多样性之间相关性接近零；基本满足保护无脊椎动物种群的功能 |
| 12～30 | 对草本植物和鸟类而言，12 m 是区别线状和带状廊道的标准，12 m 以上的廊道中，草本植物多样性平均为狭窄地带的 2 倍以上；12～30 m 能够包含草本植物和鸟类多数的边缘种，但多样性较低；满足鸟类迁移；保护无脊椎动物种群；保护鱼类、小型哺乳动物 |
| 30～60 | 含有较多草本植物和鸟类边缘种，但多样性仍然很低；基本满足动植物迁移、传播以及生物多样性保护的功能；保护鱼类、小型哺乳、爬行和两栖类动物；30 m 以上的湿地同样可以满足野生动物对生境的需求；截获从周围土地流向河流的 50%以上沉积物；控制氮、磷和养分的流失；为鱼类提供有机碎屑，为鱼类繁殖创造多样化的生境 |

| 宽度值/m | 功能及特点 |
|---|---|
| 60/80～100 | 对草本和鸟类来说，具有较大的多样性和内部种；满足动植物迁移和传播以及生物多样性保护的功能；满足鸟类及小型生物迁移和生物保护功能的道路缓冲带宽度；许多乔木种群存活的最小廊道宽度 |
| 100～200 | 保护鸟类，保护生物多样性比较适合的宽度 |
| 600～1 200 | 能创造自然的、物种丰富的景观结构；含有较多植物及鸟类内部种；通常森林边缘效应有200～600 m宽，森林鸟类被捕食的边缘效应大约范围为600 m，窄于1 200 m的廊道不会有真正的内部生境；满足中等及大型哺乳动物迁移的宽度从数百米至数十千米不等 |

（2）研究方法

1）景观类型划分

景观类型的划分是进行景观格局分析的前提，然后通过景观格局分析揭示生态格局的空间异质性、斑块间的相互联系和景观连接度，为区域的生态建设、监管和保护提供科学依据。其划分的体系主要有：一是按照人类活动对景观的干扰程度划分；二是以土地利用为划分依据；三是根据植被类型或者其他地质地貌特征来划分。景观类型划分的原则包括：

A．必须依靠多尺度的严格要求来确定基础单元，明确景观单元的等级；

B．反映与景观要素的空间分布差异和景观组合状况；

C．体现引起景观内部结构形成的主要因子；

D．突出强调景观格局变化过程中人类活动对其产生的重要影响。

本研究结合天津南部景观要素的特点以及上述景观类型划分的体系和原则，将该区域的土地利用类型进行了景观划分，分为水域景观、草地景观、林地景观、建设用地景观、耕地景观和其他景观，如表4-8所示。

表4-8 景观类型划分

| 主要景观类型 | 土地利用类型 |
|---|---|
| 水域景观 | 河流、水渠、坑塘、水库、湖泊 |
| 草地景观 | 草地 |
| 林地景观 | 林地 |
| 建设用地景观 | 农村居民点、城镇建设用地、交通用地、工矿用地 |
| 耕地景观 | 水田、旱地 |
| 其他景观 | 未利用地、裸露地表 |

2）景观格局指数选择

在景观生态学研究过程中，利用景观格局指数对研究区的景观结构进行分析，是一种有效的研究方法，景观格局指数能够有效地反映区域的景观空间格局分布信息，它是揭示其内部组成因素之间的关系和空间分布格局等方面特征的定量化指标。景观格局特征可以在 3 个层次上分析，①单个斑块（individual patch）；②由若干单个斑块组成的斑块类型（patch type 或 class）；③包括若干斑块类型的整个景观镶嵌体（landscape mosaic）。因此，景观格局指数也相应地分为斑块水平指数、斑块类型水平指数以及景观水平指数。近年来，越来越多的专家学者对区域的景观空间格局进行了分析，不断出现新的景观分析指数，如聚合度指数、孔隙度指数等。在 FRAGSTATS 4.2 软件中，具有 100 多种景观指数，其中，某些指数之间具有一定的相关性。

根据研究区景观与生态环境特征，从斑块类型、斑块形状特征、斑块水平异质性和景观水平异质性四个方面，选取了 14 个具有代表性、易于获取、能够充分揭示该区域景观状况的景观指数。其中，斑块类型上选取 3 个指数，斑块形状特征上选取 3 个指数，斑块水平异质性上选取 3 个指数，景观水平异质性上选取 5 个指数，具体如表 4-9 所示。

表 4-9　景观格局指数的选取

| 分析类型 | 景观指数 |
| --- | --- |
| 斑块类型 | 斑块面积（CA）、斑块面积所占比例（PLAND）、斑块数量（NP） |
| 斑块形状特征 | 斑块形状指数（SHAPE）、平均斑块分维数（MPFD）、最小欧氏距离（ENN） |
| 斑块水平异质性 | 斑块密度（PD）、斑块平均大小（MPS）、散布与并列指数（IJI） |
| 景观水平异质性 | Shannon 多样性指数（SHDI）、均匀度指数（SHEI）、蔓延度指数（CONTAG）、连接度指数（CONNECT）、聚集度指数（AI） |

3）景观格局指数及其生态学意义

A. 斑块类型面积（CA），单位：$hm^2$，范围：CA＞0

$$CA = \sum_{j=1}^{n} a_{ij}$$

式中，CA 等于某一斑块类型中所有斑块的面积之和（$m^2$），除以 10 000 后转化为公顷（$hm^2$），即某斑块类型的总面积；$n$ 表示区域景观中 $i$ 斑块类型的所有斑块数量，$a_{ij}$ 代表斑块 $ij$ 的面积。

生态意义：CA 度量的是景观的组分，也是计算其他指标的基础。它有很重要的生态意义，其值的大小制约着以此类型拼块作为聚居地（Habitation）的物种的丰度、数量、食物链及其次生种的繁殖等，如许多生物对其聚居地最小面积的需求是其生存的条件之一。不同类型面积的大小能够反映出其间物种、能量和养分等信息流的差异，一般来说，一个拼块中能量和矿物养分的总量与其面积成正比；为了理解和管理景观，我们往往需要了解拼块的面积大小，如所需要的拼块最小面积和最佳面积是极其重要的两个数据。

B．斑块类型所占景观面积的比例（PLAND），单位：%，范围：0＜PLAND≤100

$$PLAND = \frac{\sum_{j=1}^{n} a_{ij}}{A} \times 100$$

式中，$n$ 表示区域景观中 $i$ 斑块类型的所有斑块数量，$a_{ij}$ 代表斑块 $ij$ 的面积；$A$ 表示研究区域景观面积。PLAND 等于某一拼块类型的总面积占整个景观面积的百分比。其值趋于 0 时，说明景观中此拼块类型变得十分稀少；其值等于 100 时，说明整个景观只由一类拼块组成。

生态意义：PLAND 度量的是景观的组分，其在斑块级别上与斑块相似度指标（LSIM）的意义相同。由于它计算的是某一拼块类型占整个景观面积的相对比例，因而是帮助我们确定景观中模型（Matrix）或优势景观元素的依据之一，也是决定景观中的生物多样性、优势种和数量等生态系统指标的重要因素。

C．斑块数量（NP），单位：量纲一，范围：NP＞0

$$NP = n$$

式中，$n$ 是在类型级别上等于景观中某一拼块类型的斑块总个数；在景观级别上等于景观中所有的斑块总数。

生态意义：NP 反映景观的空间格局，经常被用来描述整个景观的异质性，其值的大小与景观的破碎度也有很好的正相关性，一般规律是 NP 大，破碎度高；NP 小，破碎度低。NP 对许多生态过程都有影响，如可以决定景观中各种物种及其次生种的空间分布特征；改变物种间相互作用和协同共生的稳定性。而且，NP 对景观中各种干扰的蔓延程度有重要的影响，如某类拼块数目多且比较分散时，则对某些干扰的蔓延（虫灾、火灾等）有抑制作用。

D．斑块形状指数（SHAPE）用于衡量景观内部斑块形状的复杂情况，公式如下：

$$SHAPE = \frac{0.25 \times PERIM}{\sqrt{A}}$$

式中，PERIM 表示景观斑块边界的周长，$A$ 表示区域景观的总面积。一般而言，其值越大，表明斑块越趋于正方形，形状越规则，反之，则斑块形状越复杂。

E．平均斑块分维数（MPFD）主要体现了景观格局总体特征，同时也反映人类活动对景观斑块的影响状况，公式如下：

$$MPFD = \frac{2 \times \ln(0.25 \times PERIM)}{\ln A}$$

式中，PERIM 表示景观斑块边界的周长，$A$ 表示区域景观的总面积。平均斑块分维数

MPFD 的取值在 1～2，当 MPFD 指数值越接近 1，表示斑块几何形状越简单规则，说明斑块受干扰的影响越大；当 MPFD 指数值越接近 2 时，说明在同等面积下斑块的边界越复杂，该值主要是用来反映斑块形状的复杂状况，斑块形状的不同，其斑块内的物种丰富程度以及物种的种群数也将不同。

F. 最小欧氏距离（ENN）用来衡量景观的空间格局，通过度量同景观斑块间的相隔距离，从而得出景观斑块的分散情况以及团聚程度，公式如下：

$$\mathrm{ENN} = \frac{\sum\limits_{j=1}^{n} h_{ij}}{n}$$

式中，$n$ 值景观中斑块的数量，$h_{ij}$ 表示斑块 $ij$ 距离同类斑块的最近值，其值越大，表明同类斑块间的距离相对较远，其分布则越分散；反之，则斑块间相对距离较近，其分布较为团聚。

G. 斑块密度（PD）主要是分析景观斑块破碎化梯度状况，公式如下：

$$\mathrm{PD} = \frac{N}{A}$$

式中，$N$ 表示景观斑块数量的总和或某一类型斑块的数量，$A$ 表示区域景观的总面积或某一类型斑块的总面积。PD 指数值大于 0，其值越高，说明该类型景观斑块在区域中的分布就越广，该类型景观对整个区域的景观影响就越大。斑块密度反映景观被分割的破碎化程度，同时也可反映景观空间异质性程度，在一定程度上反映人为因素对景观的干扰程度。它展现了由于自然或人为干扰所导致的景观由单一、均质和连续的整体趋向于复杂、异质和不连续的斑块镶嵌体的过程，景观破碎化是生物多样性丧失的重要原因之一，它与自然资源保护密切相关。

H. 斑块平均大小（MPS），表征景观类型和景观水平上的指数，在景观结构分析中反映景观的破碎程度，一般认为同一景观级别上具有较小 MPS 值的景观比一个具有较大 MPS 值的景观更破碎。MPS 为景观中某斑块类型的面积与斑块数的商。公式如下：

$$\mathrm{MPS} = \sum\limits_{j=1}^{n} X_{ij} / n_i$$

式中，$X_{ij}$ 为斑块类型 $i$ 的某个斑块的面积，$n_i$ 为斑块类型 $i$ 斑块数量。

I. 散布与并列指数（IJI）主要是用于衡量景观斑块空间格局的最重要指标之一，包括散布和并列两种情况，公式如下：

$$\mathrm{IJI} = \frac{-\sum\limits_{i=1}^{m} \sum\limits_{k=i+1}^{m} \left[ \left( \frac{e_{ik}}{E} \right) \ln \left( \frac{e_{ik}}{E} \right) \right]}{\ln \dfrac{m(m-1)}{2}}$$

式中，$e_{ik}$表示区域景观中斑块类型$i$和斑块类型$k$之间的总的周长，$E$表示所有景观斑块总的周长，$m$表示景观中斑块类型总的数量。IJI值越小，表明该类景观斑块仅与少数其他几种类型相邻近，其值越高，表明各类型彼此邻近。

J. Shannon 多样性指数（Shannon's diversity index，SHDI）用来表达景观斑块类型的多样化，重点反映斑块分布的均衡情况，公式如下：

$$\text{SHDI} = -\sum_{i=1}^{m}(P_i) \times \log_2 P_2$$

式中，$m$表示景观斑块类型总的数量，$P_i$表示景观中第$i$类类型斑块的面积占总景观面积的比例，SHDI 是一个比较分析不同时期或同时期不同景观类型的一致性变化的主要指标，它能够反映景观中的土地利用类型丰富程度以及破碎化状况，其值越大，说明斑块类型越丰富，景观破碎化程度就越高，反之，值越小，景观类型越单一，破碎化程度越小。

K. 均匀度指数（SHEI）主要用来表达景观的异质性变化信息，公式如下：

$$\text{SHEI} = \frac{-\sum_{i=1}^{m}(P_i \ln P_i)}{\ln m}$$

式中，$m$表示景观斑块类型总的数量，$P_i$表示景观中第$i$类型斑块的面积占总景观面积的比例，SHEI 也是一个比较分析不同时期或同一时期不同景观类型的异质性变化的主要指标，它能够反映斑块类型中景观的均匀状况、有无明显的优势斑块类型等，SHEI 值在 0～1，其指数值越小，表明景观优势度越高，说明景观中有一种或少数几种优势斑块。

L. 蔓延度指数（CONTAG）用于表达景观中不同斑块间的离散度或连通性，公式如下：

$$\text{CONTAG} = \left[ 1 + \frac{\sum_{i=1}^{m}\sum_{k=1}^{m}\left[\left(P_i \frac{g_{ik}}{\sum_{k=1}^{m}g_{ik}}\right)\ln\left(P_i \frac{g_{ik}}{\sum_{k=1}^{m}g_{ik}}\right)\right]}{2\ln m} \right](100)$$

式中，$m$表示景观斑块类型总的数量，$P_i$表示景观中第$i$类型斑块的面积占总景观面积的比例，$g_{ik}$表示景观中相邻的景观斑块类型$i$和景观斑块类型$k$的网格单元数，CONTAG 指数是分析景观格局的重要指标之一，分析景观类型的连通性以及破碎化状况，其值越大，说明景观连接性越高；反之，说明景观连接性较差，取值范围为 1～100。

M. 连接度指数（CONNECT）是直观反映景观的连接程度的重要指标之一，它是揭示整个区域景观内的斑块两两之间的连接情况，也在一定程度上揭示同类型斑块之间的聚集状况，公式如下：

$$\text{CONNECT} = \left[ \frac{\sum\limits_{j=k}^{n_i} C_{ijk}}{\dfrac{n_i(n_i-1)}{2}} \right] \times 100$$

式中，$N_i$ 表示第 $i$ 种类型斑块的数量，$C_{ijk}$ 为第 $i$ 种类型斑块 $j$ 与斑块 $k$ 之间的连接性，当两斑块边缘之间的距离在定义中的阈值之内时，其值为 1，反之其值为 0，连接度指数值的取值为 0～100，若连接度指数值为 100，则说明这种类型的所有斑块两两之间都相互连接，若连接度指数值为 0，则说明该种类型斑块任何两个都不相连，其值越大，说明景观连接程度越高；反之，说明景观的连接性较差。

N. 聚集度指数（AI）主要用于表征景观组分的空间组合状况，反映同类型斑块中两两之间连接程度占最大可能性的比重，公式如下：

$$\text{AI} = \left[ \sum\limits_{i=1}^{m} \left( \frac{g_{ii}}{\max \to g_{ii}} \right) P_i \right] \times 100$$

式中，$g_{ii}$ 表示第 $i$ 种类型斑块像元毗邻的数量，$\max$ 表示第 $i$ 种类型斑块像元可能毗邻的最大数量，$P_i$ 表示第 $i$ 种类型斑块的景观面积所占的比值。其值越小，景观斑块组合越离散；反之，景观斑块之间连接性较高，当集聚度指数为 0 时，表明该种类型斑块中，每个斑块都只由一个最小单元组成，斑块呈现最大限度的离散分布，当聚集度指数为 100 时，表明该类型斑块聚集成一个单独的且结构紧密的景观单元。

（3）结果分析

1）景观类型划分结果

本研究结合天津南部景观要素的特点以及上述景观类型划分的体系和原则，将该区域的土地利用类型进行了景观划分，分为水域景观、草地景观、林地景观、建设用地景观、耕地景观和其他景观，结果如图 4-10 所示。然后将转换为栅格格式，导入景观分析软件 FRAGSTATS 4.2 中，在软件中选取并计算 14 个景观格局指数，为景观格局分析提供数据支持。

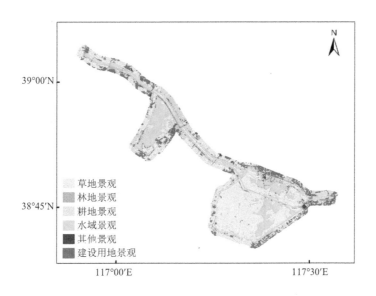

图 4-10　重要生态保护区景观类型分布

2）斑块类型分析

本研究从斑块面积（CA）、斑块面积总占比（PLAND）和斑块数量（NP）对研究区的斑块类型进行分析。CA 是斑块类型研究的基础，PLAND 可以显示研究区优势类型斑块，也是景观中生物多样性和数量的重要依据，NP 直接反映景观中斑块类型的空间分布格局，斑块数量的大小与景观破碎化呈正相关。一般来说，斑块数量越多，该种类的景观类型越破碎，斑块数量越少，该类型斑块的破碎化程度越低。

由表 4-10 可见，研究区内草地景观面积最多，水域景观次之，两者总面积 41 017.20 hm²，占景观总面积的 75.10%，说明该区域植被和水资源丰富，生态服务功能较高；耕地景观面积占 13.02%，分布在独流减河河道左右两侧和团泊洼水库与北大港水库的外围；其他几种景观类型面积所占比例最少，总共只有 11.88%。从研究区不同景观类型的斑块数量来看，草地景观和水域景观的斑块数量相近，两者占总斑块数量的 64.72%，为主要景观类型，呈带状和面状分布。草地景观主要分布在独流减河两岸、团泊洼水库东南侧，以及北大港湿地和独流减河下游宽河槽处，其中在独流减河河心处分布着较多芦苇植被。水域景观主要由河渠、水库、坑塘等组成，包括独流减河干流的河水、团泊洼水库水域，以及其他较小规模坑塘中的水域，分布较为集中和连续。建设用地景观主要由居民点、工业用地和交通道路组成，斑块数量居于第三位，而其面积却只占 9.09%，说明斑块分割较为破碎，面积较小，整体分布较为离散。耕地景观的斑块数量较少，只有 156 块，分布较为连续，斑块面积整体较大。林地景观主要分布在独流减河河道和主要交通道路两侧，斑块数量较少。其他景观主要为未利用地和其他裸露地表，斑块较少，分布较为离散。研究区斑块数量由多到少排序分别为：草地景观（967）＞水域景观（943）＞建设用地景观（640）＞林地景观（169）＞耕地景观（156）＞其他景观（76）。

表 4-10　斑块类型分析景观格局指数计算结果

| 斑块类型<br>（Patch Type） | 斑块面积<br>（CA）/hm² | 斑块面积总占比<br>（PLAND）/% | 斑块数量<br>（NP）/个 | 斑块数量总占比<br>（Account number）/% |
| --- | --- | --- | --- | --- |
| 水域景观 | 19 182.12 | 35.13 | 943 | 31.96 |
| 草地景观 | 21 835.08 | 39.97 | 967 | 32.76 |
| 林地景观 | 980.91 | 1.80 | 169 | 5.73 |
| 建设用地景观 | 4 962 | 9.09 | 640 | 21.68 |
| 耕地景观 | 7 110.56 | 13.02 | 156 | 5.29 |
| 其他景观 | 540.37 | 0.99 | 76 | 2.58 |
| 合计 | 54 611.04 | 100 | 2 951 | 100 |

3）斑块形状特征分析

通过斑块形状指数（SHAPE）、平均斑块分维数（MPFD）和最小欧氏距离（ENN）来反映该区域的斑块形状特征。SHAPE 指数值越大，则表明景观斑块形状越不规则，或偏离规则图形，MPFD 指数则表示斑块形状的复杂程度，其值在 1～2，其值越大，表示斑块形状越复杂。ENN 指数用来反映同类斑块间的邻近状况以及斑块的破碎化情况，其值越大，表明该类型景观斑块间的连接性越差，其值越小，表明该类型斑块越靠近，斑块景观越聚拢。

从表 4-11 可见，该区域斑块形状指数（SHAPE）大小依次为：林地景观（2.46）＞建设用地景观（2.31）＞草地景观（2.22）＞水域景观（2.19）＞其他景观（2.16）＞耕地景观（2.01），耕地景观的斑块形状指数最小，表明其形状与其他几种类型相比较为规则，更趋于正方形，林地景观斑块形状指数最大，则其斑块形状更加偏离规则图形，更为不规则。从平均斑块分维数（MPFD）来看，其值较小，表明该区域的各景观类型斑块形状较为简单。其中，建设用地景观的指数值最大，表明其斑块形状较为复杂，而耕地景观的指数值最小，表明其斑块形状较为简单，形状较为规则，其他几种景观类型斑块形状相差不多，斑块形状复杂度相近。各景观斑块类型的最小欧氏距离（ENN）相差较多，依次为：其他景观（307.32）＞林地景观（122.77）＞建设用地景观（90.57）＞耕地景观（65.74）＞水域景观（50.05）＞草地景观（41.34），平均值约为 112.96 m，有两种景观类型的欧氏距离超过平均值。其他景观和林地景观的欧氏距离较大，表明该类型斑块内部斑块间分隔距离较大，相距较远。建设用地景观斑块间相距距离相对其他类型较为中等，分布较为均匀离散。草地景观、水域景观和耕地景观的欧氏距离较小，表明同类型斑块相距距离不大，距离较近。

**表 4-11 斑块形状分析景观格局指数计算结果**

| 斑块类型<br>（Patch Type） | 斑块形状指数<br>（SHAPE） | 平均斑块分维数<br>（MPFD） | 最小欧氏距离<br>（ENN） |
|---|---|---|---|
| 水域景观 | 2.19 | 1.33 | 50.05 |
| 草地景观 | 2.22 | 1.37 | 41.34 |
| 林地景观 | 2.46 | 1.39 | 122.77 |
| 建设用地景观 | 2.31 | 1.41 | 90.57 |
| 耕地景观 | 2.01 | 1.21 | 65.74 |
| 其他景观 | 2.16 | 1.40 | 307.32 |

4）斑块水平异质性分析

通过斑块密度（PD）、斑块平均大小（MPS）和散布与并列指数（IJI）对该区域的景观斑块进行异质性分析，主要分析各景观类型斑块的破碎化程度。PD 指数反映了整体景观异质性和人为干扰程度，其值越大，说明该类型景观斑块在区域中的分布就越广，该类型景观对整个区域的景观影响就越大。MPS 指数表示各景观类型斑块面积的平均值，表征景观类型的破碎化程度，一般认为同一景观级别上具有较小 MPS 值的景观比一个具有较大 MPS 值的景观更破碎。IJI 指数反映斑块类型的邻接状况，其值越大，表明该景观类型斑块与其他景观类型斑块的邻接度较高，各景观斑块集中分布，反之则各类型之间相互孤立，邻接性较差，各景观类型分布较为离散。

从表 4-12 可见，该区域的斑块密度（PD）相差较大，从大到小排序依次为：草地景观（1.77）＞水域景观（1.73）＞建设用地景观（1.17）＞林地景观（0.31）＞耕地景观（0.29）＞其他景观（0.14），草地景观和水域景观的值最大，表明该两种类型的景观斑块在该区域中分布较广，对整个区域的景观影响较大，而林地景观、耕地景观和其他景观的 PD 指数值较小，说明该几种类型景观斑块分布较少，对该区域的生态影响相对较小。从斑块平均大小指数（MPS）来看，耕地景观的斑块平均面积较大，说明该类型景观的斑块面积在该区域占优，且破碎度较低，分布较为集中，其他几种景观类型斑块破碎度相对较高。从散布与并列指数上看，耕地景观、林地景观的 IJI 指数值较大，表明该两种类型景观斑块与多种其他景观类型斑块相邻近，邻接度较大，而水域景观的 IJI 指数值较小，说明该类型景观斑块仅与少数其他类型景观斑块相邻近。

表 4-12 斑块水平异质性分析景观格局指数计算结果

| 斑块类型<br>（Patch Type） | 斑块密度<br>（PD） | 斑块平均大小<br>（MPS） | 散布与并列指数<br>（IJI） |
|---|---|---|---|
| 水域景观 | 1.73 | 20.34 | 58.00 |
| 草地景观 | 1.77 | 22.58 | 65.15 |
| 林地景观 | 0.31 | 5.80 | 82.08 |
| 建设用地景观 | 1.17 | 7.75 | 72.18 |
| 耕地景观 | 0.29 | 45.58 | 84.31 |
| 其他景观 | 0.14 | 7.11 | 70.75 |

5）景观水平格局分析

通过 Shannon 多样性指数（SHDI）、均匀度指数（SHEI）、蔓延度指数（CONTAG）、连接度指数（CONNECT）和聚集度指数（AI）对该区域的景观格局进行异质性分析。SHDI 是一种基于信息理论的测量指数，该指数反映不同景观的丰富程度和复杂程度，描述不同景观元素面积比重分布的均匀程度及主要优势景观元素的优势性程度，在一个景观系统中，土地利用越丰富，破碎化程度越高，其不定性信息含量也越大，计算出的指数值也就越高。SHEI 描述不同景观里不同生态系统的分配均匀程度，其值较小时优势度一般较高，可以反映出景观受一种或少数几种优势斑块所支配，其值趋近于 1 时，优势度低，景观中没有明显的优势类型且斑块类型在景观中均匀分布。CONTAG 指数反映景观中不同斑块类型的聚集和延展程度，蔓延度值较高说明景观中某种优势组分形成良好的连接性；反之，蔓延度值较低表明高度不连接的景观多属于人类活动干扰造成的，或是由于其他原因形成的多个小斑块，景观较为破碎化。CONNECT 指数是直观反映景观的连接程度的重要指标之一，取值范围 0~100，揭示整个区域景观内的斑块两两之间的连接情况，也在一定程度上揭示同类型斑块之间的聚集状况，本研究设定的景观连通阈值（Connectance index）为 200 m。AI 主要用于表征景观组分的空间组合状况，反映同类型斑块中两两之间连接程度占最大可能性的比重。其值越小，景观斑块组合越离散，反之，景观斑块之间连接性较高。

从表 4-13 可见，该区域的 SHDI 指数值为 1.34，表明景观中斑块的类型种类较多，具有多样性的特点，其包含的斑块信息较复杂，景观中土地利用类型较为丰富。SHEI 为 0.75，CONTAG 指数为 56.88%，说明景观中某种优势类型的景观连通性一般，该区域的景观分布较为分散，整体景观破碎化情况较为突出。CONNECT 指数为 0.44，其值较小，说明该区域只有极少数类型的斑块相连接，各类型斑块间的连通性较差。AI 值为 95.92，其值较大，说明该区域景观类型间聚集紧密，聚集程度较高，主要聚集在独流减河、团泊洼水库和北大港湿地周围，形成一个相对紧凑的生态带。

表 4-13　景观水平格局分析景观格局指数结果

| Shannon 多样性指数（SHDI） | 均匀度指数（SHEI） | 蔓延度指数（CONTAG）/% | 连接度指数（CONNECT） | 聚集度指数（AI）/% |
| --- | --- | --- | --- | --- |
| 1.34 | 0.75 | 56.88 | 0.44 | 95.92 |

## 4.1.4　独流减河流域区域生态廊道构建与分析

目前，国内外学者对生态廊道构建的研究，主要是基于景观生态学的"斑块-廊道-基底"理论，生态廊道构建须重点考虑的关键问题包括数目、连接度（connectivity）、关键点（区）、宽度、本底（context）和构成等。通常将最小累积阻力模型（minimum cumulative resistance model，MCR）与图论原理相结合，对斑块间的生态廊道进行辨识，并借助重力模型和网络连接度评价指标定量分析斑块间的作用强度和廊道网络连接度，对廊道网络和生态布局做进一步分析和优化。该方法常被用于大空间范围内或城市绿地生态廊道的构建，如陈小平等在鄱阳湖经济区构建廊道网络，张远景等在哈尔滨中心城区构建城市生态廊道。而在河道、湿地、湖库、河口等景观要素更为明细的中尺度流域内，选取重要生态节点构建生态廊道，能够促进水与生态环境的修复与保护以及流域生态安全格局的构建与优化。

河道、湿地、湖库和河口等生态节点是区域生物多样性保护的重要景观要素，而生态廊道是连接这些重要生态节点的"桥梁"和"纽带"。针对中尺度流域景观破碎化问题，以天津市独流减河流域为例，在景观生态学理论指导下，借助 GIS 与 RS 技术，基于"河道-湿地-湖库-河口"等重要生态节点，重点考虑景观类型和人类活动干扰的影响，采用多属性决策分析方法中的加权叠加和最小累积阻力模型构建生态廊道，识别生态节点与生态断裂点，并对其空间结构进行定量化分析，验证生态廊道构建的合理性，进而优化生态格局，规划设计了研究区的生态框架。研究成果能够提高独流减河流域重要生态节点的景观连接度，对该流域的生态安全格局规划和生态工程建设具有重要参考价值。

### 4.1.4.1　数据来源

该研究主要以基于多尺度分割高分一号卫星遥感影像获取的土地利用现状图为主要数据，将土地利用类型分为林地、草地、河渠、坑塘/水库、耕地、建设用地和其他用地等 7 类，总体分类精度达到 91%，Kappa 系数为 0.893，能够满足廊道构建需求。其他数据包括 2016 年天津自然保护区分布图（源自天津市环境保护局）、乡镇人口密度图（源自国家统计局）、河流与水库分布图、交通道路矢量图（源自 OpenStreetMap，OSM）。

### 4.1.4.2 研究方法

（1）景观阻力加权叠加

景观阻力值是在对景观介面特征和物种特征行为两方面综合调查研究的基础上给出的一个比较合理的相对值，以此反映各类阻力因子的内部差异性。综合景观阻力面由多个阻力因子加权叠加共同决定，反映生态流的运行阻力和趋势，计算公式如下：

$$R_i = \sum_{j=1}^{n} (C_{ij} \times W_{ij})$$

式中，$R_i$ 为景观单元 $i$ 的综合阻力值；$C_{ij}$ 为景观单元 $i$ 对应的阻力因子 $j$ 阻力值；$W_{ij}$ 为景观单元 $i$ 对应的阻力因子 $j$ 的权重值；$n$ 为阻力因子的总数。

（2）最小累积阻力模型

景观阻力是生态流的一个负反馈作用，生态流是生态过程的载体，是决定生态功能稳定性的关键因素，其流畅程度将直接反映景观格局是否合理、结构是否稳定，这种流的运行需要克服不同景观要素的阻力才能实现。最小累积阻力模型最早由 Knaapen 等于 1992 年提出，是耗费距离模型的一个衍生应用，指物种从生态源地出发到目标区域经过不同景观类型所克服的最小阻力值或耗费的最小费用，反映一种可达性，基于图论的原理，可以识别重要生态廊道，确定重要生态节点之间最小耗费方向和路径。该模型计算公式如下：

$$MCR = f_{\min} \sum_{j=n}^{i=m} (D_{ij} \times R_i)$$

式中：MCR 为最小累积阻力值；$D_{ij}$ 为景观单元 $i$ 到生态源 $j$ 的空间距离；$R_i$ 为景观单元的 $i$ 的阻力系数；$f$ 为某一正函数，表示任一点的最小累积阻力值与其到生态源的距离和景观类型特征呈正相关关系。

（3）生态廊道网络连接度分析

生态廊道与所有廊道连接点之间的连接程度称为网络连接度（network connectivity），是评价生态廊道连接性和复杂度的重要指标。目前，景观生态学中常用的网络连接度评价指标主要包括 $\alpha$ 指数（网络环度）、$\beta$ 指数（节点连接率）和 $\gamma$ 指数（连接度），它们以拓扑空间为基础，揭示节点与连接数的关系，具体公式如下：

$$\alpha = \frac{L - V + 1}{2V - 5}$$

$$\beta = \frac{L}{V}$$

$$\gamma = \frac{L}{V_{\max}} = \frac{L}{3(V-2)}$$

式中：$L$ 为廊道数量；$V$ 为廊道连接点数量，$V \geqslant 3$；$V_{\max}$ 为最大可能连接廊道数量。

$\alpha$ 指数又叫网络闭合度，取值区间为[0，1]，反映廊道网络的实际成环水平，其值越大越能说明物质和能量循环与流动的流畅程度越高；$\beta$ 指数又叫网络点线率，取值区间为[0，3]，反映廊道网络中每个连接点连接生态廊道能力的强弱；$\gamma$ 指数取值区间为[0，1]，反映廊道网络中连接点被廊道连接的程度。生态系统中，较高的网络连接度有利于物质和能量的循环与流动，能够直接促进物种的生存、迁移和繁殖。

### 4.1.4.3　结果分析

（1）生态源斑块选择

根据研究区景观格局特点，结合湿地自然保护区和水库分布情况，选取 12 个空间规模较大生境斑块作为生态源斑块（图 4-11）。基于"源"与"汇"理论，这些生态源斑块在空间上具有一定连续性和扩展性，为生态系统中物质、能量和生物的源头或汇聚地，是该流域重要的生态节点。由表 4-14 可见，所选生态源斑块有重要的生态服务功能和价值，是促进景观过程发展的景观组分，有利于廊道网络构建和生态格局优化。生态源斑块总面积 409.20 km$^2$，约占研究区总面积的 10.95%，其中，水域（河渠、坑塘/水库）和草地为主要景观类型，分别占生态源斑块总面积的 47.93% 和 44.49%，能够为物种生存、迁移和繁殖提供丰富的水资源和植被，有利于生物多样性的保护。

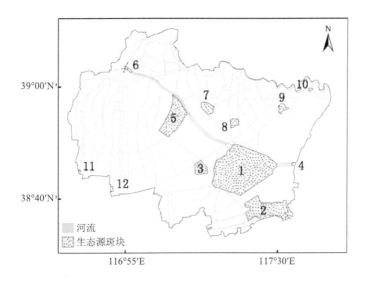

注：图中 1~12 数字代表生态源斑块的编号。

**图 4-11　生态源斑块分布**

表 4-14 生态源斑块基本信息

| 编号 | 名称 | 面积/km² | 概况描述 | 生境质量 |
|---|---|---|---|---|
| 1 | 北大港水库与独流减河宽河槽 | 230.79 | 属于天津北大港湿地自然保护区的核心区域、缓冲区和实验区，主要景观类型为草地和水域，具有饮用水水源地、防洪、生态景观；调节气候、净化环境、候鸟及珍稀濒危物种栖息地的生态功能 | 优 |
| 2 | 李二湾及沿海滩涂区域 | 74.47 | 属于天津北大港湿地自然保护区的缓冲区和实验区，包含沙井子水库、子牙新河流经处，主要景观类型为水域和草地 | 优 |
| 3 | 钱圈水库 | 14.39 | 属于天津北大港湿地自然保护区的实验区，主要景观类型为水域和耕地 | 良 |
| 4 | 独流减河入海口 | 1.41 | 独流减河与渤海湾空间连接点，包含工农兵防潮闸，主要景观类型为水域 | 良 |
| 5 | 团泊洼水库 | 57.44 | 属于天津团泊鸟类自然保护区核心区、缓冲区和实验区，主要景观类型为水域和草地，具有湿地珍禽、候鸟及水生野生动植物栖息地、防洪、提蓄的功能 | 优 |
| 6 | 独流减河源头 | 2.38 | 位于一级河道子牙河、南运河和大清河汇聚口，是独流减河起点，主要景观类型为水域、草地和林地 | 优 |
| 7 | 鸭淀水库 | 11.50 | 主要景观类型为水域、耕地和草地，具有景观、排涝、养殖的功能 | 优 |
| 8 | 津南水库 | 7.01 | 又称天嘉湖，主要景观类型为水域和草地 | 优 |
| 9 | 官港水库 | 6.43 | 主要景观类型为水域、林地和草地 | 优 |
| 10 | 邓善沽水库 | 1.11 | 主要景观类型为水域 | 良 |
| 11 | 子牙河泊庄段 | 0.60 | 主要景观类型为水域、林地和耕地 | 良 |
| 12 | 马厂减河源头 | 1.67 | 马厂减河起点，与南运河相交，主要景观类型为耕地和林地 | 良 |

（2）景观阻力分析

景观阻力在空间分布上不是均一不变的，主要受自然环境因素（地面高程、土地覆盖类型等）、社会经济因素和政策因素（自然保护区、生态红线等）三方面的影响。本书在分析生态流从"源"向外扩张过程中所遇到的景观阻力的基础上，选取土地利用类型、距建设用地距离和人口密度 3 个阻力因子，每个阻力因子按照生态服务价值不同和等级差异性原则设定不同大小的阻力值。不同土地利用类型对物种的生存、迁徙和繁殖的阻力不同，距建设用地距离和人口密度可以共同表征人类活动对物种运动的影响，而"人口"是常被研究者忽视的重要人类活动干扰因素。由于城镇复合空间主要集中分布在独流减河北面，南面主要为以耕地为主的乡镇和农村复合空间，建设用地的二级分类对廊道构建影响较小，故此不再将其分为城镇建设用地和农村居民点。

已有研究表明，大多数阻力值的设定是相对主观的，常把生态服务功能最高的物种生境区的阻力值设为 1，而把物种艰难或无法穿过的景观区域设为 100，其他景观类型的阻力值介于二者之间。笔者基于研究区生态现状，参考有关景观阻力值模拟设定的文献，根据多位景观生态学专家打分，并将根据不同权重和阻力值所构建的综合阻力面与该流域的生境质量作比对，最终将土地利用类型、距建设用地距离和人口密度 3 个阻力因子的权重分别确定为 0.65、0.25 和 0.10，各阻力因子阻力值如表 4-15 所示。

表 4-15　各阻力因子阻力值

| 土地利用类型 | 阻力值 | 距建设用地距离/m | 阻力值 | 人口密度/（人/km²） | 阻力值 |
| --- | --- | --- | --- | --- | --- |
| 林地 | 1 | 0～100 | 100 | 0～200 | 1 |
| 草地 | 10 | 100～200 | 70 | 200～400 | 10 |
| 河渠 | 20 | 200～300 | 60 | 400～800 | 30 |
| 水库/坑塘 | 30 | 300～500 | 40 | 800～1 600 | 50 |
| 耕地 | 50 | 500～1 000 | 30 | 1 600～3 000 | 70 |
| 未利用地 | 80 | 1 000～3 000 | 10 | >3 000 | 100 |
| 建设用地 | 100 | 3 000～5 000 | 5 | | |
| | | >5 000 | 1 | | |

利用 ArcGIS10.2 软件将 3 类阻力因子进行空间化处理，分别为土地利用类型、建设用地多级缓冲区和人口密度矢量数据的属性表添加 cost 字段，依照表 4-15 为该字段赋予不同级别阻力值，并基于 cost 字段将 3 种矢量数据转化成同空间分辨率的栅格数据，生成各类阻力因子的景观阻力面，如图 4-12 所示。最后，将不同景观阻力面加权叠加构建综合景观阻力面，又称为成本耗费面。

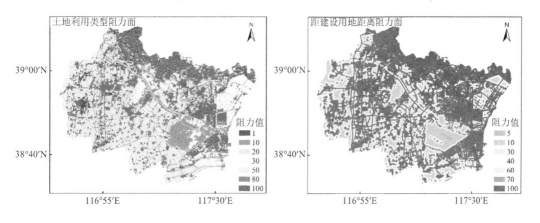

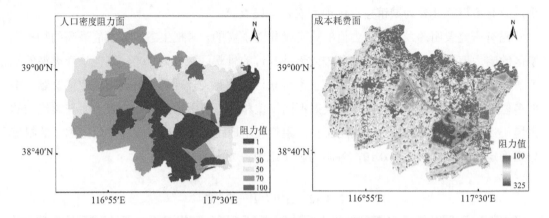

图4-12　各阻力因子阻力面及成本耗费面

（3）生态廊道构建

利用 ArcGIS10.2 空间分析模块中的 cost distance 分析方法，基于成本耗费面，结合 12 个生态源斑块分布情况，生成研究区内每个景观单元到成本耗费面上最近源斑块的最小累积成本距离（图4-13）。继而利用 cost path 分析方法，计算并识别从源斑块到目标区域的最小成本路径。根据最小累积阻力模型，理论上可得到 66 条生态廊道，实际上，剔除重复和加上多条相交新形成的廊道，共规划出 45 条（图4-14），廊道网络总长度约 369.47 km，共 29 个连接点。

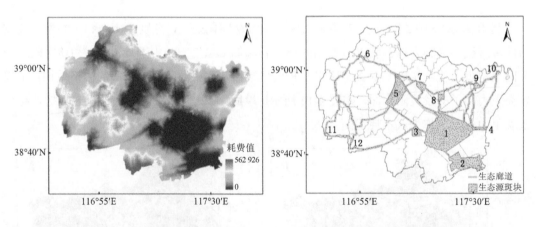

图4-13　成本距离耗费面　　　　　　　图4-14　生态廊道结果图

（4）生态廊道网络连接度分析

由此可见，生态廊道将破碎化的生态源斑块连接成网，共同构建了独流减河流域"点—线—网" 3 个层次的生态格局。生态廊道网络连接度是决定廊道生境、传导、过滤、源和汇等五大功能的主要因素之一，连接性的好坏将直接影响生态系统内物质循环和能量流动的流畅程度。

根据研究区生态廊道构建结果，利用网络连接度评价指标对其连接性进行分析评价。当 $\alpha$ =0 时，表示廊道网络中无成环回路；当 $\alpha$ =1 时，表示网络具有最大成环回路数。研究区 $\alpha$ =0.32，表明该廊道网络中成环回路数充足，景观内部连通性较强，可供物种扩散的回路路径较多，能够促进物质循环和能量流动。当节点 $\beta$ ＜1 时，表示廊道网络结构呈"树"状，结构不够完善；当 $\beta$ =1 时，网络呈现单一回路结构；当 $\beta$ ＞1 时，表示连接点与廊道的连接程度较高。研究区 $\beta$ =1.56，表明与每个连接点连接的廊道数量较多，廊道网络的复杂程度和连通性能较强，有利于生态节点上的物质和能量在廊道方向上的扩散与辐射。当 $\gamma$ =0 时，表示景观中没有节点被连接；当 $\gamma$ =1 时，表示每个节点都彼此连接，连接程度最高。研究区 $\gamma$ =0.56，表明廊道网络中连接点的连接性较高，通过廊道将多个生态节点连接起来，有效降低了景观破碎化程度，提高了节点的生态服务价值。

（5）生态节点与生态断裂点识别

根据研究区生态廊道与重要生态用地分布状况，通过叠加分析，在廊道上选取 26 个生态节点。由图 4-15 可见，生态节点主要分布在廊道与廊道的交汇连接处和具有较高生态服务功能的生境斑块处，在廊道网络中起到踏脚石的作用，为物种迁移提供良好的栖息地，能够增加景观连接度，促进内部种在斑块间的运动。生态节点的数量、质量和空间分布状况将直接影响物种迁移的时间、周期和成功率。生态节点的建设和保护能够直接促进整个生态系统的循环运转，对区域生态环境和生物多样性保护至关重要。

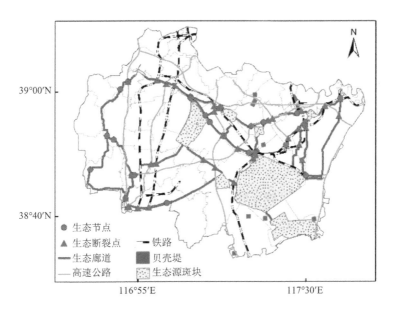

图 4-15　生态节点与生态断裂点分布

结合研究区主要交通道路网（高速公路、铁路）、建设用地和天津古海岸与湿地国家级自然保护区的贝壳堤分布情况，通过叠加分析，在廊道网络上共识别 35 个生态断裂点。由此可见，纵横交错的道路网将景观格局切割成破碎的生境斑块，造成景观破碎化，使得连续的廊道网络产生一定空间范围的生态间隙，形成沿生态廊道散乱分布的生态断裂点。这些生态间隙降低景观连接度，增加物种迁移的景观阻力，严重阻抑生态流的正常流动。生态系统中，道路网特别是高级道路网对生物通道的阻隔作用不容忽视，机动车严重阻碍了廊道内物种的正常流动，增加其被撞击受伤或死亡的概率，对物种的安全迁移造成重大威胁，使得野生动物难以跨越生态断裂点。随着道路建设的增加，生态断裂点的数量和面积会随之增加，应采取一定的工程措施加以修复和改善，预留生态廊道建设空间，如建设地下通道、隧道和天桥等，减少人类活动对物种生存的影响，以及对生态系统连续性和完整性的破坏。

（6）生态廊道空间组合配置与最佳宽度

基于最小累积阻力模型生成的生态廊道是一种表达路径的概念网络，具有一定的宽度才能发挥其生态服务功能。根据朱强等的研究成果，以该研究区 45 条生态廊道为基础，分别对其进行 12 m、30 m、60 m、100 m、200 m、600 m、1 200 m 的缓冲区分析，并对不同廊道宽度内各土地利用类型面积进行统计分析。由表 4-16 和图 4-16 可知，随着廊道宽度由 12 m 增至 1 200 m，建设用地面积占比呈逐渐增大趋势；水域逐渐增加，在 200 m 处开始减少；耕地面积占比先减再增；草地、林地面积占比先增后减，拐点都出现在 30 m 处；其他用地面积较少，变幅不大。在廊道宽度为 12 m 时，廊道内土地利用类型主要为耕地、草地和林地，三者约占廊道总面积的 78.95%，其次为水域，建设用地面积较小。当廊道宽度为 30 m 时，耕地面积占比骤减，水域面积占比增大，主要土地利用类型变为草地、林地和水域，约占廊道总面积的 78.97%，生态服务功能较强。随着廊道宽度逐渐增大，耕地和建设用地的增加，使得草地、林地和水域总占比由 60 m 宽度时的 70.63% 逐渐降至1 200 m 宽度时的 42.78%，景观异质性随之增强。

表 4-16　不同廊道宽度各土地利用类型面积占比统计　　　　　　单位：%

| 土地利用类型 | 生态廊道宽度 | | | | | | |
|---|---|---|---|---|---|---|---|
| | 12 m | 30 m | 60 m | 100 m | 200 m | 600 m | 1 200 m |
| 草地 | 26.84 | 30.08 | 26.42 | 23.31 | 18.20 | 13.27 | 11.83 |
| 林地 | 25.20 | 26.04 | 20.44 | 16.99 | 12.83 | 8.35 | 6.34 |
| 水域 | 16.83 | 22.85 | 23.77 | 24.82 | 26.81 | 26.32 | 24.61 |
| 耕地 | 26.91 | 12.20 | 17.22 | 21.35 | 27.29 | 34.07 | 37.50 |
| 建设用地 | 4.16 | 8.66 | 11.76 | 13.04 | 14.35 | 17.38 | 19.01 |
| 其他用地 | 0.05 | 0.18 | 0.38 | 0.49 | 0.52 | 0.60 | 0.70 |

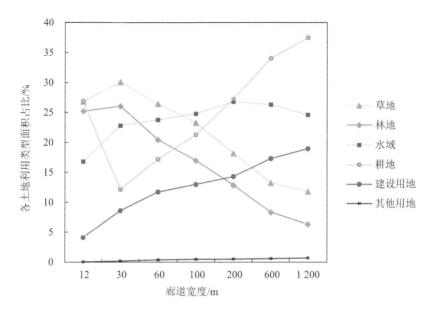

**图 4-16  不同廊道宽度各土地利用类型面积占比情况**

生态廊道大多数建在人类活动干扰较小的地区，研究区廊道在 30～60 m 的宽度范围内，对耕地侵占最少，建设用地对生态景观破碎化影响较弱，重要生态用地占主要部分，水资源充足，含有较多草本植物和鸟类边缘种，具有较高的过滤污染物和截污减排的能力，能够满足物种迁移、传播和生物多样性的保护功能，有利于廊道网络生态服务功能的实现。由于廊道结构和功能较为复杂，使其宽度具有很大的不确定性，宽度过窄对敏感物种不利，宽度过大景观异质性会随之增强。因此，从景观结构和功能原理着手，确定廊道最佳宽度为 30～60 m，生态廊道的结构主要由草地、林地和水域组成，对于沿廊道或穿越廊道的物质、能量和物种流动具有重要影响。

（7）生态廊道网络优化

将廊道结果矢量图层与河网分布矢量图层进行叠加，识别廊道网络中的河流廊道。由图 4-17 可见，河流廊道分布离散且均匀，总长 189.12 km，约占廊道总长度的 51.19%，为该区域主要的生态廊道类型。河流廊道是一类重要的生态廊道，包括河水、河岸防护林和河漫滩植被等要素，具有丰富的水资源和植被种类。廊道内的动态河水和岸边植被与外界环境发生相互作用，促进物质和能量的循环、径流污染物过滤、洪水的吸收与释放，以及地下水的补充和河流流量的保持，具有截污减排的作用，其特殊的空间结构和服务功能为物种的生存、迁徙和繁殖提供丰富的食物和高质量的栖息地。

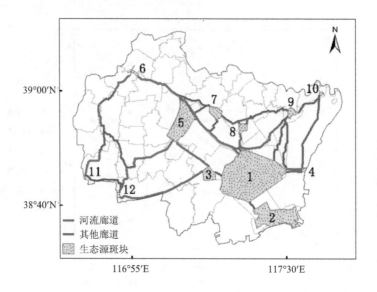

图 4-17 河流廊道分布图

在此基础上，根据研究区河流廊道和重要生态节点分布，对生态空间进行优化，规划出"一轴两心九带"的生态框架（图 4-18）。

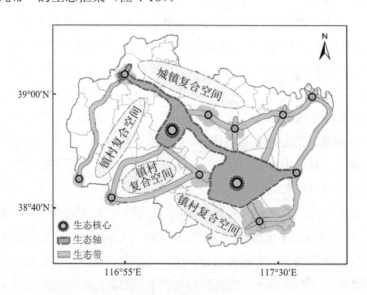

图 4-18 研究区生态框架

"一轴"指独流减河与团泊洼水库和北大港水库共同组成的生态带，位于整个廊道网络和研究区的中部，是南、北两侧生态廊道的交汇连接处，连接该河流上的重要生态节点，是研究区的生态"主干"，辐射南、北两侧区域，具有重要的生态价值和功能。

"两心"指团泊洼水库和北大港水库，具有涵养水源、调节气候、净化环境、防洪和维护生物多样性的生态功能，滋养整个流域，扮演生态核心的角色。

"九带"指九条连接重要生态源地的生态带，是研究区的生态"分支"，与"一轴"相交，延伸辐射天津市主城区南部的城镇复合空间和独流减河南部的镇村复合空间，东部南北走向海岸生态带连接渤海湾和陆地，对研究区生态安全发挥重要作用。

### 4.1.5 结论

（1）独流减河流域重要生态保护区景观格局分析

景观生态学是探索区域景观空间分布状况、景观功能类型、景观时空动态变化以及如何科学合理规划景观结构的学科，景观格局分析是景观生态学研究的基础内容之一。本研究首先基于 GIS、GPS 和 RS 技术（"3S"技术），利用 ArcGIS10.2、ENVI5.3、eCognition 8.7 专业软件，以天津南部区域独流减河流域为研究区，基于多尺度分割 GF-1 卫星遥感影像，结合现场调查进行土地利用分类，分类总体精度高达 91%，Kappa 系数为 0.893，能够满足生态廊道构建的数据精度需求。然后，以天津南部独流减河、团泊洼水库和北大港湿地等重要生态保护区为研究对象，利用 FRAGSTATS 4.2 软件计算所选 14 个景观格局指数，从斑块类型、斑块形状特征、斑块水平异质性和景观水平异质性四个方面，对该区域的景观组分和空间配置进行统计分析，对生态格局的空间异质性和斑块间的相互联系进行定量化描述、分析和评价。

结果显示，研究区内草地景观面积最多，水域景观次之，两者总面积 41 017.20 hm²，占景观总面积的 75.10%，说明该区域植被和水资源丰富，生态服务功能较高；耕地景观面积占 13.02%，分布在独流减河河道左右两侧和团泊洼水库与北大港水库的外围；其他几种景观类型面积所占比例最少，总共只有 11.88%。草地景观和水域景观在该区域中分布范围较广，对整个区域的景观影响较大，而林地景观、耕地景观和其他景观分布范围较小，对该区域的生态影响相对较小。景观中优势类型的景观连通性一般，该区域的景观分布较为分散，整体景观破碎化情况较为突出，只有极少数类型的斑块相连接，各类型斑块间的连通性较差。但是，该区域景观类型间聚集紧密，聚集程度较高，主要聚集在独流减河、团泊洼水库和北大港湿地周围，形成一个相对紧凑的生态带。

（2）独流减河流域区域生态廊道构建

天津南部独流减河流域是贯穿东西的生态屏障，是规划中"南生态"建设的核心地带。重点考虑景观类型和人类活动干扰的影响，基于多属性决策分析方法中的加权叠加和最小累积阻力模型构建的 45 条生态廊道，连接独流减河流域内的重要生态节点，具有较高的连通性，能够增加区域景观连接度，促进生态流顺畅流动，是对天津市"三区四廊五带"生态布局的细化和补充，有利于针对局部区域的生态规划与建设。通过识别生态节点和生态断裂点，明确了生态廊道上重点保护建设和修复改善的关键点（区）；生态廊道的最佳宽度为 30～60 m，该宽度范围内草地、林地和水域等景观类型占主要部分，具有较高的生态服务价值。在廊道网络中，河流廊道是主要的廊道类型，以此为基础对生态空间进行优化，规划设计了"一轴两心九带"的生态框架，确定了独流减河干流、团泊洼水库和北大港水库等重要生态节点的生态服务角色，辐射整个流域，为滨海湿地提供高质量的生态资源。

## 4.2    浅宽型河槽湿地净化效果优化及生物多样性提升

### 4.2.1    变盐度水体条件下水生植物遴选和群落配置研究

#### 4.2.1.1    耐盐水生植物的筛选

（1）盐胁迫下对植物生长的影响

根据对独流减河及周边湿地植物的调查分析，并结合目前淡水水体中部分引种驯化的异地植物，试验共选植物 19 种，其中沉水植物 9 种，分别为川蔓藻、篦齿眼子菜、狐尾藻、金鱼藻、菹草、苦草、黑藻、马来眼子菜和线叶眼子菜，以上 9 种沉水植物均来自野外采集；挺水植物 8 种，分别为芦苇、香蒲、菖蒲、千屈菜、水葱、黄花鸢尾、梭鱼草和黑三棱；浮叶植物 2 种，分别为睡莲和荇菜。

将野外采集的上述 9 种沉水植物带其生长底泥移植在花盆中，置于室外塑料缸中培养。缓苗一周后，生长较好的种类移植到装砾石和细沙的小花盆中，调节盐度分别为 0.5%、0.75%、1.0%，连续观察 3 周，将存活下来的植株取出洗净称重。

挺水植物和浮叶植物种植在塑料桶中，缓苗后，配制不同浓度的盐溶液（0.5%、1.0%、1.5% 和 2.0%）进行胁迫试验。每隔 3 天换水一次，每天测定电导率，使盐度维持在设定的浓度，每天观察和记录植物的生长状况。

表 4-17 为使用水培方法 9 种沉水植物的生长情况。当水体盐度为 0.5% 时，黑藻、苦草和马来眼子菜在第二周内即死亡。在水体盐度为 0.75% 左右时，菹草、线叶眼子菜、狐尾藻和金鱼藻均在培养一周后出现明显的胁迫症状。当水体盐度为 1.0% 时，金鱼藻在第一周死亡；狐尾藻长出的新枝细弱、嫩绿且生长缓慢；只有川蔓藻和篦齿眼子菜生长良好。

表 4-17    沉水植物在不同盐度下的水中生长状况

| 植物种类 | NaCl 溶液浓度 | | |
| --- | --- | --- | --- |
| | 0.5% | 0.75% | 1.0% |
| 川蔓藻 | +++ | +++ | +++ |
| 篦齿眼子菜 | +++ | +++ | +++ |

| 植物种类 | NaCl 溶液浓度 | | |
|---|---|---|---|
| | 0.5% | 0.75% | 1.0% |
| 狐尾藻 | +++ | +++ | +++ |
| 金鱼藻 | +++ | ++- | - |
| 菹草 | +++ | - | - |
| 黑藻 | ++- | | |
| 苦草 | ++- | | |
| 线叶眼子菜 | +++ | | |
| 马来眼子菜 | ++- | | |

注："+"表示存活过1周，"-"表示死亡。一种盐度下观察3周。

植物耐盐培养结束后对生存下来的植物的生物量进行测定，川蔓藻和篦齿眼子菜在实验结束时的生物量增加显著，但狐尾藻的生物量下降也极为显著。

从9种沉水植物在不同盐胁迫下的生长状况来看，在1.0%的盐度下，川蔓藻、篦齿眼子菜和狐尾藻均可以存活，从外观表现及生物量来看，川蔓藻最耐盐，其次是篦齿眼子菜，狐尾藻的受害症状要稍严重一些；金鱼藻能耐受0.75%的盐度；菹草和线叶眼子菜能耐受0.5%盐度。马来眼子菜、黑藻和苦草能耐受0.3%的盐度。

因此，仅从植物的生长来看，9种沉水植物的耐盐性依次为：川蔓藻＞篦齿眼子菜＞狐尾藻＞金鱼藻＞菹草＞线叶眼子菜＞马来眼子菜＞黑藻＞苦草。

选取芦苇、香蒲、菖蒲、千屈菜、水葱、黄花鸢尾、梭鱼草和黑三棱共8种挺水植物进行盐胁迫，每天对植物的生长情况进行观察。观察结果见表4-18。

表4-18 挺水植物和浮叶植物在胁迫后两周内的存活概况

| 植物种类 | 营养液盐度 | | | | |
|---|---|---|---|---|---|
| | 0.05%（CK） | 0.5% | 1.0% | 1.5% | 2.0% |
| 芦苇 | +++ | +++ | +++ | +-- | --- |
| 香蒲 | +++ | +++ | +++ | --- | --- |
| 千屈菜 | +++ | +++ | +++ | +-- | --- |
| 水葱 | +++ | +++ | +-- | --- | --- |
| 黄花鸢尾 | +++ | +++ | --- | --- | --- |
| 梭鱼草 | +++ | +-- | --- | --- | --- |
| 黑三棱 | +++ | ++- | --- | --- | --- |
| 菖蒲 | +++ | +++ | --- | --- | --- |
| 睡莲 | +++ | +-- | --- | --- | --- |
| 荇菜 | +++ | +++ | --- | --- | --- |

注："+"表示在一周内，植株存活的数量超过50%；"-"表示在一周内，植株死亡的数量超过50%。

通过以上的观察和记录，结合存活率的大小，得出挺水植物的耐盐性依次为：芦苇（在 1.0%盐度下，存活率为 87%）＞千屈菜（在 1.0%盐度下，存活率为 82%）＞香蒲（在 1.0% 盐度下，存活率为 68%）＞水葱（在 0.5%盐度下，存活率为 82%）＞黄花鸢尾（在 0.5% 盐度下，存活率为 78%）＞菖蒲（在 0.5%盐度下，存活率为 75%）＞黑三棱（在 0.5%盐度下，存活率为 72%）＞梭鱼草（在 0.5%盐度下，存活率为 25%）。浮叶植物的耐盐性依次为：荇菜（在 0.5%盐度下，存活率为 82%）＞睡莲（在 0.5%盐度下，存活率为 34%）。

在初春选取芦苇、千屈菜、香蒲和水葱的幼苗，观察盐胁迫对植株高度和生物量的影响。图 4-19 为芦苇、千屈菜、香蒲和水葱 4 种挺水植物在不同盐度胁迫下株高的随时间的变化情况。仅从株高来看，芦苇的受抑制程度最轻，其次是水葱，盐胁迫对香蒲生长的抑制最严重。芦苇、千屈菜和香蒲在低盐条件下（盐度小于 1.0%），植株并未随胁迫时间的延长而进一步加剧，随着胁迫时间的延长植物株高的相对生长速率呈上升趋势，而当盐度大于 1.0%时，即高盐条件下，随着胁迫时间的延长，植物高度的增加不明显，说明高盐度长时间的胁迫对植株的生长产生了明显的抑制作用；同样对于水葱则以 0.5%为阈值。同时通过对以上 4 种植物株高的观测发现，当植物被移植至盐逆境中时需要一定的适应时间，并且不同种类的植物对盐度的适应能力具有一定的差异。其中芦苇所需的适应时间最短，其次是水葱，千屈菜和香蒲所需的适应时间较长。

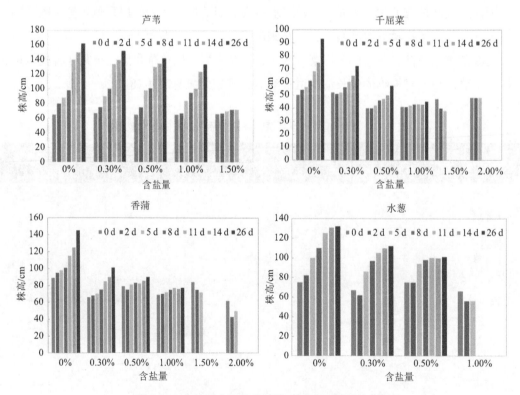

图 4-19    4 种挺水植物盐胁迫下株高随时间的变化

（2）水生植物对盐度胁迫的生理响应

根据植物耐盐筛选，选择能够在较高盐度水平下生长的水生植物川蔓藻、篦齿眼子菜、狐尾藻、千屈菜、香蒲和黄花鸢尾，考察这些植物在其不同的盐度水平下的生理变化情况。

配制盐浓度分别为 0.3%、0.5%、0.75% 和 1.0% 的 4 个烧杯，放入 10 g 川蔓藻，均设三个平行对照。以相同方法处理篦齿眼子菜。将装有植物的烧杯置于室内大型光照培养箱中，测定叶绿素、丙二醛、脯氨酸和过氧化氢酶 4 种生理指标的变化情况。

选择长势良好的千屈菜、香蒲和黄花鸢尾，种植在塑料桶中，缓苗 2 周后，配制不同浓度的盐溶液（0.5%、1.0%、1.5% 和 2.0%）胁迫，测定叶绿素、丙二醛、脯氨酸和过氧化氢酶 4 种生理指标。

1）不同盐度下沉水植物组织中脯氨酸含量的变化

研究结果显示，4 种植物组织中脯氨酸的含量总体随盐胁迫浓度的增加而呈上升的趋势。各种植物脯氨酸含量的累积响应盐胁迫的浓度各有差异。其中，川蔓藻和篦齿眼子菜在盐度最低的处理组中，其组织中脯氨酸的含量基本随时间没有明显的变化，而在其他三个盐度下，川蔓藻和篦齿眼子菜组织中脯氨酸的含量都随着盐度的增加而增加，而且都随着处理时间的延长而增加，但增加的大小不同，脯氨酸积累的速度也不同。盐度胁迫对篦齿眼子菜的渗透影响较川蔓藻大，它对盐胁迫的反应较川蔓藻敏感。狐尾藻和金鱼藻中脯氨酸在 0.3% 盐度条件下就发生了迅速累积的现象。随着胁迫时间的延长呈现先增增加再减少的趋势。但脯氨酸累积达峰值的时间不同，狐尾藻在胁迫的第 2 天达到最高，后逐渐降低，而金鱼藻则出现在第 7 天。

2）不同盐度下沉水植物组织中丙二醛含量的变化

研究结果显示，不同盐度胁迫使川蔓藻中丙二醛含量在处理后的第 2 天普遍上升，但增幅较小，且保持在一个较低的水平，随后其丙二醛含量在处理后第 7 天回落，到第 14 天时已与初始含量相当。说明川蔓藻具有较强的耐盐性，盐胁迫对其细胞膜的伤害程度较轻。篦齿眼子菜组织中丙二醛的含量，除最高盐度处理组外，其他三个盐度处理下丙二醛的变化与川蔓藻基本相同，也在处理后的第 2 天有小幅度的升高，上升大小随盐度的增加而增大，在第 7 天呈回落并基本保持稳定；但在高盐度处理组中，篦齿眼子菜丙二醛的含量随时间呈显著上升趋势。狐尾藻不同盐胁迫条件下植物组织中丙二醛含量较对照有显著的增加，且随着胁迫时间延长呈上升趋势。当盐度小于等于 0.5% 时叶片组织中丙二醛随时间的增加比较缓慢，但为 0.75% 和 1.0% 时丙二醛增加的速率显著增加。金鱼藻在盐胁迫条件下组织中丙二醛的含量与狐尾藻相似较对照有显著的增加。当盐度为 0.3% 时，叶片中丙二醛含量在第 7 天达到峰值，随着胁迫时间的增加呈下降趋势，而当盐度为 0.5% 时，丙二醛峰值提前出现在胁迫的第 2 天，随后呈下降趋势，再增加盐度到 0.75% 时，丙二醛含量随着胁迫时间没有显著变化，均保持在一定的高度。

3）不同盐度下沉水植物组织中过氧化氢酶的变化

研究结果显示，川蔓藻组织中过氧化氢酶在盐度为 0%～0.5%，只有很小的增幅，且变化较为平稳，而在盐度为 0.75% 和 1.0% 处理下，过氧化氢酶随着处理时间延长而出现明显的升高趋势。川蔓藻过氧化氢酶的升高与丙二醛含量的降低是一致的，说明川蔓藻具有较高的耐盐性。篦齿眼子菜在盐度为 0%～0.5% 处理下，过氧化氢酶的含量随处理时间有极小的上升但基本稳定，在盐度为 0.75% 处理下，过氧化氢酶的含量随处理时间有明显的上升，但在盐度为 1.0% 处理下，过氧化氢酶的含量则随处理时间出现明显的下降。狐尾藻在小于 0.75% 盐度处理下，过氧化氢酶均随处理时间呈先上升后下降的趋势。各处理条件下，均在胁迫的第 2 天达到峰值，第 7 天出现明显的下降并趋于缓慢。且盐度越高下降的幅度越大。金鱼藻在盐度小于 0.5% 条件，过氧化氢酶随胁迫时间呈上升趋势。当盐度为 1.0% 时，过氧化氢酶随胁迫时间显著下降。与金鱼藻中丙二醛含量相对应小于 0.5% 盐度处理中，金鱼藻可通过增加大量的过氧化氢酶来消除细胞内自由基的累积，但是再提高胁迫强度（含盐量 1.0%）随着胁迫时间的增加，高盐胁迫对植物造成的伤害最终打破了植物体内的代谢平衡，酶活性不可逆转地下降，植物体内丙二醛含量维持在较高水平。从金鱼藻的生长情况来看，当胁迫强度为 0.75% 时，金鱼藻的叶子就逐渐凋落至死亡。通过对丙二醛和过氧化氢酶的测定分析可以看到，盐胁迫下上述 4 种沉水植物抗氧化能力为：川蔓藻＞篦齿眼子菜＞狐尾藻＞金鱼藻。

4）不同盐度下川蔓藻和篦齿眼子菜组织中叶绿素含量的变化

研究结果显示，在不同的盐度下，4 种植物的叶绿素变化有明显不同。川蔓藻和篦齿眼子菜在盐度为 0.3% 时，两种植物的叶绿素随时间基本没有变化。在盐度为 0.5% 处理下，川蔓藻的叶绿素 a+b、叶绿素 a、叶绿素 b 均随时间逐渐增加，a/b 值也从初始 2.631 增加到 2.887。而在此盐度下，篦齿眼子菜的叶绿素 a+b、叶绿素 a、叶绿素 b 均则随时间先增加后于第 7 天降低，但 a/b 值随时间为降低趋势。在盐度 0.75% 处理下，川蔓藻和篦齿眼子菜的叶绿素 a+b、叶绿素 a 都是在第 2 天升高，然后下降，篦齿眼子菜较川蔓藻下降快；而叶绿素 b 则变化趋势不一致，川蔓藻的叶绿素 b 呈缓升，而篦齿眼子菜的叶绿素 b 呈缓降，a/b 值均为下降，也是篦齿眼子菜较川蔓藻下降快。在盐度 1.0% 处理下，川蔓藻和篦齿眼子菜的叶绿素 a+b、叶绿素 a、叶绿素 b 以及 a/b 值均随时间呈显著的下降趋势，但篦齿眼子菜的下降速度远快于川蔓藻。说明此盐度对篦齿眼子菜的光合作用效率产生显著影响，对川蔓藻的叶绿素影响不显著。狐尾藻和金鱼藻在盐胁迫下受到盐分的刺激，叶片中叶绿素含量均高于对照。其中狐尾藻不同盐度下均在胁迫的第 2 天达到峰值，然后随胁迫时间的延长呈下降趋势。在同一时间段内，狐尾藻均在盐度为 0.5% 时达到最高水平。随着胁迫强度的增加呈下降趋势，但仍高于对照。金鱼藻与狐尾藻相似，金鱼藻对盐的敏感性显著高于狐尾藻。

（3）盐度对挺水植物生理指标变化的影响

1）不同盐度下挺水植物叶片组织中脯氨酸含量的变化

研究结果显示，千屈菜在盐胁迫条件下，叶片组织中脯氨酸含量较对照组有显著提高，随盐度增加而上升，且胁迫强度越大，增加幅度越大。千屈菜在胁迫出现之后立即作为应激反应，均在第 8 天达到峰值，随着胁迫时间的延长呈下降趋势。当盐度水平达到 1.0%时，叶片组织中脯氨酸含量下降的速度趋于缓慢，与植物生长情况相对应，千屈菜在 1.0%盐度条件下生长受到了明显的抑制。与千屈菜表现略有不同，香蒲在盐度小于 0.5%时，植物组织内脯氨酸的含量变化不大，但是当盐浓度为 1.0% 时，其脯氨酸含量激增，并且随时间延长下降缓慢。香蒲在 1.0%盐度下胁迫第 2 天，脯氨酸含量较对照增加了 46%。水葱与千屈菜相似，叶片组织中脯氨酸含量随盐度增加呈上升趋势，但达到脯氨酸累积的最高水平出现在胁迫的第 11 天，与千屈菜和香蒲的累积峰值出现的时间晚。千屈菜和香蒲可以快速对盐胁迫作出反应。在 1.0%高盐环境下，由于胁迫强度大，水葱失去了积累脯氨酸的能力，从植物外部的生长情况看，在 1.0%盐度处理下，水葱的生长受到明显抑制直至死亡。

2）不同盐度下挺水植物组织中丙二醛（MDA）含量和过氧化氢酶的变化

研究结果显示，不同盐度水平下，千屈菜叶片中丙二醛含量均在胁迫的第 2 天显著增加，且达到累积的最高水平，随着胁迫时间的延长呈下降趋势，整体上随盐度的增加这种变化就更为剧烈。千屈菜叶片中 CAT 含量在胁迫的前 8 天，整体随盐度的增加而增加，当丙二醛在胁迫的第 2 天达到累积最高水平时，而 CAT 直到第 5 天才达到最高水平，随后时间丙二醛含量下降，生物膜受伤害程度下降，CAT 的活性也随同下降。当盐度小于 0.5%时，植物体内可保持较好的代谢平衡，但随着盐度和胁迫时间的延长这种平衡会被打破，酶活不可逆转地下降，清除自由基功能也显著下降。当胁迫至第 11 天是植物体内丙二醛含量保持在较高的水平而酶活性显著下降。香蒲在盐度小于等于 0.3%时，叶片中丙二醛含量与对照相比没有明显差异。当盐度为 0.5%时，丙二醛含量随胁迫时间呈先上升后下降并趋于稳定的趋势。当盐度增加到 1.0%时，香蒲叶片组织中的丙二醛含量在胁迫初始的第 2 天就急剧上升，随着胁迫时间的增加，丙二醛含量有所下降，但下降幅度不大。香蒲在盐度小于等于 0.5%环境中可通过增加组织中 CAT 的含量来消除丙二醛累积对细胞膜系统的伤害，而当盐度增加到 1.0%时，香蒲组织中的 CAT 含量较对照没有显著增加。水葱在盐度小于 0.5%环境下，在胁迫的前 8 天，叶片组织中丙二醛含量接近对照水平，但当胁迫时间至第 8 天时，丙二醛含量急剧上升，且其后急剧下降并趋于稳定，随盐度增加下降幅度越大，影响越为显著。而当盐度为 1.0%时，丙二醛含量呈逐渐增加并趋于稳定的趋势。盐胁迫下水葱组织中 CAT 活性随盐度增加而增加，时间长同一盐度水平下，随时间呈先上升后下降的趋势。但盐度小于等于 0.5%时，CAT 活性的增加可消除由于盐胁迫增加的自由基，而当盐度为 1.0%时，随着胁迫时间的增加，平衡被破坏，CAT 失活，自由基的累积无法得到有效控制，使丙二醛含量保持在一个较高的水平。

3）不同盐度下挺水植物组织中叶绿素含量的变化

研究结果显示，在 0.3%盐度处理下，千屈菜叶片组织中叶绿素含量随时间呈先上升后下降的趋势，在地胁迫的第 8 天出现峰值，其后逐渐降低。当盐度为 0.5%时，在短期内（胁迫的前 5 天）比对照高出 8.5%，但随着时间的延长呈下降趋势。当盐度增加到 1.0%时，在短期内由于盐胁迫的刺激，植物体内叶绿素含量较对照有显著增加，胁迫第 5 天，较对照提高了 21.42%，随着胁迫时间的增加，叶绿素含量快速下降，并显著低于对照。香蒲在不同盐度处理中，叶片组织中叶绿素含量均随时间呈先上升后下降的趋势，且均低于对照。在盐度为 0.3%～0.5%时，水葱叶片组织中叶绿素含量随时间呈先上升后下降的趋势。当盐度达到 1.0%时，水葱叶片组织中叶绿素含量随时间呈下降的趋势，且胁迫时间越长下降幅度越大，从植物外部形态来看，水葱在此盐度下在胁迫的第 2 个星期已完全死亡。

从以上分析可以看出，千屈菜和水葱在短期低盐下可渐渐适应该环境，抗盐性有所提高，在此区间存在应激反应和适应的过程，叶绿素含量均高于对照，这可能是由于该水平下植株体吸水较为困难，而未对植物体造成伤害，叶绿素在植株体内相对含量升高造成的。但随着胁迫时间的延长特别是胁迫强度的增大，植物会受到损伤，叶绿素含量会急剧下降。而香蒲在盐胁迫造成了植物体的损伤，叶片叶绿素含量均低于对照。

（4）植物耐盐能力的综合评价

采用模糊数学隶属函数法对 4 种沉水植物的耐盐能力进行综合评价（表 4-19），结果表明川蔓藻＞篦齿眼子菜＞狐尾藻＞金鱼藻。采用模糊数学隶属函数对 3 种挺水植物进行综合评价表明（表 4-20），千屈菜＞香蒲＞水葱。

表4-19　不同盐度下 4 种沉水植物生理指标平均抗盐隶属值和综合评价值

|  | 川蔓藻 | 篦齿眼子菜 | 狐尾藻 | 金鱼藻 |
| --- | --- | --- | --- | --- |
| MDA | 0.57 | 0.24 | 0.42 | 0.45 |
| CAT | 0.31 | 0.55 | 0.23 | 0.13 |
| Pro | 0.41 | 0.42 | 0.33 | 0.37 |
| 叶绿素 | 0.39 | 0.29 | 0.46 | 0.37 |
| 累积抗盐隶属值 | 1.68 | 1.49 | 1.44 | 1.33 |
| 平均抗盐隶属值 | 0.42 | 0.37 | 0.36 | 0.33 |
| 排序 | 1 | 2 | 3 | 4 |

表 4-20　不同盐度下 3 种挺水植物生理指标平均抗盐隶属值和综合评价值

|  | 千屈菜 | 香蒲 | 水葱 |
| --- | --- | --- | --- |
| MDA | 0.55 | 0.33 | 0.64 |
| CAT | 0.43 | 0.58 | 0.42 |
| Pro | 0.44 | 0.34 | 0.32 |
| 叶绿素 | 0.52 | 0.63 | 0.31 |
| 累积抗盐隶属值 | 1.95 | 1.88 | 1.68 |
| 平均抗盐隶属值 | 0.49 | 0.47 | 0.42 |
| 排序 | 1 | 2 | 3 |

　　通过对植物外部形态和内部生理的综合评价，沉水植物中川蔓藻和篦齿眼子菜具有较宽的耐盐范围，在 1.0% 的盐度范围内，可作为沉水植物重建的先锋物种。当盐度降低时，在 0.75% 的盐度范围内，可以适当引种狐尾藻。对于挺水植物，千屈菜、芦苇和香蒲具有较宽的耐盐范围，在 1.0% 的盐度范围内可正常生长且其外部形态表现不影响景观观赏，可作为挺水植物引种的先锋植物；在 0.5% 的盐度水平下，除上述三种植物外，可引入水葱、黄花鸢尾和黑三棱，其中黄花鸢尾景观效果也非常好。与沉水和挺水植物相比，浮叶植物的耐盐性相对较差，在 0.5% 盐度水平下，可以荇菜作为浮叶植物的先锋物种。

### 4.2.1.2　盐度对水生植物吸收水中营养盐的影响

　　（1）试验材料与方法

　　根据前面研究结果，沉水植物选取川蔓藻、篦齿眼子菜、金鱼藻和狐尾藻，挺水植物选取千屈菜、香蒲和水葱；浮叶植物选取荇菜，考察上述植物在其能够生长的盐度水平下对营养盐的去除能力，为评价它们的生态功能提供参考。

　　将筛选出的沉水植物置于大烧杯中加水，其中川蔓藻和篦齿眼子菜设三个盐度梯度，分别为 0.5%、0.75% 和 1.0%；金鱼藻和狐尾藻设两个盐度梯度分别为 0.5% 和 0.75%。再生水初始水质指标为：COD：78 mg/L，TN：18.01 mg/L，$NH_4^+$-N：0.981 mg/L，TP：2.553 mg/L，$PO_4^{3-}$-P：2.09 mg/L。试验连续进行 7 d，每隔一天取水样进行测定。测定项目为 TN、$NH_4^+$-N、$NO_3^-$-N 和 $PO_4^{3-}$-P。

　　选择千屈菜、香蒲、黄花鸢尾、水葱 4 种挺水植物移栽于塑料桶中，其中千屈菜、水葱和香蒲均设置 4 个盐度水平，分别为 0%、0.3%、0.5% 和 1.0%；黄花鸢尾设置 3 个盐度水平，分别为 0%、0.3% 和 0.5%。试验周期为 1 个月，每 3 天取样一次，测定项目为 TN、$NH_4^+$-N、$NO_3^-$-N、TP 和 $PO_4^{3-}$-P。

　　（2）盐度对沉水植物去除营养盐的影响

　　1）盐度对川蔓藻去除营养盐的影响研究

　　图 4-20 为川蔓藻在 0.5%、0.75% 和 1.0% 三个盐度梯度下对水中氮、磷的去除效果。

由图可知，川蔓藻在耐盐范围内对水中营养盐均有一定的去除能力。其中对 $NH_4^+$-N 和 $PO_4^{3-}$-P 的去除效果较好，去除率达到 88%～95.8%。$NO_3^-$-N 的去除率在 43.7%～45.1%。但 TN、$NH_4^+$-N 和 $PO_4^{3-}$-P 的去除率差异显著。其中，当盐度为 0.75%时，TN 的去除率达到最大，再增加水体盐度，TN 去除率呈下降趋势。川蔓藻对 $NH_4^+$-N 的去除率随盐度的增加呈下降趋势，当水体含盐量由 0.5%增加到 1.0%时，$NH_4^+$-N 的去除率由 95.1%降到了 88.7%。当水体盐度≤0.75%时，川蔓藻对 $PO_4^{3-}$-P 的去除率无显著性差异，再增加盐度，$PO_4^{3-}$-P 的去除率显著下降。

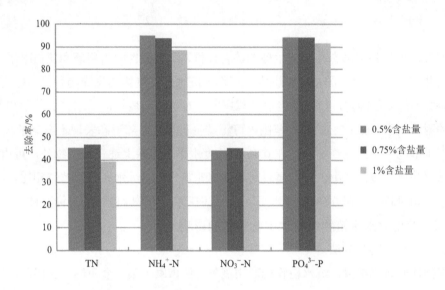

图 4-20  不同盐度下川蔓藻对水中氮、磷的去除

2）盐度对篦齿眼子菜去除营养盐的影响研究

图 4-21 为不同盐度对篦齿眼子菜去除水中氮、磷营养盐的效果分析。由图可知，篦齿眼子菜对在其耐盐生存范围内具有对水体中氮、磷去除的能力。与川蔓藻相似，对水体中 $NH_4^+$-N 和 $PO_4^{3-}$-P 的去除效果尤为显著，去除率达到 83%～99.0%。水体中盐度的增加对篦齿眼子菜吸收水中氮、磷等营养物质具有显著影响。由单因素方差分析表明，篦齿眼子菜对水体中 TN、$NH_4^+$-N、$NO_3^-$-N 和 $PO_4^{3-}$-P 的去除率在 3 个盐度水平下均具有显著性差异。其中 TN、$NH_4^+$-N、$NO_3^-$-N 的去除率均随盐度的增加而显著下降。而对于 $PO_4^{3-}$-P 的去除则呈现先上升后下降的趋势。当盐度≤0.75%时，篦齿眼子菜对 $PO_4^{3-}$-P 的去除率随盐度增加呈上升趋势，再增加盐度，当盐度达到 1.0%时，$PO_4^{3}$-P 的去除率显著下降。

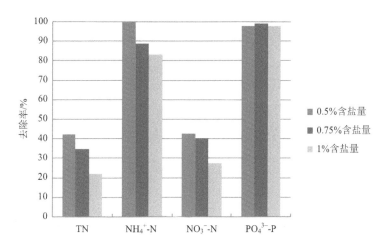

图 4-21 不同盐度下篦齿眼子菜对水中氮、磷的去除

3）盐度对金鱼藻去除营养盐的影响研究

不同盐度对金鱼藻去除水中氮、磷等营养物质的结果比较见图 4-22。由图可知，盐度对金鱼藻对去除水中的氮具有显著影响。水中 TN、$NH_4^+$-N、$NO_3^-$-N 的去除率在 2 个盐度水平下差异显著，均随盐度增加呈下降趋势。0.5%水平下，金鱼藻对 TN、$NH_4^+$-N、$NO_3^-$-N 的去除率分别为 34.8%、97.9% 和 39.8%，而 0.75%盐度水平下去除率则分别下降了 12.7%、14.5% 和 18.3%。与氮的去除不同，盐度对水中 $PO_4^{3-}$-P 的去除影响较小，0.75%盐度水平下的去除率较 0.5%水平有较小幅度的上升，但差异不显著。0.75%盐度水平下 $PO_4^{3-}$-P 的去除率平均为 86.3%。

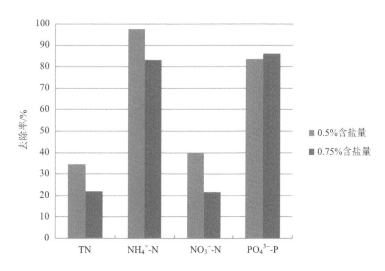

图 4-22 不同盐度下金鱼藻对水中氮、磷的去除

4）盐度对狐尾藻去除营养盐的影响研究

图 4-23 为不同盐度对狐尾藻去除水中氮、磷营养盐的比较结果。由图可知，狐尾藻对 TN、$NH_4^+$-N、$NO_3^-$-N 和 $PO_4^{3-}$-P 的去除率均随盐度的增加而降低。由单因素方差分析表明，2 个盐度水平下的去除率有显著差异。在 0.5% 盐度水平下，狐尾藻对 TN、$NH_4^+$-N、$NO_3^-$-N 和 $PO_4^{3-}$-P 的去除率分别为 46.4%、98.6%、35.7% 和 92.5%，而当盐度水平增加到 0.75% 时，狐尾藻对上述物质的去除率则较 0.5% 盐度时分别下降了 19.3%、13.3%、12.4% 和 2.6%。

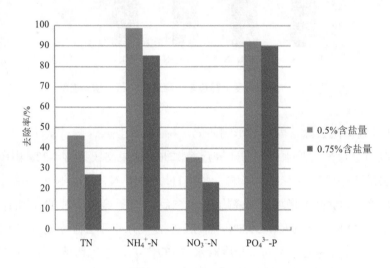

图 4-23　不同盐度下狐尾藻对水中氮、磷的去除

综合上述试验结果，在不同盐度下，四种沉水植物对水中氮、磷等营养物质具有良好的去除效果。其中，对 $NH_4^+$-N 和 $PO_4^{3-}$-P 的去除效果尤为显著。盐度的增加限制了四种沉水植物对水中氮的吸收和转化利用。四种沉水植物对 TN、$NH_4^+$-N、$NO_3^-$-N 的去除率均随盐度的增加而下降。但本试验所设定盐度对川蔓藻的影响最小，对篦齿眼子菜的影响其次，对金鱼藻和狐尾藻的影响最大。并且随着盐度的增加，四种植物的去除率差异越显著。分析原因与植物耐盐性有显著的相关性。

（3）盐度对挺水植物去除营养盐的影响

1）盐度对千屈菜去除营养盐的影响

由表 4-21 可知，盐度对千屈菜吸收水中的 $NH_4^+$-N 和 TN 有一定影响，当盐度≤0.5% 时，盐度的增加促进了千屈菜对 $NH_4^+$-N 和 TN 的吸收，$NH_4^+$-N 和 TN 的去除率随着盐度的增加呈上升趋势。水体中 $NH_4^+$-N 和 TN 的浓度由初始时的 39.00 mg/L 和 39.11 mg/L 分别下降至 1.38 mg/L 和 1.9 mg/L。而再提高盐度到 1.0% 时，千屈菜对 $NH_4^+$-N 和 TN 的去除率则显著下降。在试验设定盐度范围内（0%～1.0%），盐度增加可有效促进千屈菜对

$NO_3^--N$ 的吸收。水体中 $NO_3^--N$ 的去除率随盐度的增加而增加。由单因素方差分析表明，0%、0.3%、0.5%和 1.0%四个盐度水平间的 $NO_3^--N$ 去除率差异性显著（$p<0.05$）。1.0% 盐度时的 $NO_3^--N$ 去除率较 0%时增加了 26%。

表 4-21  千屈菜在不同盐度下对水体中氮的去除率

| 盐度 | TN 去除率/% | $NH_4^+-N$ 去除率/% | $NO_3^--N$ 去除率/% |
|---|---|---|---|
| 空白 | 47.26e | 52.60d | 10.14e |
| 0% | 91.91c | 92.98b | 23.68d |
| 0.3% | 93.94b | 92.79b | 31.96c |
| 0.5% | 96.76a | 95.56a | 42.63b |
| 1.0% | 86.82d | 89.46c | 49.71a |

注：每列上的值表示在不同盐度下对营养盐的平均去除率，其中同一列上平均值后是相同的字母，则表示不同盐度下植物对营养盐去除率差异不显著（$p \geqslant 0.05$），反之，差异显著（$p<0.05$）。

千屈菜的处理组在试验设定盐度范围内对 $PO_4^{3-}-P$ 和 TP 的去除率均较空白有显著提高。在低盐条件下（盐度≤0.3%），盐度对 $PO_4^{3-}-P$ 的影响不大。0%和 0.3%两个盐度下，试验结束时，$PO_4^{3-}-P$ 的去除率分别为 97.36%和 97.67%。经单因素方差分析表明，两个盐度的去除率差异不显著。再增加水体盐度则会限制千屈菜对 $PO_4^{3-}-P$ 的利用。此时，千屈菜对 $PO_4^{3-}-P$ 的去除率随盐度增加显著下降。当盐度为 1.0%时，试验结束时 $PO_4^{3-}-P$ 去除率降至 55.64%。

盐度对植物去除 TP 有显著影响。随着盐度的增加千屈菜对 TP 的去除率呈下降趋势，4 个盐度水平下的去除率差异性显著。第 19 天时，当盐度为 1.0%时，TP 去除率为 55.40%。在高盐条件下，无论是千屈菜的生长情况还是其生理结构均受到了不同程度的影响，并且随着盐度的增加其影响程度越显著，而这种影响会直接影响千屈菜对水体中磷的吸收（表 4-22）。

表 4-22  千屈菜在不同盐度下对水体中磷的去除率

| 盐度 | $PO_4^{3-}-P$ 去除率/% | TP 去除率/% |
|---|---|---|
| 空白 | −9.06d | 15.36e |
| 0% | 97.37a | 94.26a |
| 0.3% | 97.67a | 92.07b |
| 0.5% | 81.45b | 78.52c |
| 1.0% | 55.64c | 50.85d |

注：每列上的值表示在不同盐度下对营养盐的平均去除率，其中同一列上平均值后是相同的字母，则表示不同盐度下植物对营养盐去除率差异不显著（$p \geqslant 0.05$），反之，差异显著（$p<0.05$）。

2）盐度对香蒲去除营养盐的影响

与空白组相比，种有香蒲处理组在试验设定盐度范围内对水中 $NH_4^+$-N 和 TN 去除效果显著。当处理水体 $NH_4^+$-N 和 TN 初始浓度为 39 mg/L 和 39.11 mg/L 时，去除率可分别达到 96.83%～99.07%和 90.64%～98.47%。盐度对香蒲去除水中 $NH_4^+$-N 和 TN 有显著影响。随着水体中盐度增加 $NH_4^+$-N 和 TN 去除率呈下降趋势。经单因素方差分析表明，4 个盐度水平下 $NH_4^+$-N 和 TN 的去除率差异性显著（$p < 0.05$）。试验结束时（第 19 天）0%、0.3%、0.5%和 1.0%盐度下，水体中 $NH_4^+$-N 浓度为 0.369 mg/L、0.396 mg/L、0.586 mg/L 和 1.214 mg/L；水体中 TN 浓度为 0.594 mg/L、1.485 mg/L、2.079 mg/L 和 3.662 mg/L（表 4-23）。

表 4-23  香蒲在不同盐度下对水体中氮的去除率

| 盐度 | TN 去除率/% | $NH_4^+$-N 去除率/% | $NO_3^-$-N 去除率/% |
| --- | --- | --- | --- |
| 空白 | 47.26e | 52.60d | 10.14c |
| 0% | 98.48a | 99.07a | 52.17b |
| 0.3% | 96.20b | 98.83b | 52.18b |
| 0.5% | 94.69c | 98.46b | 55.37a |
| 1.0% | 90.64d | 96.83c | −124.63d |

注：每列上的值表示在不同盐度下对营养盐的平均去除率，其中同一列上平均值后是相同的字母，则表示不同盐度下植物对营养盐去除率差异不显著（$p \geqslant 0.05$），反之，差异显著（$p < 0.05$）。

在试验设定盐度范围（0%～1.0%）内，种有香蒲处理组对水中的 $PO_4^{3-}$-P 和 TP 具有较好的去除效果，较空白组有显著提高。由表 4-24 可知，盐度对香蒲吸收水中 $PO_4^{3-}$-P 和 TP 具有一定的影响。经单因素方差分析表明，当盐度≤0.5%时，不同盐度下香蒲对 $PO_4^{3-}$-P 和 TP 的去除率差异不显著，但高盐条件（1.0%）下的去除率与低盐（0%）条件的去除率差异显著（$p < 0.05$）。0.5%盐度下香蒲对水中 $PO_4^{3-}$-P 和 TP 的去除率分别为 99.15%和 97.03%，而当盐度增加到 1.0%时，$PO_4^{3-}$-P 和 TP 的去除率分别降到了 48.98%和 63.35%。

表 4-24  香蒲在不同盐度下对水体中磷的去除率

| 盐度 | $PO_4^{3-}$-P 去除率/% | TP 去除率/% |
| --- | --- | --- |
| 空白 | −9.06d | 15.36e |
| 0% | 99.58a | 99.75a |
| 0.3% | 99.17b | 97.38b |
| 0.5% | 99.19b | 97.07c |
| 1.0% | 48.80c | 63.34d |

注：每列上的值表示在不同盐度下对营养盐的平均去除率，其中同一列上平均值后是相同的字母，则表示不同盐度下植物对营养盐去除率差异不显著（$p \geqslant 0.05$），反之，差异显著（$p < 0.05$）。

3）盐度对水葱去除营养盐的影响

经单因素方差分析表明，0.3%和0.5%两个盐度下水葱对 $NH_4^+$-N 和 TN 的去除率高于0%，差异显著（$p<0.05$），但 0.3%和 0.5%之间的差异不显著。再增加水体盐度，水葱对 $NH_4^+$-N 和 TN 的去除率呈下降趋势，当盐度为 1.0%时，与 0.5%时差异显著，但与 0%时的去除率差异不显著。说明低盐环境可促进水葱对水中 $NH_4^+$-N 和 TN 的吸收，1.0%的高盐环境对其吸收 $NH_4^+$-N 和 TN 的影响不明显。经单因素方差分析表明，0%、0.3%和0.5%三个水平上 $NO_3^-$-N 去除率差异性显著（$p<0.05$）。当盐度达到 1.0%时，水葱对 $NO_3^-$-N 的去除率较 0.5%显著下降，但与 0.3%盐度时的去除率差异性不显著（表 4-25）。

表 4-25　水葱在不同盐度下对水体中氮的去除率

| 盐度 | TN 去除率/% | $NH_4^+$-N 去除率/% | $NO_3^-$-N 去除率/% |
| --- | --- | --- | --- |
| 空白 | 47.26c | 52.60c | 10.14e |
| 0% | 96.33b | 97.83b | 56.52d |
| 0.3% | 97.42a | 98.21a | 61.01b |
| 0.5% | 97.88a | 98.52a | 67.71a |
| 1.0% | 96.68b | 97.57b | 59.42c |

注：每列上的值表示在不同盐度下对营养盐的平均去除率，其中同一列上平均值后是相同的字母，则表示不同盐度下植物对营养盐去除率差异不显著（$p\geqslant0.05$），反之，差异显著（$p<0.05$）。

低盐（盐度≤0.3%）条件下，盐度的增加可有效促进水葱对水中磷的吸收，0.3%盐度下的去除率较 0%时显著提高，水体中 $PO_4^{3-}$-P 和 TP 的浓度可分别由初始时的 2.35 mg/L和 3.67 mg/L 下降到 0.02 mg/L 和 0.109 mg/L，去除率分别达到 9.14%和 97.04%。再提高水体盐度，当达到 0.5%时，水葱对磷的去除率显著下降，$PO_4^{3-}$-P 和 TP 的去除率分别降至 87.76%和 87.05%，与 0%相比去除率差异性显著（$p<0.05$）。当盐度达到 1.0%时，$PO_4^{3-}$-P和 TP 的去除率略有下降，但与 0.5%时相比差异不显著（表 4-26）。

表 4-26　水葱在不同盐度下对水体中磷的去除率

| 盐度 | $PO_4^{3-}$-P 去除率/% | TP 去除率/% |
| --- | --- | --- |
| 空白 | −9.06d | 15.36e |
| 0% | 95.79b | 95.12b |
| 0.3% | 99.14a | 97.04a |
| 0.5% | 87.76c | 87.05c |
| 1.0% | 87.31c | 86.26d |

注：每列上的值表示在不同盐度下对营养盐的平均去除率，其中同一列上平均值后是相同的字母，则表示不同盐度下植物对营养盐去除率差异不显著（$p\geqslant0.05$），反之，差异显著（$p<0.05$）。

4）盐度对黄花鸢尾去除营养盐的影响

在试验设定盐度范围内（0%～0.5%），种有黄花鸢尾处理组均能快速、高效地去除水中的 $NH_4^+$-N、TN 和 $NO_3^-$-N，且去除率均显著高于无植物的空白组。在 0%、0.3%和 0.5% 三个盐度水平下，黄花鸢尾对 TN 去除率随盐度增加而降低，经单因素方差分析表明，3 个水平下的 TN 去除率差异性显著（$p<0.05$）；对于 $NH_4^+$-N 的去除，水中盐度的存在限制了黄花鸢尾对 $NH_4^+$-N 的吸收，0%盐度显著高于 0.3%和 0.5%水平，但 0.3%和 0.5% 这 2 个盐度水平下的去除率差异性不显著。对于 $NO_3^-$-N 的去除，当盐度≤0.3%时，盐度的增加可有效促进植物对 $NO_3^-$-N 的吸收，黄花鸢尾对 $NO_3^-$-N 的去除率随盐度的增加呈上升趋势；而再增加水体的盐度，当盐度为 0.5%时，$NO_3^-$-N 的去除率显著下降（表 4-27）。

表 4-27　黄花鸢尾在不同盐度下对水体中氮的去除率

| 盐度 | TN 去除率/% | $NH_4^+$-N 去除率/% | $NO_3^-$-N 去除率/% |
| --- | --- | --- | --- |
| 空白 | 47.26d | 52.60c | 10.14d |
| 0% | 96.52a | 98.17a | 42.34b |
| 0.3% | 95.08b | 97.70b | 47.83a |
| 0.5% | 93.42c | 97.45b | 30.58c |

注：每列上的值表示在不同盐度下对营养盐的平均去除率，其中同一列上平均值后是相同的字母，则表示不同盐度下植物对营养盐去除率差异不显著（$p \geq 0.05$），反之，差异显著（$p<0.05$）。

由表 4-28 可知，在不同盐度下，黄花鸢尾可快速、高效地去除水体中 $PO_4^{3-}$-P 和 TP，去除率较空白组处理有显著提高。当盐度≤0.3%时，盐度增加对 $PO_4^{3-}$-P 的去除无显著影响，但当盐度增加到 0.5%时，黄花鸢尾对 $PO_4^{3-}$-P 的去除率显著下降，差异性显著（$p<0.05$）。对于 TP，盐度增加限制了黄花鸢尾对其的去除，TP 去除率随盐度的增加而下降，3 个水平下的去除率差异显著（$p<0.05$）。

表 4-28　黄花鸢尾在不同盐度下对水体中磷的去除率

| 盐度 | $PO_4^{3-}$-P 去除率/% | TP 去除率/% |
| --- | --- | --- |
| 空白 | −9.06c | 15.36d |
| 0% | 99.47a | 97.61a |
| 0.3% | 99.38a | 95.72b |
| 0.5% | 97.55b | 94.53c |

注：每列上的值表示在不同盐度下对营养盐的平均去除率，其中同一列上平均值后是相同的字母，则表示不同盐度下植物对营养盐去除率差异不显著（$p \geq 0.05$），反之，差异显著（$p<0.05$）。

5）不同盐度下挺水植物去除营养盐的比较

图4-24为四种挺水植物在不同盐度下对水中氮磷吸收的比较情况。在0%盐度水平下，四种植物对 $NH_4^+$-N 和 TN 的去除均为千屈菜＞黄花鸢尾＞香蒲＞水葱，对 $PO_4^{3-}$-P 的去除为千屈菜＞黄花鸢尾＞香蒲＞水葱，对 TP 的去除为千屈菜＞黄花鸢尾＞香蒲＞水葱，经显著性分析四种植物的去除效果差异显著（$p<0.05$）。综上，在0%盐度水平下，千屈菜可作为去除水中氮、磷的先锋植物。单位质量（鲜重）的千屈菜去除 $NH_4^+$-N、TN、$PO_4^{3-}$-P 和 TP 的量分别为 0.65 g/kg、0.64 g/kg、0.038 g/kg 和 0.059 g/kg。

在0.3%盐度水平下，四种植物对 $NH_4^+$-N、TN、$PO_4^{3-}$-P 和 TP 的去除均为香蒲＞黄花鸢尾＞千屈菜＞水葱。综上，在 0.3%盐度水平下，香蒲可作为去除水中氮、磷的先锋植物，其次是黄花鸢尾。单位质量（鲜重）的香蒲对去除 $NH_4^+$-N、TN、$PO_4^{3-}$-P 和 TP 的量分别为 0.66 g/kg、0.64 g/kg、0.040 g/kg 和 0.061 g/kg。

在0.5%盐度水平下，四种植物对 $NH_4^+$-N 的去除为千屈菜＞香蒲＞黄花鸢尾＞水葱，对 TN 的去除为千屈菜＞香蒲＞黄花鸢尾＞水葱，对 $PO_4^{3-}$-P 和 TP 的去除均为千屈菜＞香蒲＞黄花鸢尾＞水葱。综上，在 0.5%盐度水平下，千屈菜可作为去除水中氮、磷的先锋植物，其次是香蒲。单位质量（鲜重）的千屈菜去除 $NH_4^+$-N、TN、$PO_4^{3-}$-P 和 TP 的量分别为 0.64 g/kg、0.63 g/kg、0.034 g/kg 和 0.053 g/kg。

在 1.0%盐度水平下，黄花鸢尾不能存活，仅比较了千屈菜、香蒲和水葱三种植物的去除效果。由图4-24可知，三种植物对 $NH_4^+$-N 和 TN 的去除均为香蒲＞千屈菜＞水葱，对 $PO_4^{3-}$-P 的去除为千屈菜＞水葱＞香蒲，对 TP 的去除为水葱＞香蒲＞千屈菜。综上，在1.0%的高盐环境下，香蒲可作为去除水中氮、磷的先锋植物，单位质量（鲜重）的香蒲去除 $NH_4^+$-N、TN、$PO_4^{3-}$-P 和 TP 的量分别为 0.62 g/kg、0.58 g/kg、0.019 g/kg 和 0.038 g/kg。

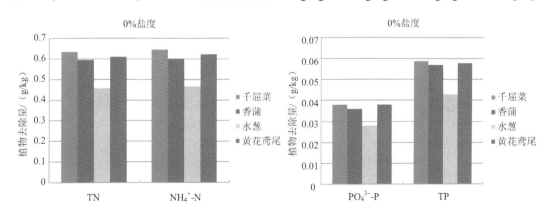

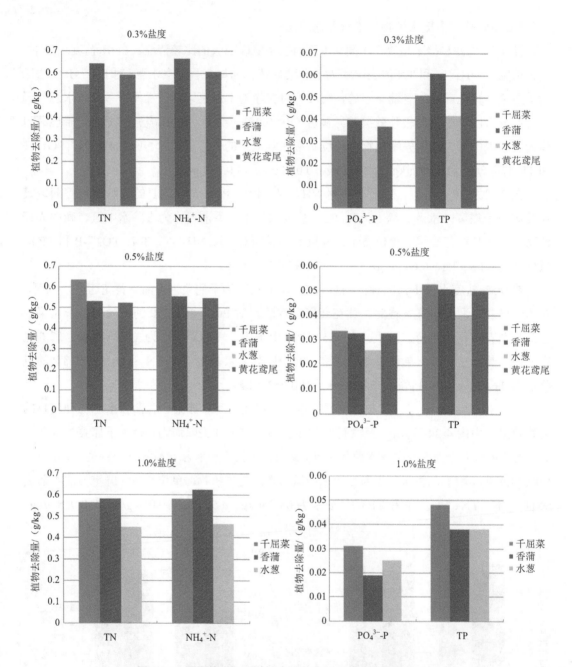

图 4-24　不同盐度下四种挺水植物在对水中氮、磷吸收比较

（4）盐度对浮叶植物去除营养盐的影响

由图 4-25 可知，盐度对荇菜 $NH_4^+$-N 的去除影响较大，且不种植荇菜的系统对氨氮的平均去除率也显著高于在 0.5%盐浓度下的平均去除率。在 0.05%盐浓度下，荇菜对 $NO_3^-$-N 不但没有去除，反而积累，在不种植荇菜的系统也发生 $NO_3^-$-N 积累的现象，随着盐浓度

的增加，NO$_3^-$-N 的平均去除率增加，达到 20.2%。而在种植四种挺水植物的体系中，均表现出 NO$_3^-$-N 去除率随盐度的增加而增加。系统对 TN 和 TP 的去除效果均较差，在 0.05% 和 0.5%盐浓度下，TN 浓度分别由 10.6 mg/L 降至 7.1 mg/L 和 10.3 mg/L，TP 的浓度则由 4.9～5.1 mg/L 降至 4.6 mg/L。

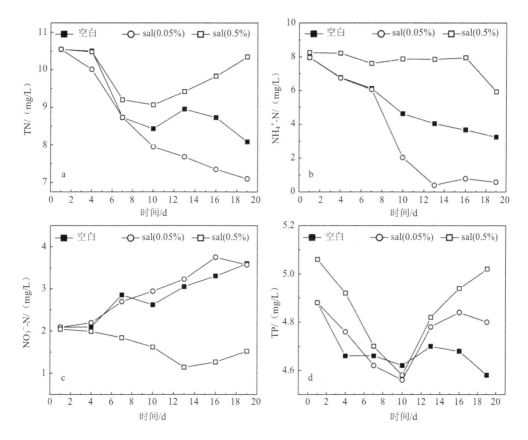

图 4-25　在不同盐度水平下荇菜对富营养化水中 TN、NH$_4^+$-N、NO$_3^-$-N 和 TP 去除过程

### 4.2.1.3　沉水植物配置水质净化功能研究

（1）试验材料与方法

篦齿眼子菜、川蔓藻、金鱼藻和狐尾藻四种沉水植物均可在较高的盐度条件下正常生长，且在其存活范围内对水体中的氮、磷等营养物质有较好的去除效果。通过对野外沉水植物调查，其中川蔓藻比较少，在后续的大规模应用中不易获得，所以本次沉水植物配置的试验中仅选择了篦齿眼子菜、金鱼藻和狐尾藻三种植物。

本次沉水植物配置试验研究共设 5 个处理组，分别为空白（无植物，仅有石英砂）、金鱼藻+狐尾藻、金鱼藻+篦齿眼子菜、狐尾藻+篦齿眼子菜、金鱼藻+狐尾藻+篦齿眼子菜。使用玻璃缸进行试验。每个处理组中植物种植密度均为 5 g/L，其中金鱼藻+狐尾藻、金鱼藻+篦齿眼子菜组合中两种植物的种植比例为1∶1，金鱼藻+狐尾藻+篦齿眼子菜组合中三种植物的种植比例为1∶1∶1。试验周期为3个星期，试验过程中每隔3天取样一次进行水质检测，每次取样200 mL，检测项目为总氮、总磷、氨氮、磷酸盐和叶绿素。

（2）沉水植物不同配置对氮的去除效果

如表4-29所示，试验周期内沉水植物的4种配置方式的处理组均可快速、高效地去除水体中的$NH_4^+$-N和TN，且去除率明显高于无植物的空白组。在4种配置中，对$NH_4^+$-N和TN的去除效果最好的是狐尾藻和篦齿眼子菜的组合，该组合对$NH_4^+$-N和TN的去除率可分别达到94.45%和87.8%。水体中$NH_4^+$-N和TN的含量由初始时的3.21 mg/L和3.69 mg/L分别下降至0.178 mg/L和0.45 mg/L。

5种配置方式对$NH_4^+$-N和TN的去除率大小依次为：狐尾藻+篦齿眼子菜＞金鱼藻+狐尾藻＞金鱼藻+篦齿眼子菜＞金鱼藻+狐尾藻+篦齿眼子菜＞空白。经差异性显著性分析，5个处理组对$NH_4^+$-N和TN的去除率差异显著（$p < 0.05$）。

表4-29　沉水植物不同配置对水体中氮的去除率

| 盐度 | TN 去除率/% | $NH_4^+$-N 去除率/% |
| --- | --- | --- |
| 空白 | 43.09 e | 62.62 e |
| 金鱼藻+狐尾藻 | 85.36 b | 91.28 b |
| 金鱼藻+篦齿眼子菜 | 79.76 c | 90.47 c |
| 狐尾藻+篦齿眼子菜 | 87.80 a | 94.45 a |
| 金鱼藻+狐尾藻+篦齿眼子菜 | 75.59 d | 88.88 d |

注：每列上的值表示在不同盐度下对营养盐的平均去除率，其中同一列上平均值后是相同的字母，则表示不同盐度下植物对营养盐去除率差异不显著（$p \geqslant 0.05$），反之，差异显著（$p < 0.05$）。

（3）沉水植物不同配置对磷的去除效果

表4-30为沉水植物不同配置去除水体中磷的汇总表。由表4-30可以看出，在试验周期内，4种沉水植物配置的处理均能较好地去除水体中的$PO_4^{3-}$-P和TP，且去除率较无植物的空白组有显著提高。其中TP去除率最好的配置是狐尾藻+篦齿眼子菜，水体中TP浓度由初始时的1.45 mg/L下降到0.074 mg/L，TP去除率为94.90%。经显著性方差分析，各配置处理间去除率差异显著。各处理组对水体中TP去除效果的大小依次为：狐尾藻+篦齿眼子菜＞金鱼藻+狐尾藻＞金鱼藻+狐尾藻+篦齿眼子菜＞金鱼藻+篦齿眼子菜＞空白。

4种沉水植物配置中对$PO_4^{3-}$-P去除率最好的配置是金鱼藻+狐尾藻+篦齿眼子菜，水体中$PO_4^{3-}$-P浓度由初始时的0.90 mg/L下降到0.021 mg/L，去除率为97.67%。经显著性方差分析，各处理组间的去除率差异显著。试验设置4种沉水植物配置对水体中$PO_4^{3-}$-P去除效果的大小依次为：金鱼藻+狐尾藻+篦齿眼子菜＞狐尾藻+篦齿眼子菜＞金鱼藻+篦齿眼子菜＞金鱼藻+狐尾藻＞空白。

表 4-30　沉水植物不同配置对水体中磷的去除率

| 盐度 | TP 去除率/% | $PO_4^{3-}$-P 去除率/% |
|---|---|---|
| 空白 | 32.55 e | 44.67 e |
| 金鱼藻+狐尾藻 | 89.72 b | 92.78 d |
| 金鱼藻+篦齿眼子菜 | 91.17 d | 93.44 c |
| 狐尾藻+篦齿眼子菜 | 94.90 a | 95.78 b |
| 金鱼藻+狐尾藻+篦齿眼子菜 | 92.76 c | 97.67 a |

注：每列上的值表示在不同盐度下对营养盐的平均去除率，其中同一列上平均值后是相同的字母，则表示不同盐度下植物对营养盐去除率差异不显著（$p \geqslant 0.05$），反之，差异显著（$p < 0.05$）。

#### 4.2.1.4　挺水植物配置水质净化功能研究

（1）试验材料与方法

根据耐盐挺水植物筛选结果，选取在 0.6%盐度下可以存活的植物芦苇、千屈菜、香蒲、水葱和黄花鸢尾 5 种挺水植物进行植物配对水体净化效果的研究。组配方式见表 4-31。每个组配种植株总数均定为 10 棵。试验周期为 1 个月，每隔 7 天取一次水样，检测项目为 TN、TP、$NH_4^+$-N、$PO_4^{3-}$-P 和 $NO_3^-$-N。

表 4-31　挺水植物组配

| 编号 | 挺水植物 A | 植株数量/棵 | 挺水植物 B | 植株数量/棵 |
|---|---|---|---|---|
| EV1 | 芦苇 | 5 | 香蒲 | 5 |
| EV2 | 芦苇 | 5 | 黄花鸢尾 | 5 |
| EV3 | 黄花鸢尾 | 5 | 千屈菜 | 5 |
| EV4 | 芦苇 | 5 | 千屈菜 | 5 |
| EV5 | 千屈菜 | 5 | 水葱 | 5 |
| EV6 | 千屈菜 | 5 | 芦苇 | 5 |
| EV7 | 黄花鸢尾 | 5 | 水葱 | 5 |
| CK | — | — | — | — |

（2）挺水植物不同配置对水质净化能力研究

表 4-32 为 28 d 时不同处理组中氮、磷等营养物质的去除效果。由表 4-32 分析：

（a）不同处理组对 TP 的去除率由大到小的顺序为：芦苇+千屈菜＞芦苇+香蒲＞芦苇+黄花鸢尾＞黄花鸢尾+千屈菜＞千屈菜+水葱＞芦苇+水葱＞黄花鸢尾+水葱＞CK。其中，黄花鸢尾+千屈菜、千屈菜+水葱和芦苇+水葱 3 个配置的 TP 去除率差异不显著。

（b）不同处理组对 TN 的去除率由大到小的顺序为：芦苇+香蒲＞千屈菜+水葱＞芦苇+黄花鸢尾＞芦苇+千屈菜＞芦苇+水葱＞黄花鸢尾+千屈菜＞黄花鸢尾+水葱＞CK。其中，芦苇+香蒲和千屈菜+水葱 2 个配置处理组间的去除率差异不显著，芦苇+黄花鸢尾和芦苇+千屈菜 2 个配置处理组间的去除率差异不显著。

（c）不同处理组对 $NH_4^+$-N 的去除率由大到小的顺序为：芦苇+黄花鸢尾＞芦苇+香蒲＞千屈菜+水葱＞芦苇+千屈菜＞黄花鸢尾+千屈菜＞芦苇+水葱＞黄花鸢尾+水葱＞CK。其中，芦苇+香蒲和千屈菜+水葱 2 个配置组间的 $NH_4^+$-N 去除率无显著性差异；黄花鸢尾+千屈菜和芦苇+水葱两个处理组间的去除率差异不显著。

（d）不同处理组的 $NO_3^-$-N 去除率由大到小的顺序为：千屈菜+水葱＞芦苇+千屈菜＞芦苇+香蒲＞芦苇+黄花鸢尾＞黄花鸢尾+千屈菜＞芦苇+水葱＞黄花鸢尾+水葱＞CK。其中，芦苇+千屈菜、芦苇+香蒲和芦苇+黄花鸢尾 3 个处理组间的去除率差异不显著；芦苇+水葱和黄花鸢尾+水葱 2 个处理组间的去除率差异不显著。

（e）不同处理组的 $PO_4^{3-}$-P 去除率由大到小的顺序为：芦苇+香蒲＞黄花鸢尾+千屈菜＞芦苇+黄花鸢尾＞芦苇+水葱＞千屈菜+水葱＞芦苇+千屈菜＞黄花鸢尾+水葱＞CK。其中，芦苇+黄花鸢尾和黄花鸢尾+千屈菜 2 个处理组间的去除率差异不显著，其他处理组间的差异显著。

表 4-32　不同挺水植物配置中氮、磷去除率　　　　　　　　　单位：%

| 序号 | 配置方式 | TP | TN | $NH_4^+$-N | $NO_3^-$-N | $PO_4^{3-}$-P |
|---|---|---|---|---|---|---|
| EV1 | 芦苇+香蒲 | 83.15 | 81.65 | 84.74 | 77.77 | 79.27 |
| EV2 | 芦苇+黄花鸢尾 | 81.21 | 79.81 | 88.18 | 76.36 | 76.89 |
| EV3 | 黄花鸢尾+千屈菜 | 77.83 | 74.49 | 71.66 | 74.59 | 77.04 |
| EV4 | 芦苇+千屈菜 | 87.72 | 79.45 | 74.15 | 78.19 | 65.07 |
| EV5 | 千屈菜+水葱 | 77.23 | 81.41 | 84.56 | 81.11 | 72.89 |
| EV6 | 芦苇+水葱 | 76.20 | 77.15 | 71.75 | 65.45 | 74.16 |
| EV7 | 黄花鸢尾+水葱 | 53.26 | 58.92 | 65.44 | 64.23 | 53.67 |
| CK | — | 6.00 | 1.45 | 3.77 | −5.08 | −11.36 |

综合上述分析结果，芦苇+香蒲、芦苇+千屈菜、芦苇+黄花鸢尾、千屈菜+水葱这几种群落结构是较理想的修复富营养化水体的植物配置模式，可在实践中进行推广应用。

## 4.2.2 宽河槽湿地区域现状分析及评估

### 4.2.2.1 宽河槽湿地基本特征

独流减河宽河槽湿地位于独流减河下游，西起万家码头大桥，东至东千米桥，起止桩号为 42+826～61+770，长 18.944 km，面积 78.5 km²。地势自北西向南东微倾，地面坡度一般小于 1/5 000。河道内地势中间滩地高，向左右堤两侧地势较低，地形高程在 1.32～3.90 m。

独流减河宽河槽湿地上段西起万家码头大桥，东至十里横河，起止桩号为 42+826～52+964，长 10.138 km，面积 39.20 km²。河道内地势中间滩地高，向左右堤两侧地势较低，地形高程在 2.1～3.97 m，大部分滩地地面高程 2.3～2.8 m，局部洼地高程在 −0.49～0.37 m，平均地形高程为 2.68 m。另外，湿地内土埝纵横交错，共计 95 条，总长 90.3 km。土埝高低不平，宽窄不一，埝顶高程 2.51～5.63 m，宽 2.2～14.6 m，坡比为 1∶0.5～1∶1.0。湿地内现状分布有乱掘地、鱼塘、在建鱼塘以及保存完好的自然滩地。

### 4.2.2.2 宽河槽湿地工艺流程选择

（1）湿地净化机理

湿地是由透水性强的基质、水生植物、微生物和水体四部分组成，各部分相互作用，构成了一个复杂的生态系统。水体中的营养物质通过过滤、吸附、沉淀、植物吸收以及微生物降解等途径实现高效的分解与净化。

1）湿地中氮的循环

水中的氮主要包括无机氮和有机氮。无机氮包括 $NH_3\text{-}N$、亚硝酸盐氮（$NO_2^-\text{-}N$）和硝酸盐氮（$NO_3^-\text{-}N$）。有机氮包括尿素、氨基酸、嘌呤和嘧啶。湿地除氮的途径主要为：植物的吸收、氨的挥发、介质的吸附以及微生物的硝化反硝化脱氮。

A．植物吸收：水中的无机氮可以直接被植物合成蛋白质等有机氮，通过植物收割从系统中去除，此外在植物根区可为硝化和反硝化细菌提供适宜环境。植物在氮素去除过程中具有重要意义。

B．氨挥发：氨以离子态（$NH_4^+$）和气态（$NH_3$）存在，不同状态的比例取决于 pH 值。根据下面平衡式：

$$NH_3+H_2O = NH_4^++OH^-$$

当 pH 值为 9.3 时，氨和铵离子比例为 1∶1 时，通过挥发造成氨氮损失才开始变得显著，但在湿地中水体的 pH 一般不会超过 8.0，因此，湿地中通过挥发损失氨氮的作用可以忽略不计。

C．介质吸附：介质的吸附主要是对还原态氨氮而言的。土壤具有吸附特征。当水体经过时可以靠土壤的吸附作用而得到净化，黏土含量高的土壤对 $NH_4^+$ 还有离子交换作用，但一旦离子交换能力丧失，黏土结构将被破坏，实际上大量的氨又释放到水相中。因此，不能认为土壤是氨氮长期的汇。

D. 微生物转化：湿地系统中的氮主要通过微生物去除，微生物对氮的去除主要是通过硝化或反硝化过程来完成的。氨化反应指有机氮化合物在氨化菌作用下分解转化为氨氮。好氧和厌氧环境均可产生氨化作用，但由于厌氧环境中异氧菌分解效率较低，因此氨化作用较慢。硝化反应指硝化反应在有氧环境中进行，首先在亚硝化菌的作用下，使氨氮转化为亚硝酸盐氮，继而，亚硝酸盐氮在硝化菌的作用下进一步转化为硝酸盐氮。表述如下：

$$NH_4^+ + 1.5O_2 = NO_2^- + 2H^+ + H_2O$$

$$NO_2^- + 0.5H_2O = NO_3^-$$

$$NH_4^+ + 2O_2 = NO_3^- + 2H^+ + H_2O$$

反硝化反应：反硝化作用发生在缺氧环境，反硝化菌将硝酸盐还原为 NO、$N_2O$ 和 $N_2$。一般情况下，终极产物为 $N_2$。

$$6CH_2O + 4NO_3^- = 6CO_2 + 2N_2 + 6H_2O$$

通过以上分析，湿地脱氮正是在以上多重因素协调作用下完成的，但在湿地系统中脱氮过程究竟是植物吸收还是微生物协同及降解起主导作用，是当前研究的热点。有研究者在相同条件下对潜流湿地系统中各因素对 TN 去除率的贡献率进行研究得出：潜流型人工湿地中除了出水带出的 34% 总氮以及小于 0.5% 的氨氮挥发直接去除，大部分总氮的去除都是由湿地植物和微生物共同完成的。其中，无植物条件下基质微生物可同化降解去除总氮的 30% 左右，种植植物后，微生物降解作用共占 52%。可见，湿地中微生物同化及降解起主导作用，而湿地植物直接吸收量占 13% 左右，植物根系微生物同化及降解去除为 22% 左右。所以，植物虽然直接吸收有限，但种植植物后发挥的总作用使湿地脱氮提高了 35% 左右，在整个脱氮系统中所起的作用是不可忽视的。

2）湿地中磷的循环

进入湿地中的磷按形态分为有机磷和无机磷，按溶解性分为溶解磷和颗粒磷。磷在湿地中的去除作用主要有植物吸收、基质吸附沉淀以及微生物的同化。

A. 植物吸收作用：一方面，水中的无机磷在植物的吸收和同化作用下，被合成 ATP、DNA 和 RNA 等有机成分，通过对植物的收割使磷从系统中除去，但是植物的吸收只占很少的部分；另一方面，植物的根区为微生物生存和降解营养物质提供了必要的场所和好氧、厌氧条件，使磷转化反应的氧化还原电位上升，固定土壤中的水分，圈定污染区，防止污染源进一步扩散，维持介质的水力运输。

B. 微生物作用：磷的另一去除途径是通过微生物对磷的正常同化吸收、聚磷菌对磷的过量积累。聚磷菌在好氧条件下，过量摄取 $H_3PO_4$，在厌氧条件下，释放 $H_3PO_4$；微生物除磷主要是通过对磷的过量累积来完成的。至于有机磷及溶解性较差的无机磷酸盐必须经过磷细菌的代谢活动，将有机磷化合物转化成磷酸盐，将溶解性差的磷化合物溶解，才能除去水中的磷。

C. 基质对磷的固定作用：基质对磷的固定是整个湿地去除水中磷的重要基础。当含磷的水体流过湿地后，磷大部分被吸附沉降于基质组分中，基质组分与磷反应并将其移出水体，成为生物不容易利用的形态。湿地中磷的固定，除了通过生物同化作用变为有机态外，磷的吸附固定机制还包括物理吸附、化学吸附和物理化学吸附。一般认为人工湿地系统对磷的去除途径主要是基质的吸附和沉淀作用。

3）水生植物的抑藻功能

水生植物对藻类的抑制机理主要包括以下 3 个方面：

一是通过营养竞争抑制藻类生长。在生态系统中，水生植物和藻类处于同一级生态位，都是水生态系统中的生产者，需通过光合作用合成有机物质，同时吸收水体或底质中的氮、磷营养盐。因此，水生植物可通过营养竞争来抑制藻类生长。

二是通过化感作用抑制藻类生长。植物化感作用是指大型水生植物通过生长代谢过程释放某些化学物质，抑制藻类及细菌生长的现象。如李志炎等研究表明，灯芯草可从根部释放抗生素，当污水经过灯芯草植被后，一系列细菌如大肠杆菌、沙门氏菌属和肠球菌明显消失。何池全等发现挺水植物石菖蒲从根系向水体分泌化学物质抑制藻类生长，戴树桂等从香蒲提取物中分离出了克藻化合物，并对比了对不同的藻类抑制效果，鲜启鸣等研究发现金鱼藻、苦草、伊乐藻、微齿眼子菜等具有较好的克藻效应。

三是通过光竞争抑制藻类生长。光照、温度和营养盐是藻类生长必不可少的三个条件。而水生植物特别是挺水植物，由于其发芽早、生长快，在藻类尚未暴发前即可郁闭，到达水面的光照强度大幅度降低，从而使藻类因缺少光照而无法生长。部分研究结果表明，水生植物覆盖率达到30%时，即可起到明显的抑藻效果。

水生植物的抑藻功能已得到学术界的一致认可，大量实践表明，水生植物发达的区域，藻类密度均较低，不会出现藻类暴发的现象。水生植物的抑藻功效很难进行定量预测。

（2）工艺方案选择

从海河现状水质分析，海河现状水质总体为劣V类，主要以氮、磷污染为主，并且总氮中氨氮约占 50%，因此对来水中的氨氮需要通过好氧环境转化为硝态氮，然后连同来水中的硝态氮通过植物吸收和反硝化作用转化为氮气去除；而对来自水中的磷可通过湿地内植物的吸收同化作用及基质的吸附沉淀作用去除。

独流减河宽河槽现状分布有鱼塘、乱掘地以及良好的芦苇滩地，因此，结合宽河槽现有地形条件，利用宽河槽前面的北深槽作为沉淀区域，沉降来水泥沙，提高水体透明度，减少湿地淤积，为植物生长创造条件。

利用现有的芦苇滩地作为近表流自然湿地，该系统中水深较浅，一般在 0.2～0.7 m，阳光能透入土壤表面，水体中存在藻、菌及原生动物的共生系统，在阳光照射时间内，塘内生长的藻类在光合作用下，释放出大量的氧，塘表面也由于风力的搅动进行自然复氧，同时湿地表面种植大量的挺水植物，氧依靠植物根系进行传输，使塘水保持良好的好氧状态，好氧型的异氧微生物通过本身的代谢活动对有机物（COD）和氨氮具有良好的去除效果。表流近自然湿地依靠植物根系的吸收、土壤吸附以及植物和土壤颗粒表面的微生物活动实现对污染物的降解，同时，湿地内植物还可以美化景观，为野生动物提供良好的栖息场所。表流湿地技术是目前国内外应用最为广泛的生态工程技术，不仅在控制水体污染方面在生态系统的修复领域的应用也极为广泛。

独流减河宽河槽现有鱼塘在 1.5 m 左右，可利用现有鱼塘作为兼氧稳定塘。兼氧稳定塘水深一般在 1.5～2.5 m，从塘面到 0.5 m 左右塘水溶解氧比较充足，呈好氧状态，而塘底呈厌氧状态，介于好氧和厌氧之间为兼氧区，存活了大量的兼氧微生物，这一类微生物既能利用水中游离的分子氧，也能在厌氧条件下从 $NO_3^-$ 和 $CO_2$ 中摄取氧。因此，可将该兼氧稳定塘置于表流近自然湿地下游，利用兼氧稳定塘的缺氧环境进行反硝化反应，实现对 TN 的去除。同时在兼氧稳定塘内种植适宜的沉水植物，沉水植物腐烂可以为反硝化反应提供所需的碳源。

综上可知，结合海河水质特征及现有地形条件，可采用表流近自然湿地与兼氧稳定塘耦合的工艺。该工艺可克服单一技术抗干扰能力差、植物的生活型结构较为单一、出水水质不稳定、可持续性低、受季节等因素的影响大的缺点，实现出水氮磷的稳定达标。同时，通过表流近自然湿地和稳定塘的构建，培植水质净化能力强的多年生水生植物，优化配置立体的、全方位的水生植物群落结构（包括挺水植物、浮叶植物和沉水植物），当水生植物群落健康、稳定后，适当投加直接或间接以水生植物为食的水生动物（包括底栖动物和鱼类），逐步完善湿地系统的食物链网，通过食物链的作用控制水生植物和微生物的过量增长，维持系统的稳定运行。

（3）工艺流程

按照湿地生态修复与水质净化相协调、节能降耗、因地制宜、管理简便的设计原则，将独流减河宽河槽分为水量调节区、表流近自然湿地区和兼氧型稳定塘区三个功能区域。工艺流程见图 4-26。

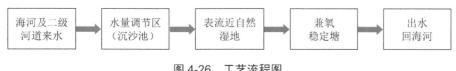

图 4-26　工艺流程图

三个区域由隔埝分隔开，整体成串联式连接，水量调节区位于最上游，起泥沙沉降、水质均化和预增氧的作用；表流近自然湿地位于水量调节区的下游端，起好氧和硝化降解的作用；兼氧型稳定塘净化区位于系统的最下游，起兼氧、厌氧和反硝化作用。三个区域在空间上相互独立、功能上互为补充，通过不同功能区的协同作用，实现对污染物的高效去除，并提高湿地系统的生物多样性和稳定性。

## 4.2.3　人工湿地流场方案设计与流场模拟

### 4.2.3.1　布置方案设定

净化区按垂直河道轴线横向分区，则横向隔埝条数和长度均多于纵向隔埝，不利于独流减河行洪；平行于河道轴线纵向分区，则横向隔埝条数和长度均少于纵向隔埝，有利于独流减河行洪。因此，在满足湿地水流均匀分布的前提条件下，结合湿地进出水口的位置、地形地貌、土地权属以及现有鱼塘和土埝的分布，对净化区的分区布置，拟定以下 3 个方案进行比选。

（1）方案一

在东台子泵站上游 360 m（河道桩号 43+431）和洪泥河首闸下游 33 m 的独流减河北深槽内新建 1#、2#隔水埝，将湿地进、出水流道分开，埝长分别为 436 m 和 223 m，顶宽 5 m，高程 3.1 m 以上坡比 1∶3，高程 3.1 m 以下坡比 1∶5；自 1#隔水埝南端起，在宽河槽的滩地上修筑围埝，围埝与北深槽上口边线大致平行（距上口边线 12～28 m），至北深槽折角突变处，埝线与弧形土埝大致垂直，至弧形土埝后利用现有土埝修筑围埝，至南深槽附近折向东南，埝线与北深槽槽上口边线大致平行（距上口 29～85 m，此处为南深槽扩挖预留地），至十里横河西侧折向北，沿十里横河西岸筑埝，至北深槽南侧，利用与北深槽、天津市土地整理中心交界鱼塘围埝修筑围埝至 2#隔水埝南段，与 2#隔水埝相接，围埝长 26.076 km，埝宽 5 m，坡比 1∶2.5。1#、2#隔水埝与围埝形成的封闭区域即为湿地净化区域，面积为 26.72 km²，计入北深槽出水段 1.1 km²，湿地面积 27.82 km²。

在弧形土埝东侧设布水埝，布水埝与该段围埝平行，埝距 42.9 m，长 3.111 km，其中布水埝首段 0.25 km 利用现有土埝改造而成，埝宽 4 m，坡比 1∶2.5。以布水埝为界，以西为水量调节区，面积 1.71 km²；以东为净化区，面积 25.01 km²。为便于水流均匀进入净化区，在布水埝与围埝之间的狭长区域内开挖布水渠，长 2.39 km，底宽 30 m，纵坡 1/100 000。布水埝布设溢流堰，控制进水水位和流量。

现状苇地地形高程大部分在 2.4～2.9 m，根据鱼塘分布情况，按照长宽比不应小于 3：1、表流近自然湿地与兼性稳定塘的面积比在 2：1 左右的原则，从布水埝的桩号 T0+686、T2+088 起，分别至湿地内部鱼塘的南、北拐角新筑隔埝，再分别利用现有鱼塘土埝修筑隔埝，分别至围埝的 W23+171、W20+817，将净化区分为 3 个相对独立的分区。在每个分区内部，利用区内鱼塘和苇地的现有土埝改造为隔埝，将分区分为表流近自然湿地和兼性稳定塘，并在隔埝上设溢流堰使之串联。分区隔埝共设 5 条，总长 19.52 km，顶宽 4 m，坡比 1：2.5。在 3 个分区尾部与北深槽相接的围埝上，设穿堤涵闸，控制出水水位及流量。

为保证湿地水流均匀分布，对苇地、鱼塘内现有土埝拆除处理，苇地土埝拆至 2.9 m，鱼塘土埝拆至 2.6 m，拆除现有土埝 45 条，总长 54.012 km。为便于湿地内部水生植物管理和病虫害防治，结合现有苇地内排水沟的现状布局，对 11 条断面过小的排水沟进行扩挖改造为连通渠，总长 9.732 km，新挖 1 条，长 0.754 km。渠底宽 2 m，边坡 1：1.5，渠底高程 1.7 m。

（2）方案二

北深槽隔水埝、围埝和布水埝的布置均与方案一相同。从布水埝的桩号 T0+895、T2+065 起，分别至湿地内部鱼塘的南、北拐角新筑隔埝，再分别利用现有鱼塘土埝修筑隔埝，分别至围埝的 W20+817、W15+085，将净化区分为 3 个分区。利用 1、2 分区内鱼塘和苇地的现有土埝改造为隔埝，将 1、2 分区分为表流近自然湿地和兼性稳定塘，3 分区与 2 分区的表流近自然湿地共用 2 分区的兼性稳定塘，并在隔埝上设溢流堰使之串联。分区隔埝共 4 条，总长 16.163 km，埝顶宽 4 m，坡比 1：2.5。在 1、2 分区与北深槽相接的围埝上设穿堤涵闸，控制出水水位及流量。

苇地、鱼塘内现有土埝拆除处理措施与方案一相同，拆除现有土埝 45 条，总长 57.064 km。排水沟扩挖方案与方案一相同。

（3）方案三

北深槽隔水埝、围埝和布水埝的布置均与方案一相同。自围埝桩号 24+150 起，至围埝桩号 15+085，利用现有鱼塘土埝修筑隔埝，将净化区分为表流近自然湿地和兼性稳定塘。按照长宽比不应小于 3：1 的原则，从布水埝的桩号 T0+985、T1+940 起，分别至湿地内部鱼塘的南、北两角新筑隔埝，将表流近自然湿地分为 3 个分区，3 个表流近自然湿地分区共用 1 个兼性稳定塘。分区隔埝共 3 条，总长 15.599 km，顶宽 4 m，坡比 1：2.5。在表流近自然湿地和兼性稳定塘之间的隔埝上设溢流堰，并在兼性稳定塘与北深槽相接的东北段围埝上设穿堤涵闸，控制出水水位及流量。

苇地、鱼塘内现有土埝拆除处理措施与方案一相同，拆除现有土埝 45 条，总长 57.503 km。排水沟扩挖方案与方案一相同。

各方案的总体布置见图 4-27～图 4~32。

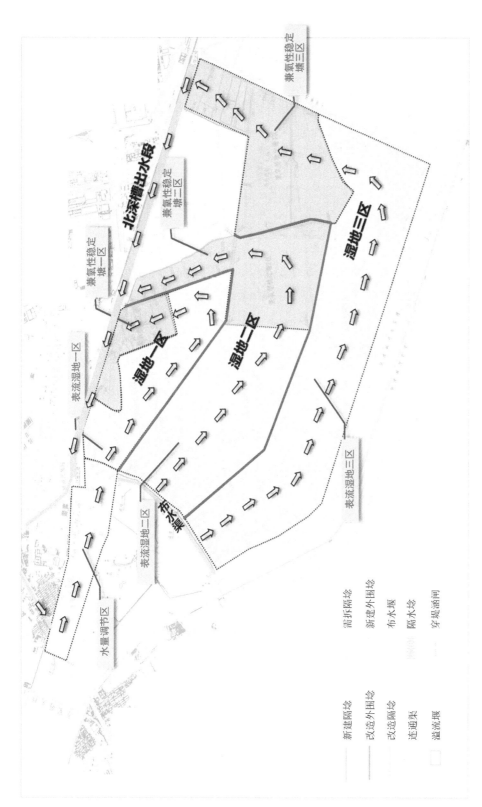

图 4-27 独流减河宽河槽湿地改造工程内部分区及进、出水流向示意图（方案一）

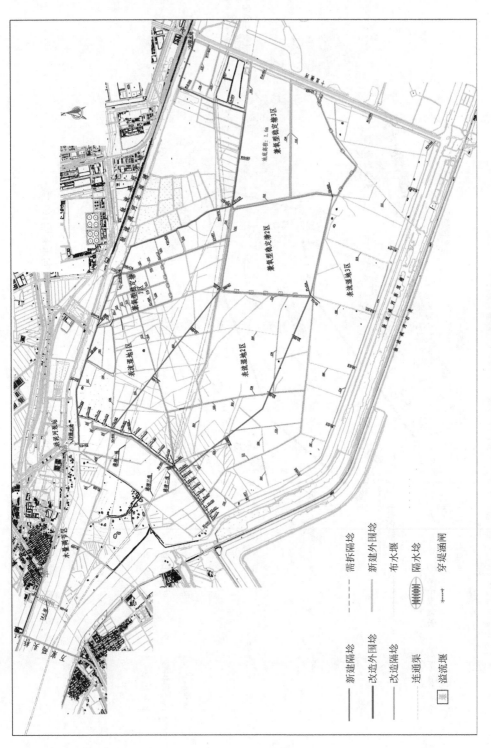

图 4-28 独流减河宽河槽湿地改造工程总体布置图（方案一）

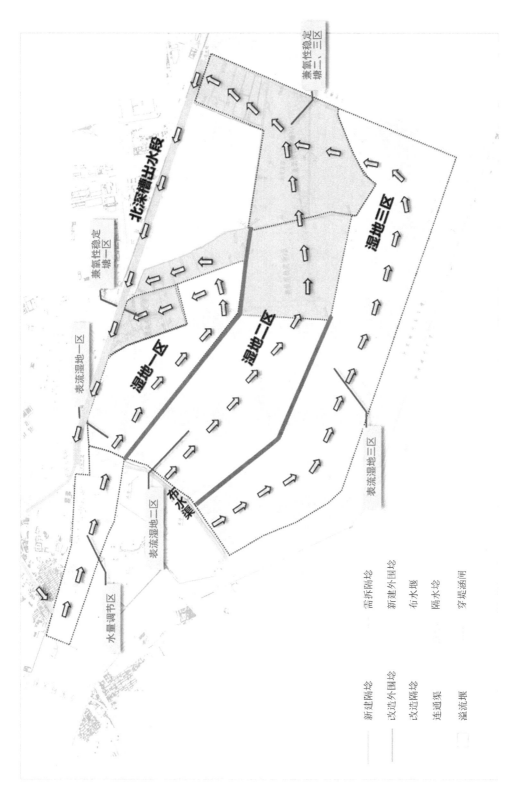

图 4-29 独流减河宽河槽湿地改造工程内部分区及进水、出水流向示意图（方案二）

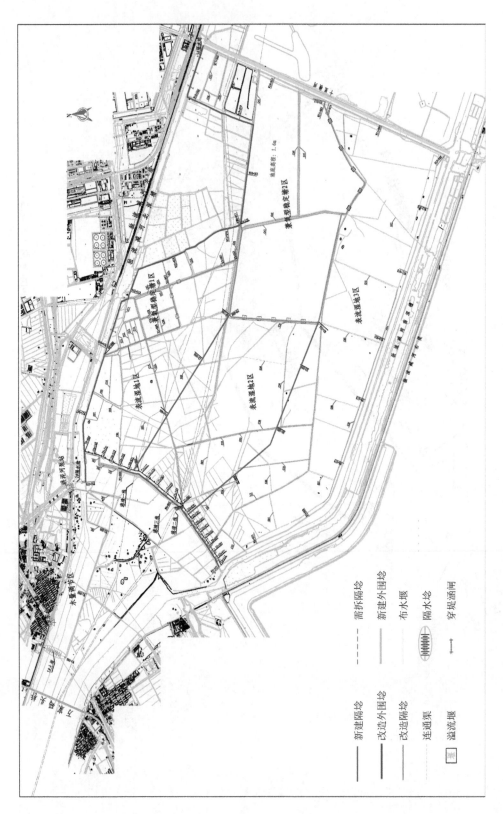

图 4-30　独流减河宽河槽湿地改造工程总体布置图（方案二）

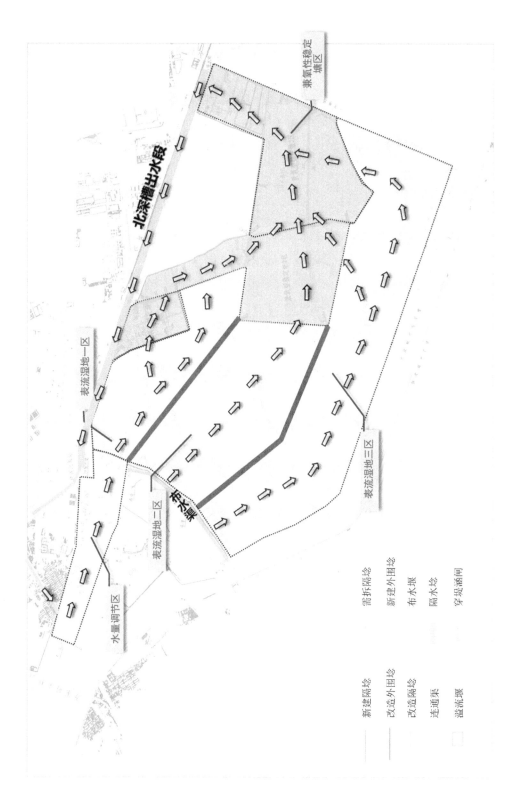

图 4-31 独流减河宽河槽湿地改造工程内部分区及进水、出水流向示意图（方案三）

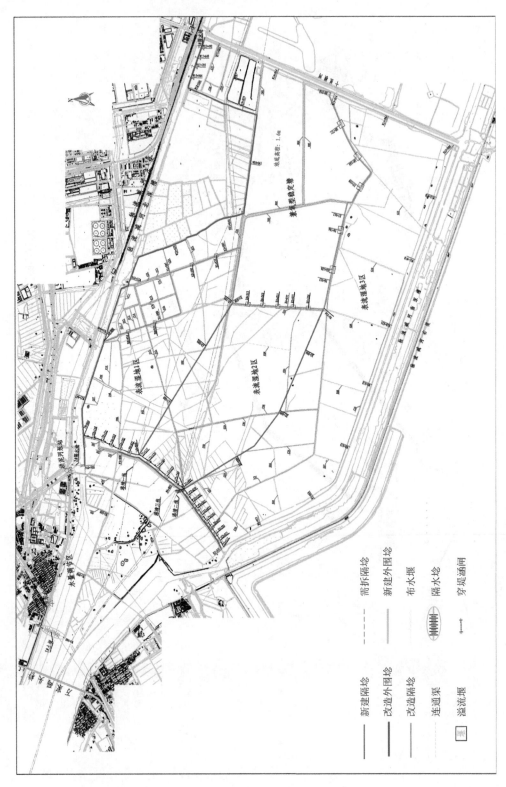

图 4-32  独流减河宽河槽湿地改造工程总体布置图（方案三）

#### 4.2.3.2 净化区二维流场模拟计算

（1）计算模型

模型控制方程为二维圣维南方程，采用有限体积法计算。

1）控制方程

二维浅水流动连续性方程式：

$$\frac{\partial \varsigma}{\partial t} + \frac{\partial p}{\partial x} + \frac{\partial q}{\partial y} = \frac{\partial h}{\partial t} \tag{4.1}$$

$x$ 方向动量方程式：

$$\frac{\partial p}{\partial t} + \frac{\partial}{\partial x}\left(\frac{p^2}{H}\right) + \frac{\partial}{\partial y}\left(\frac{pq}{H}\right) + gH\frac{\partial \varsigma}{\partial x} + \frac{gp\sqrt{p^2 + q^2}}{C^2 H^2}$$
$$-\frac{1}{\rho}\left[\frac{\partial}{\partial x}(H\tau_{xx}) + \frac{\partial}{\partial y}(H\tau_{xy})\right] - fq - f_w|W|W_X = 0 \tag{4.2}$$

$y$ 方向动量方程式：

$$\frac{\partial p}{\partial t} + \frac{\partial}{\partial y}\left(\frac{q^2}{H}\right) + \frac{\partial}{\partial x}\left(\frac{pq}{H}\right) + gH\frac{\partial \varsigma}{\partial y} + \frac{gp\sqrt{p^2 + q^2}}{C^2 H^2}$$
$$-\frac{1}{\rho}\left[\frac{\partial}{\partial y}(H\tau_{yy}) + \frac{\partial}{\partial x}(H\tau_{xy})\right] - fq - f_w|W|W_X = 0 \tag{4.3}$$

以上各式中，$p$、$q$ 分别为 $x$、$y$ 方向上的流通通量；$H$ 为水深，$H = h + \zeta$，其中 $\zeta$、$h$ 分别为水位和水深；$w$ 为风速；$w_x$、$w_y$ 为风速在 $x$ 和 $y$ 方向上的分量；$f_w$ 为风阻力系数；$\tau_{xx}$、$\tau_{yy}$、$\tau_{xy}$ 为有效剪切力分量；$C$ 为谢才系数；$\rho$ 为水的密度；$g$ 为重力加速度；$f$ 为科氏力系数。

2）计算模型离散

A．计算区域离散

数值计算前，首先要将计算区域进行离散，把所要计算的区域划分成互不重叠的多个子区域，确定每个子区域中节点所代表的控制体积及该节点的位置。计算采用有限体积法非结构化网格。

B．控制方程离散

有限体积法控制方程可以写成如下通用形式为

$$\frac{\partial(\rho\mu\phi)}{\partial t} + \text{div}(\rho\mu\phi) = \text{div}(\Gamma\,\text{grad}\phi) + S_\phi \tag{4.4}$$

将 $\phi$ 取值为不同的变量，并取扩散系数 $\Gamma$ 和源项为适当的表达式，可得到连续性方程、动量方程、能量方程、紊动能方程和紊动耗散率方程。

对二维问题，离散方程可表示为

$$a_p\varphi_p = a_w\varphi_w + a_E\varphi_E + a_N\varphi_N + a_S\varphi_S + b \tag{4.5}$$

其中：

$$a_p = a_p^0 + a_w + a_E + a_N + a_S + (F_e - F_w) + (F_n - F_S) - S_p\Delta V$$

$$a_w = D_w + \max(0, F_w)$$

$$a_e = D_e + \max(0, F_e)$$

$$a_S = D_S + \max(0, F_S)$$

$$a_n = D_n + \max(0, F_n)$$

$$a_p^0 = \rho_p^0 \frac{\Delta V}{\Delta t}$$

$$b = S_C\Delta V + a_p^0 + \varphi_p^0$$

上式中，$\Delta V$ 是控制体积的体积；$S_p$ 是随时间和物理量 $\phi$ 变化的项；$S_C$ 是常数；$F$ 定义为通过界面上单位面积的对流质量通量，简称对流质量通量；$D$ 定义为界面的扩散传导性；$\phi$ 可以为温度、速度、浓度等一些待求的物理量，是广义变量。

C. 初始条件、边界条件及各项参数的设定

a. 初始条件：

为节省计算时间，计算初始水位设定为设计湿地出口稳定水位 3.0 m，初始流速均设为 0。

b. 边界条件：

计算上游入口采用流量边界，下游出口采用水位边界，湿地堤埝和底部均为固壁边界。

c. 参数设定：

水平涡黏系数的设定采用 Smagorinsky 公式，取值 0.28。

河床糙率根据四分摩擦定律确定：

$$\frac{\overline{\tau_b}}{\rho_0} = c_f \overline{u_b}\left|\overline{u_b}\right| \tag{4.6}$$

式中，$C_f$ 是拖曳力；$\overline{u_b}$ 是近底河床流速；$\rho_0$ 是水的密度。计算取谢才系数 $C=10m^{1/2}/s$。

计算时间步长为 30 s，模拟时程 24 天。不考虑冰盖影响、降雨、风场和蒸发以及波浪辐射作用影响。

（2）计算成果

三个方案中各区的进口水位、流速详见表 4-33。由表 4-33 中的数据看出，各方案的湿地内部流速相差不大，在 0.001～0.003 m/s，主要原因是湿地容积空间很大。湿地进口、出口水位差在 0.02～0.09 m，主要原因是：一方面水流流速很小，另一方面净化区内部现状土埝和沟渠纵横交错，为简化计算，计算模型中的计算区域是按照湿地内部自然地形建立。由此可见，三个方案在流速、进出口水位差没有明显优劣区分。经对流场水流分布分析，方案一各区水流分布散乱，回流、死水区较多，水流流态差；方案二各区水流分布比较均匀，但还有一些回流、死水区，水流流态相对较好；方案三各区水流分布比方案二更为均匀，仍有少量的回流、死水区，水流流态最好。

表 4-33  净化区二维流场模拟计算成果表

| 项目 | 分区 | 方案一 | 方案二 | 方案三 |
|---|---|---|---|---|
| 进口下游水位/m | 1 区 | 3.02 | 3.04 | 3.04 |
| | 2 区 | 3.07 | 3.08 | 3.09 |
| | 3 区 | 3.01 | 3.04 | 3.04 |
| 出口上游水位/m | 1 区 | 3.0 | 3.0 | 3.0 |
| | 2 区 | 3.0 | 3.0 | |
| | 3 区 | 3.0 | | |
| 表流近自然湿地流速/（m/s） | 1 区 | 0.001 | 0.001 | 0.001 |
| | 2 区 | 0.001～0.002 | 0.001～0.002 | 0.001～0.002 |
| | 3 区 | 0.001～0.002 | 0.001～0.002 | 0.001～0.002 |
| 兼氧性稳定塘流速/（m/s） | 1 区 | 0.001～0.002 | 0.001～0.002 | 0.001～0.003 |
| | 2 区 | 0.001～0.002 | | |
| | 3 区 | 0.001～0.002 | | |

为达到水流分布均匀性的计算效果，应对苇地、鱼塘内现有土埝按照设计要求进行拆除处理。

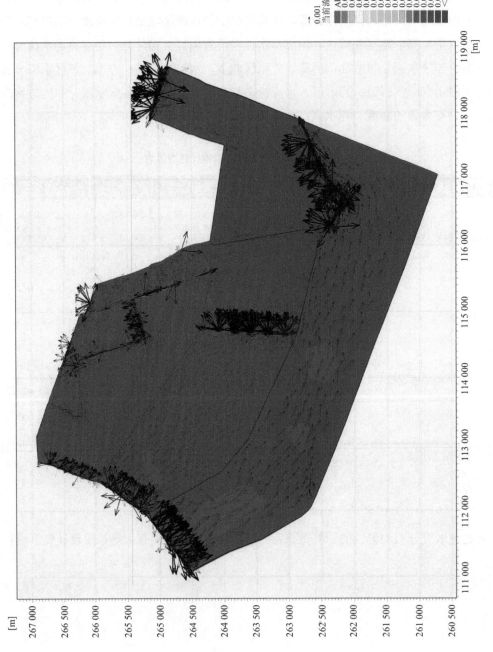

图 4-33 净化区二维流场模拟计算成果图（方案一）

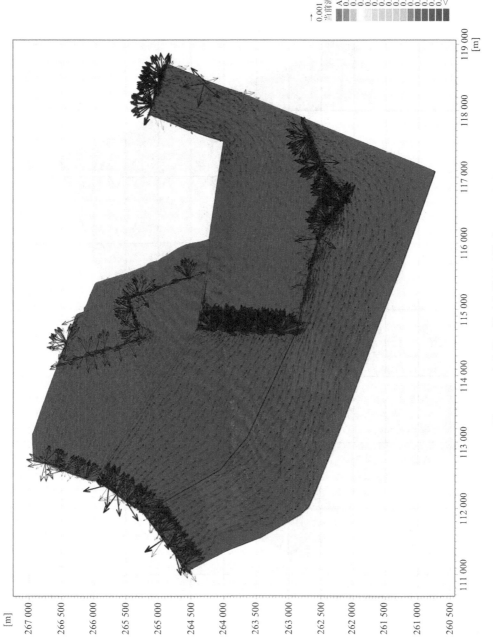

图 4-34 净化区二维流场模拟计算成果图（方案二）

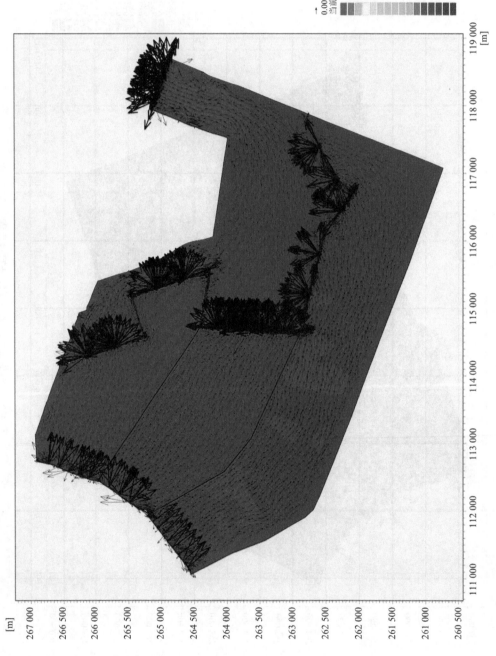

图 4-35 净化区二维流场模拟计算成果图（方案三）

### 4.2.3.3  方案比选

方案一中 3 个分区的长宽比适中，每个分区均由表流近自然湿地与兼性稳定塘组成相对独立的系统，且其面积比例基本满足设计要求，但死水区较多，各个区域的利用率相对较低，易导致出水水质相对较差，且湿地出水分散，不便于工程管理。方案二中各区长宽比适中，水流分布均匀，死水区较少，表流近自然湿地与塘面积比例基本满足设计要求，出水水质好，湿地出水较为分散，工程管理较为不便。1 区水流流向较为不顺，表流湿地的卡口对水流制约影响较大，3 区表流近自然湿地面积相对较大，进口宽度较窄，水流较为集中，对水流扩散不利。方案三中各区长宽比适中，水流分布均匀，水流顺畅，死水区很少，表流近自然湿地与塘面积比例基本满足设计要求，出水水质好，湿地出水集中，工程管理方便。3 个方案的工程量及投资较为接近，方案三工程投资最小，水流分布及出水水质均优于其他两个方案，因此，本次推荐方案三（表 4-34）。

**表 4-34  工程布置方案比选表**

| 比较项目 | 方案一 | 方案二 | 方案三 |
|---|---|---|---|
| 分区数 | 3/3 | 3/2 | 3/1 |
| 水流分布均匀性 | 3 个区的长宽比在 2.3∶1～7.15∶1，但死水区较多，各个区域的利用率相对较低 | 3 个区的长宽比在 2.77∶1～7.18∶1，各区水流分布均匀，死水区较少 | 3 个区的长宽比 2.82∶1～6.45∶1，各区水流分布均匀，死水区很少 |
| 出水水质稳定性 | 表流湿地与塘面积比例在 1.58～2.87，基本满足设计要求，但由于部分区域出现死水区，利用率不高，造成出水水质相对较差 | 表流湿地与塘面积比例在 2.15～2.31，基本满足设计要求，出水水质好 | 表流湿地与塘面积比例为 2.17，满足设计要求，出水水质好 |
| 工程量 | 围、隔埝长度 48.71 km，工程量最大 | 围、隔埝长度 45.35 km，工程量居中 | 围、隔埝长度 44.79 km，工程量最小 |
| 对防洪影响程度 | 很小 | 很小 | 很小 |
| 工程投资/万元 | 3 828.43 | 3 505.59 | 3 475.66 |
| 推荐方案 | | | √ |

### 4.2.4 独流减河宽河槽湿地综合示范区建设与技术示范

#### 4.2.4.1 示范区概述

结合前面技术研究成果，开展独流减河宽河槽湿地综合示范区的建设。示范区位于独流减河宽河槽段。工程东起十里横河，西至万家码头大桥，占地面积 30.74 km²，河道长 10.14 km。工程概算总投资 1.82 亿元，主要建设内容包括湿地范围内阻水隔埝拆除，围埝、隔埝填筑，各种穿堤建筑物及生态保护设施建设等，建成后每年可为海河及北大港周边湿地提供生态环境用水 0.96 亿 m³，有效改善天津市一、二级河道水质。工程于 2016 年 7 月正式开工，已完成全部工程建设任务（图 4-36～图 4-43）。

示范区主要设计参数：

1）工程设计进出水水质

进水水质：

氨氮（NH$_3$-N）　≤4.0 mg/L

总氮（TN）　≤6.5 mg/L

总磷（TP）　≤1.0 mg/L

出水水质：

氨氮（NH$_3$-N）　≤2.0 mg/L

总氮（TN）　≤3.5 mg/L

总磷（TP）　≤0.4 mg/L

2）湿地规模

湿地正常运行进水量为 86 万 m³/d，设计流量为 10 m³/s，按每个区的控制面积分配相应的设计流量。1 区控制面积为 3.64 km²，设计流量为 2.12 m³/s，2 区控制面积为 4.32 km²，设计流量为 2.52 m³/s，3 区控制面积为 9.20 km²，设计流量为 5.36 m³/s。

3）湿地植物

根据前面的研究成果，选定以下植物：①沉水植物：狐尾藻、篦齿眼子菜、金鱼藻、黑藻和菹草；②挺水植物：芦苇。

4）湿地水深

表流近自然湿地平均水深为 0.5 m，兼氧稳定塘平均水深为 1.2 m。

5）湿地水力停留时间

水力停留时间：22 d。

图 4-36　进水区图 1

图 4-37　进水区图 2

图 4-38　湿地区图 1

图 4-39　湿地区图 2

图 4-40　湿地区图 3

图 4-41　湿地区图 4

图 4-42　兼性塘区图 1

图 4-43　兼性塘区图 2

#### 4.2.4.2　示范区运行效果评估

技术在独流减河下游宽河槽生态改善示范区内应用后，随着示范区的逐步补水和运行，技术对独流减河宽河槽区域水环境改善和生态恢复的效果逐步显现出来。

根据最新的第三方监测数据，2018 年 8 月，独流减河下游宽河槽各监测点水质除 COD 超标外，其余污染物基本达到地表水环境质量Ⅴ类标准，其中，各监测点的 NH₃-N 均达到《地表水环境质量标准》Ⅱ类标准，各监测点的 TP 均达到《地表水环境质量标准》Ⅴ类标准，TN 只有少量点位超标。从空间上看，宽河槽入口处 COD 含量相对较低，宽河槽内部相对较高；氨氮和 TN 则有相反的分布规律。总体而言，技术应用后，氮、磷的改善效果突出，实现了对区域氮、磷污染物的削减。

第三方监测点位见图 4-44。监测结果见表 4-35 至表 4～38。

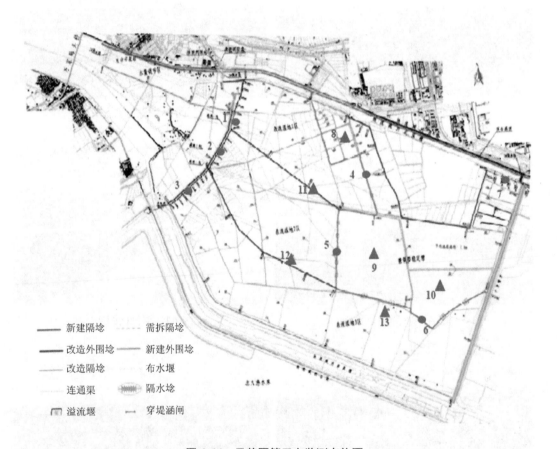

图 4-44　示范区第三方监测点位图

表 4-35 2018 年 7 月监测结果

| 监测点 | COD/（mg/L） | NH₃-N/（mg/L） | TN/（mg/L） | TP/（mg/L） |
| --- | --- | --- | --- | --- |
| DLK01 | 46.95 | 0.07 | 1.92 | 0.18 |
| DLK02 | 53.84 | 0.05 | 1.98 | 0.19 |
| DLK03 | 58.03 | <0.03 | 1.86 | 0.13 |
| DLK04 | — | — | — | — |
| DLK05 | 45.41 | 0.11 | 1.45 | 0.17 |
| DLK06 | 1 609.73 | <0.03 | 51.50 | 3.77 |
| DLK07 | 31.57 | 0.03 | 0.16 | 0.16 |
| DLK08 | 45.41 | <0.03 | 0.11 | 0.11 |
| DLK09 | 49.20 | <0.03 | 0.57 | 0.57 |
| DLK10 | — | — | — | — |

表 4-36 2018 年 8 月监测结果

| 监测点 | COD/（mg/L） | NH₃-N/（mg/L） | TN/（mg/L） | TP/（mg/L） |
| --- | --- | --- | --- | --- |
| DLK01 | 19.92 | 0.42 | 2.41 | 0.20 |
| DLK02 | 60.56 | 0.38 | 2.38 | 0.08 |
| DLK03 | 58.96 | 0.34 | 2.00 | 0.08 |
| DLK04 | 46.13 | 0.17 | 1.35 | 0.06 |
| DLK05 | 44.90 | 0.25 | 1.70 | 0.05 |
| DLK06 | 179.28 | 0.31 | 3.07 | 0.14 |
| DLK07 | — | — | — | — |
| DLK08 | 42.43 | 0.14 | 1.20 | 0.04 |
| DLK09 | 37.65 | 0.21 | 1.87 | 0.18 |
| DLK10 | — | — | — | — |

表 4-37 2018 年 9 月监测结果

| 监测点 | COD/（mg/L） | NH₃-N/（mg/L） | TN/（mg/L） | TP/（mg/L） |
| --- | --- | --- | --- | --- |
| DLK01 | 19.22 | 0.31 | 3.79 | 0.39 |
| DLK02 | 27.96 | 0.34 | 2.35 | 0.40 |
| DLK03 | 20.09 | 0.33 | 1.53 | 0.39 |
| DLK04 | 33.20 | 0.10 | 0.97 | 0.04 |
| DLK05 | 15.72 | 0.07 | 0.84 | 0.04 |
| DLK06 | 36.69 | 0.06 | 2.26 | 0.06 |
| DLK07 | 21.84 | 0.03 | 1.84 | 0.07 |

| 监测点 | COD/（mg/L） | NH₃-N/（mg/L） | TN/（mg/L） | TP/（mg/L） |
|--------|-----------|-------------|----------|----------|
| DLK08 | 8.74 | 1.69 | 1.25 | 0.05 |
| DLK09 | 15.72 | 0.09 | 1.65 | 0.08 |
| DLK10 | 24.46 | 0.03 | 2.51 | 0.18 |

表 4-38　2018 年 10 月监测结果

| 监测点 | COD/（mg/L） | NH₃-N/（mg/L） | TN/（mg/L） | TP/（mg/L） |
|--------|-----------|-------------|----------|----------|
| DLK01 | 30.58 | 0.24 | 2.78 | 0.14 |
| DLK02 | 41.06 | 0.24 | 2.49 | 0.14 |
| DLK03 | 27.96 | 0.22 | 2.56 | 0.15 |
| DLK04 | 33.20 | 0.17 | 2.66 | 0.05 |
| DLK05 | 28.83 | 0.18 | 2.48 | 0.05 |
| DLK06 | 43.68 | 0.33 | 3.26 | 0.10 |
| DLK07 | 21.20 | 0.16 | 2.17 | 0.04 |
| DLK08 | 23.59 | 0.12 | 2.18 | 0.05 |
| DLK09 | 31.45 | 0.23 | 2.78 | 0.08 |
| DLK10 | 41.93 | 0.15 | 3.30 | 0.09 |

## 4.3　基于生态需水量和水质考虑的多水源生态补水技术研究

### 4.3.1　独流减河生态需水量研究

#### 4.3.1.1　独流减河生态补水水量平衡模型构建

MIKE 21 Flow Model FM 是构建独流减河生态补水水量平衡模型的动力学基础，其建立的主要步骤包括地形网格剖分、边界条件创建、敏感参数率定以及结果验证等。根据卫星影像图以及实地踏查，利用 ArcGIS 软件对整个独流减河进行矢量化，实现模型的数据输入。在模型率定与验证的基础上，通过复杂边界条件的生态水动力学机制研究，计算出独流减河生态需水总量。

（1）独流减河土地类型

根据卫星影像图以及实地踏查，利用 ArcGIS 软件对整个独流减河进行矢量化。结合 MIKE 模型需要的数据，将独流减河类型分为 4 种，分别是主河道、零散水域、河心岛和岸带。主河道指的是独流减河主河槽有水体的部分；零散水域指河心岛中或者岸带内独立的或与主河道水流联系较少的水体；河心岛指河道内的陆地部分；岸带指堤岸至主河道部分区域（表4-39，图4-45、图4-46）。

表4-39　独流减河和宽河槽土地类型表

| 序号 | 类别 | 独流减河 | | 宽河槽 | |
|---|---|---|---|---|---|
| | | 面积/hm² | 比例/% | 面积/hm² | 比例/% |
| 1 | 零散水域 | 2 839 | 12.13 | 2 426 | 16.65 |
| 2 | 河心岛 | 12 355 | 52.78 | 11 052 | 75.84 |
| 3 | 岸带 | 2 022 | 8.64 | 925 | 6.35 |
| 4 | 主河道 | 6 194 | 26.46 | 169 | 1.16 |
| 5 | 总面积 | 23 410 | 100.00 | 14 572 | 100.00 |

图4-45　独流减河遥感影像图

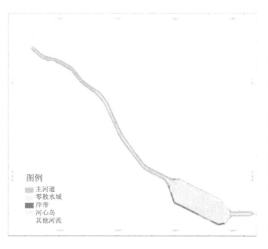

图4-46　独流减河土地类型分析图

（2）网格剖分和地形插值

MIKE 21 Flow Model FM 是一个基于非结构网格的模型，地形网格剖分的优劣则是影响模型模拟精确度的第一要素。网格生成器（mesh generator）作为前处理的重要工具，为制作非结构网格提供了良好的工作平台。网格剖分过程主要包括根据研究对象选择适当的模拟区域，确定地形网格的分辨率，定义陆地边界和开边界以及网格剖分和地形插值等步骤。

定义独流减河宽河槽上游为开边界，作为宽河槽生态补水的流量边界，其他岸线则定义为陆地边界，高程为 5 m。岸边地形湖底地形采用实际踏勘测定的高程数据，基于剖分后的网格进行地形插值。

（3）初始条件和边界条件

模型中的初始条件指的是模拟周期开始时刻的区域表面高程以及水平方向和垂直方向上的流速。本书所构建的水动力模型水面初始高程、陆地高程和湖区水深均为实际踏勘测量获得的数据（图 4-47）。

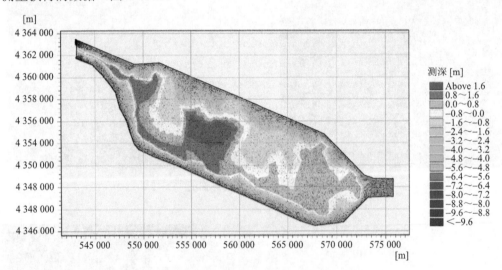

图 4-47　独流减河宽河槽区域地形图

在 MIKE 21 水动力模型中，共有六种形态的边界条件：

（a）可滑动陆地边界；

（b）无滑动陆地边界；

（c）速度边界，需要设定 $x$ 方向和 $y$ 方向上的流速，单位 m/s；

（d）通量边界，采用通量表示，即速度在深度上积分，单位 $m^2/s$；

（e）水位边界，采用边界处的表面高程表示，单位 m；

（f）流量边界，采用过流断面单位时刻的总流量表示，单位 $m^3/s$。

在以水位为边界条件的情况下，如果模型同时考虑了科氏力和风场的作用，那么模型运行的结果可能会失真，尤其是在稳态流的情况下，会在边界的一边产生大量入流，而在另一边产生大量出流。

同样，如果边界潮位是预报潮位，那么其中并没有包含风的影响。所有以上的几种边界引起的问题，都可以通过倾斜边界条件来得到改善，加入风应力或科氏力的变化来改进边界条件。

如果对边界进行倾斜处理，那么沿边界的水位会由稳态的 Navier-Stokes 方程计算出同时考虑了风应力和科氏力。当湖底是缓坡的情况下，这种非线性方法可以给出最佳的估计结果。如果湖底在边界上不是平滑的，那必须先平滑地形。

模型中关于边界方向的定义是很重要的步骤，MIKE 21 水动力模型的内部规则规定，模型区域的岸线左边第一个节点为起始边界点，对应的节点为终止边界点。考虑到模拟精确度和研究区的实际情况，本书所构建的水动力模型中的上边界条件采用流量边界形式，设定在宽河槽上流的初始入流断面，加载生态补水期间实际监测获取的该断面流量数据。下边界设定工农兵闸上游，在模型中用汇项形式给出，采用收集获取的工农兵闸水量数据。

水动力模型中主要考虑的影响因素有干湿水深、水体密度、涡黏系数、底床糙率、科氏力、风场作用、冰盖厚度、引潮势、蒸发降水、波浪辐射、源项汇项以及水工结构物。由于密度梯度对二维浅水方程的影响很小，故水体密度项忽略不计。引潮势是一个由地球和天体之间作用而形成的外力，而波浪辐射则是由于短波破碎所引起的二阶应力，本研究独流减河已经有专门防洪闸来阻隔潮水影响，因而这两项影响因素在模型中也不予考虑（图 4-48）。

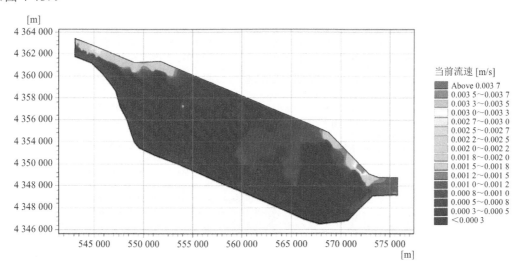

图 4-48　独流减河宽河槽区域流速分布

#### 4.3.1.2 独流减河流域生态需水量计算

生态需水量是一个随时间和区域的变化而变化的量，与生态保护的目标关系密切，在不同目标要求下，生态需水量不一样。结合前人研究和独流减河自身特点，将独流减河生态环境需水（W）定义为水循环消耗需水量（Wa）和生物栖息地需水量（Wb）这两部分之和。其中水循环需水量均为消耗性水量，生物栖息地需水量为非消耗性水量，盐度保持需水量与泥沙输运需水量这两项间具有兼容性，因此生物栖息地需水量计算以最大值为原则。

（1）水循环需水量

1）水域蒸发量（开阔水面蒸发量）

根据中国气象数据网上静海和津南气象 1980—2010 年站点数据，确定实验区域内逐月蒸发量。计算公式为

$$Q_E = E \cdot A \qquad (4.7)$$

式中，$E$ 为蒸发系数；$A$ 为开阔水面面积。

独流减河水域蒸发量计算结果如表 4-40 所示。

**表 4-40　独流减河水域蒸发量**

| 月份 | 水域蒸发量/$10^8$ m³ | | | 水域蒸发量（宽河槽）/$10^8$ m³ | | |
|---|---|---|---|---|---|---|
| | 最小 | 适宜 | 最大 | 最小 | 适宜 | 最大 |
| 1 | 0.014 | 0.027 | 0.041 | 0.004 | 0.008 | 0.012 |
| 2 | 0.014 | 0.029 | 0.043 | 0.004 | 0.008 | 0.012 |
| 3 | 0.026 | 0.052 | 0.077 | 0.007 | 0.015 | 0.022 |
| 4 | 0.056 | 0.113 | 0.169 | 0.016 | 0.032 | 0.049 |
| 5 | 0.060 | 0.120 | 0.180 | 0.017 | 0.035 | 0.052 |
| 6 | 0.060 | 0.120 | 0.180 | 0.017 | 0.034 | 0.052 |
| 7 | 0.045 | 0.089 | 0.134 | 0.013 | 0.026 | 0.039 |
| 8 | 0.044 | 0.089 | 0.133 | 0.013 | 0.026 | 0.038 |
| 9 | 0.039 | 0.078 | 0.116 | 0.011 | 0.022 | 0.033 |
| 10 | 0.035 | 0.071 | 0.106 | 0.010 | 0.020 | 0.030 |
| 11 | 0.020 | 0.041 | 0.061 | 0.006 | 0.012 | 0.018 |
| 12 | 0.013 | 0.026 | 0.040 | 0.004 | 0.008 | 0.011 |

2）湿地土壤需水量

湿地土壤需水量计算公式为

$$Q_t = a\gamma H_t A_t \tag{4.8}$$

式中，$Q_t$ 为土壤需水量；a 为田间持水量或饱和持水量百分比，根据研究区的土壤类型而定；$\gamma$ 为土壤密度；$H_t$ 为土壤厚度；$A_t$ 为湿地土壤面积。

天津滨海地区附近土质为（淤泥质）黏土、亚黏土，饱和持水率约为60%。取饱和持水的 60% 作为湿地适宜需水量，90%作为湿地土壤最大需水量的参考。研究区内土壤主要是褐土、草甸土、沼泽土、潮土，其土壤密度取值为 1.39 g/cm³，土层厚度取 120 cm。分别取持水量的 30%、60% 和 90%计算实验区域的土壤最小需水量、适宜需水量和最大需水量。独流减河湿地土壤需水量计算结果如表 4-41 所示。

表 4-41 独流减河湿地土壤需水量

| 月份 | 湿地土壤需水量/10⁸ m³ | | | 湿地土壤需水量（宽河槽）/10⁸ m³ | | |
|---|---|---|---|---|---|---|
| | 最小 | 适宜 | 最大 | 最小 | 适宜 | 最大 |
| 1 | 0.052 | 0.103 | 0.155 | 0.046 | 0.092 | 0.138 |
| 2 | 0.052 | 0.103 | 0.155 | 0.046 | 0.092 | 0.138 |
| 3 | 0.052 | 0.103 | 0.155 | 0.046 | 0.092 | 0.138 |
| 4 | 0.052 | 0.103 | 0.155 | 0.046 | 0.092 | 0.138 |
| 5 | 0.052 | 0.103 | 0.155 | 0.046 | 0.092 | 0.138 |
| 6 | 0.052 | 0.103 | 0.155 | 0.046 | 0.092 | 0.138 |
| 7 | 0.052 | 0.103 | 0.155 | 0.046 | 0.092 | 0.138 |
| 8 | 0.052 | 0.103 | 0.155 | 0.046 | 0.092 | 0.138 |
| 9 | 0.052 | 0.103 | 0.155 | 0.046 | 0.092 | 0.138 |
| 10 | 0.052 | 0.103 | 0.155 | 0.046 | 0.092 | 0.138 |
| 11 | 0.052 | 0.103 | 0.155 | 0.046 | 0.092 | 0.138 |
| 12 | 0.052 | 0.103 | 0.155 | 0.046 | 0.092 | 0.138 |

3）植被蒸散发量

根据文献及气象数据确定植被蒸散发量的潜在平均值。分别按照潜在蒸发量的 0.8、1.0 和 1.2 的比例作为最小、适宜、理想的划分，进行植被蒸散发量计算，结果如表 4-42 所示。

表 4-42　独流减河植被蒸散发量

| 月份 | 植被蒸散发量/$10^8$ m$^3$ | | | 植被蒸散发量（宽河槽）/$10^8$ m$^3$ | | |
|---|---|---|---|---|---|---|
| | 最小 | 适宜 | 最大 | 最小 | 适宜 | 最大 |
| 1 | 0.000 | 0.000 | 0.000 | 0.000 | 0.000 | 0.000 |
| 2 | 0.000 | 0.000 | 0.000 | 0.000 | 0.000 | 0.000 |
| 3 | 0.025 | 0.042 | 0.051 | 0.021 | 0.035 | 0.042 |
| 4 | 0.060 | 0.100 | 0.120 | 0.050 | 0.083 | 0.100 |
| 5 | 0.084 | 0.140 | 0.168 | 0.070 | 0.117 | 0.140 |
| 6 | 0.103 | 0.171 | 0.205 | 0.085 | 0.142 | 0.171 |
| 7 | 0.111 | 0.185 | 0.222 | 0.092 | 0.154 | 0.185 |
| 8 | 0.107 | 0.178 | 0.214 | 0.089 | 0.149 | 0.178 |
| 9 | 0.087 | 0.145 | 0.174 | 0.073 | 0.121 | 0.145 |
| 10 | 0.058 | 0.097 | 0.116 | 0.048 | 0.080 | 0.097 |
| 11 | 0.021 | 0.035 | 0.042 | 0.018 | 0.029 | 0.035 |
| 12 | 0.000 | 0.000 | 0.000 | 0.000 | 0.000 | 0.000 |

4）区域降水量

根据中国气象数据网上静海和津南气象 1980—2010 年站点数据，确定实验区域内逐月降水量，结果见表 4-43。

表 4-43　独流减河区域降水量

| 月份 | 降水量/$10^8$ m$^3$ | 降水量（宽河槽）/$10^8$ m$^3$ |
|---|---|---|
| 1 | 0.007 | 0.004 |
| 2 | 0.011 | 0.007 |
| 3 | 0.022 | 0.014 |
| 4 | 0.050 | 0.031 |
| 5 | 0.095 | 0.059 |
| 6 | 0.191 | 0.119 |
| 7 | 0.344 | 0.214 |
| 8 | 0.283 | 0.176 |
| 9 | 0.116 | 0.072 |
| 10 | 0.065 | 0.040 |
| 11 | 0.026 | 0.016 |
| 12 | 0.007 | 0.005 |

5）河流渗透量

根据文献参考，以年耗水的 5% 计算。

（2）生物栖息地需水量

1）盐度保持生态需水量

生物栖息地需水量首先满足河口一定程度淡水、盐水混合，保持河口生态系统合理盐度。计算假定淡水在河口区水体中所占比例与深海、河口盐度差成正比：

$$\frac{S_{sea} - S_{estuary}}{S_{sea}} = \frac{F_f}{V_{estuary}} \qquad (4.9)$$

式中，$S_{estuary}$ 为河口目标盐度；$S_{sea}$ 为外海盐度；$F_f$ 为河口淡水量。

令 $\lambda = \dfrac{S_{sea} - S_{estuary}}{S_{sea}}$，考虑河口水体盐度主要发生月份性变化，河口水体盐度需水量计算以月份为单位进行。渤海湾近岸区域底部平缓，参照文献，河口外边界平均水深取 8 m。盐度保持需水量计算结果见表 4-44。

表 4-44　独流减河盐度保持生态需水量

| 月份 | 盐度保持生态需水量/$10^8$ $m^3$ | | | 宽河槽盐度保持生态需水量/$10^8$ $m^3$ | | |
|---|---|---|---|---|---|---|
| | 最小 | 适宜 | 最大 | 最小 | 适宜 | 最大 |
| 1 | 0.017 | 0.028 | 0.033 | 0.013 | 0.022 | 0.027 |
| 2 | 0.018 | 0.030 | 0.035 | 0.014 | 0.024 | 0.028 |
| 3 | 0.020 | 0.034 | 0.040 | 0.016 | 0.027 | 0.032 |
| 4 | 0.021 | 0.035 | 0.043 | 0.017 | 0.028 | 0.034 |
| 5 | 0.024 | 0.039 | 0.047 | 0.019 | 0.032 | 0.038 |
| 6 | 0.022 | 0.037 | 0.045 | 0.018 | 0.030 | 0.036 |
| 7 | 0.021 | 0.035 | 0.043 | 0.017 | 0.028 | 0.034 |
| 8 | 0.020 | 0.034 | 0.040 | 0.016 | 0.027 | 0.032 |
| 9 | 0.017 | 0.028 | 0.033 | 0.013 | 0.022 | 0.027 |
| 10 | 0.014 | 0.024 | 0.028 | 0.011 | 0.019 | 0.023 |
| 11 | 0.118 | 0.197 | 0.237 | 0.095 | 0.158 | 0.189 |
| 12 | 0.009 | 0.015 | 0.018 | 0.007 | 0.012 | 0.015 |

2）泥沙输运生态需水量

泥沙输运生态需水量计算公式为

$$F_s = Q_i / C_i \qquad (4.10)$$

式中，$F_s$为泥沙冲淤需水量；$Q_i$泥沙年淤积量；$C_i$为河流泄流能力。

可采用水流挟沙能力表示。最大、适宜、最小输沙量选择 30.0 kg/m³、15.0 kg/m³、3.0 kg/m³。水流饱和含沙量大小与淤积泥沙特性密切相关，独流减河自 1967 年修建工农兵防潮闸，年均淤积量约为 $4.35\times10^4$ m³，质量折算为 $6.3\times10^7$ kg。

泥沙输运需水量最大为 $0.210\times10^8$ m³，适宜为 $0.042\times10^8$ m³，最小为 $0.021\times10^8$ m³。

（3）总生态需水量

基于以上计算的水循环需水量、生物栖息地需水量，对非消耗型水量进行兼容，取最大值，再加上消耗型水量，即得到独流减河生态环境需水量（表 4-45），最小需水量为 $0.837\times10^8$ m³，适宜需水量为 $2.556\times10^8$ m³，最大需水量为 $3.982\times10^8$ m³。宽河槽区域的最小需水量为 $0.731\times10^8$ m³，适宜需水量为 $1.949\times10^8$ m³，最大需水量为 $2.892\times10^8$ m³。

表 4-45　独流减河总生态需水量

| 月份 | 需水量/10⁸ m³ | | | 需水量（宽河槽）/10⁸ m³ | | |
|---|---|---|---|---|---|---|
| | 最小 | 适宜 | 最大 | 最小 | 适宜 | 最大 |
| 1 | 0.077 | 0.155 | 0.226 | 0.060 | 0.119 | 0.173 |
| 2 | 0.076 | 0.155 | 0.227 | 0.058 | 0.119 | 0.174 |
| 3 | 0.103 | 0.213 | 0.305 | 0.078 | 0.156 | 0.222 |
| 4 | 0.141 | 0.305 | 0.440 | 0.099 | 0.206 | 0.291 |
| 5 | 0.127 | 0.312 | 0.460 | 0.094 | 0.217 | 0.310 |
| 6 | 0.048 | 0.244 | 0.398 | 0.048 | 0.181 | 0.279 |
| 7 | (0.112)* | 0.074 | 0.214 | (0.045) | 0.088 | 0.183 |
| 8 | (0.057) | 0.125 | 0.264 | (0.011) | 0.118 | 0.212 |
| 9 | 0.080 | 0.241 | 0.366 | 0.071 | 0.186 | 0.272 |
| 10 | 0.097 | 0.234 | 0.344 | 0.076 | 0.173 | 0.249 |
| 11 | 0.188 | 0.355 | 0.474 | 0.149 | 0.276 | 0.366 |
| 12 | 0.069 | 0.142 | 0.210 | 0.053 | 0.109 | 0.161 |
| 汇总 | 0.837 | 2.556 | 3.928 | 0.731 | 1.949 | 2.892 |

注：(0.112)* 表示独流减河当前水量超出生态系统需水量 $0.112\times10^8$ m³。

根据天津市河流多年平均年入海水量统计，1956—1959 年，独流减河年平均入海径流量为 $36.60\times10^8$ m³；2001—2008 年，独流减河年平均入海径流量仅为 $0.219\times10^8$ m³。而在 2014—2016 年，独流减河年平均入海径流量基本为 0。

对比本研究计算的最小生态需水量，独流减河的入海径流量远低于最小生态需水量，入海径流远不能满足目前河口生态所需。根据本研究结果，如果不对独流减河进行生态补水，独流减河的生态系统将会受到严重破坏，河口海域也会随着破坏，甚至消亡。

由生态需水量计算结果可知，宽河槽湿地的需水量占独流减河总生态需水量的 87.3%，是独流减河生态补水的关键节点。为满足独流减河主河道、宽河槽湿地以及河口海域的生态需水，多水源生态补水技术的调水量至少要在 $0.837×10^8$ m³ 以上，且大部分水资源应该分配在宽河槽湿地。表 4-46 列出了独流减河流域逐月的可补水资源量。对比发现，除 4 月、6 月、9 月的可补水量略低于独流减河最小生态需水量外，其余月份和总的可补水资源量都满足独流减河生态系统的需水量。由于其余月份的可补水资源量超出生态需水量较大，若能调整水资源分配，使得 4 月、6 月和 9 月分别增加可补水资源量 270 万 t、480 万 t 和 800 万 t，则通过外源补水基本可实现独流减河生态系统的正常运转。

表 4-46　独流减河流域可补水资源量

| 月份 | 总调水量/$10^8$ m³ |
|---|---|
| 1 | 0.311 |
| 2 | 0.255 |
| 3 | 0.269 |
| 4 | 0.114 |
| 5 | 0.213 |
| 6 | 0.000 |
| 7 | 0.003 |
| 8 | 0.000 |
| 9 | 0.000 |
| 10 | 0.253 |
| 11 | 0.307 |
| 12 | 0.242 |
| 总计 | 11.967 |

## 4.3.2　基于独流减河水质水量需求的调度技术研究

### 4.3.2.1　独流减河水质与浮游生物相互作用的动力学研究

（1）WASP 模型

利用 WASP 模型中的 EUTRO 模块对独流减河水质和浮游生物的相互作用关系进行研究，主要考虑四个子循环：浮游植物动力学子系统、磷循环子系统、氮循环子系统和 DO 平衡子系统，可模拟 $NH_3$-N（$C_1$）、$NO_3$-N（$C_2$）、无机磷（$C_3$）、浮游植物（$C_4$）、$C_{BOD}$（$C_5$）、DO（$C_6$）、有机氮（$C_7$）和有机磷（$C_8$）8 个指标。

1）水质组分运移方程

在 WASP 水质模型中，采用一维水质组分运移方程表示水质沿着河流的变化，其方程可以描述为

$$\frac{\partial}{\partial t}(AC) = \frac{\partial}{\partial x}\left(-U_x AC + E_x A \frac{\partial C}{\partial x}\right) + A(S_L + S_B) + AS_K \tag{4.11}$$

2）DO 平衡子系统

WASP 水质模型中溶解氧子系统的 DO 平衡考虑了五个状态变量：浮游植物、氨、硝酸盐、碳化需氧量和溶解氧，有关方程如下：

A. 碳化需氧量（$C_{BOD}$）

$$\frac{\partial C_5}{\partial t} = a_{OC} K_{1D} C_4 - k_d \Theta_d^{T-20}\left(\frac{C_6}{K_{BOD} + C_6}\right)C_5 - \frac{v_{s3}(1 - f_{D5})}{D}C_5 - \frac{5}{4}\frac{32}{14}k_{2D}\Theta_{2D}^{T-20}\left(\frac{K_{NO_3}}{K_{NO_3} + C_6}\right)C_2$$

| 浮游生物死亡 | | 氧化 | | 沉降 | | 反硝化 |
|---|---|---|---|---|---|---|

$$\tag{4.12}$$

B. 溶解氧（DO）

$$\frac{\partial C_6}{\partial t} = k_2(C_s - C_6) - k_d \Theta_d^{T-20}\left(\frac{C_6}{K_{BOD} + C_6}\right) - \frac{64}{14}k_{12}\Theta_{12}^{T-20}\left(\frac{C_6}{K_{NIT} + C_6}\right)C_1 - \frac{S_{OD}}{D}\Theta_s^{T-20}$$

| 复氧 | 氧化 | 硝化 | 沉积物需氧量 |
|---|---|---|---|

$$+ G_{P1}\left(\frac{32}{12} + \frac{48}{14}\frac{14}{12}(1 - P_{NH_3})\right)C_4 - \frac{32}{12}k_{1R}\Theta_{1R}^{T-20}C_4$$

| 浮游植物生长 | 呼吸 |
|---|---|

$$\tag{4.13}$$

3）浮游植物动力学子系统

采用 $S_{k4j}$ 表示浮游植物的源漏项，即浮游植物在体积为 $V_j$ 中生长和死亡、沉降的差，则浮游植物动力学变化的平衡方程可以表示为，

$$S_{k4j} = (G_{P1j} - D_{P1j} - k_{s4j})P_j \tag{4.14}$$

4）磷循环子系统

磷循环子系统中包含三种磷的状态，分别是浮游植物磷、有机磷和无机磷（正磷酸盐）。

A. 浮游植物的磷

$$\frac{\partial(C_4 \alpha_{pc})}{\partial t} = G_{PI}\alpha_{pc}C_4 - D_{PI}\alpha_{pc}C_4 - \frac{v_{s4}}{D}\alpha_{pc}C_4 \tag{4.15}$$

| 生长 | 死亡 | 沉降 |
|---|---|---|

B. 有机磷

$$\frac{\partial C_8}{\partial t} = D_{PI}\alpha_{pc}f_{cp}C_4 - k_{83}\Theta_{83}^{T-20}\left(\frac{C_4}{K_{mPc}+C_4}\right)C_8 - \frac{v_{s3}(1-f_{D8})}{D}C_8 \tag{4.16}$$

死亡      矿化      沉降

C. 无机磷

$$\frac{\partial C_3}{\partial t} = D_{PI}\alpha_{pc}(1-f_{op})C_4 + k_{83}\Theta_{83}^{T-20}\left(\frac{C_4}{K_{mPc}+C_4}\right)C_8 - G_{PI}\alpha_{pc}C_4 \tag{4.17}$$

死亡      矿化      生长

5）氮循环子系统

在氮循环子系统中，模拟了四种氮的过程：浮游植物氮、有机氮、氨氮和硝酸盐。

A. 浮游植物氮

$$\frac{\partial(C_4\alpha_{pc})}{\partial t} = G_{PI}\alpha_{pc}C_4 - D_{PI}\alpha_{nc}C_4 - \frac{v_{s4}}{D}\alpha_{nc}C_4 \tag{4.18}$$

生长    死亡    沉降

B. 有机氮

$$\frac{\partial C_7}{\partial t} = D_{PI}\alpha_{rc}(1-f_{on})C_4 - k_{71}\Theta_{71}^{T-20}\left(\frac{C_4}{K_{mPc}+C_4}\right)C_7 - \frac{v_{s3}(1-f_{D7})}{D}C_7 \tag{4.19}$$

死亡      矿化      沉降

C. 氨氮

$$\frac{\partial C_1}{\partial t} = D_{PI}\alpha_{nc}(1-f_{on})C_4 + k_{71}\Theta_{71}^{T-20}\left(\frac{C_4}{K_{mPc}+C_4}\right)C_7 - G_{PI}\alpha_{nc}P_{NH_3}C_4$$

死亡      矿化      生长

$$-k_{12}\Theta_{12}^{T-20}\left(\frac{C_6}{K_{NIT}+C_6}\right)C_1 \tag{4.20}$$

硝化

D. 硝酸氮

$$\frac{\partial C_2}{\partial t} = k_{12}\Theta_{12}^{T-20}\left(\frac{C_6}{K_{NIT}+C_6}\right)C_1 - G_{PI}\alpha_{nc}(1-P_{NH_3})C_4 - k_{2D}\Theta_{2D}^{T-20}\left(\frac{K_{NO_3}}{K_{NO_3}+C_6}\right)C_2 \tag{4.21}$$

硝化      生长      反硝化

6）参数选择与率定

根据独流减河的水文特征，以及野外监测和采样实验获取的数据，建立相应的时间序列；模型中的相关常数初步参考相关文献，然后通过多次模拟校准确定，结果见表 4-47。

表 4-47　WASP 模型中相关参数设置率定

| 参数 | 单位 | 文献值 | 率定值 | 参数 | 单位 | 文献值 | 率定值 |
|---|---|---|---|---|---|---|---|
| $\Theta_{1R}$ | | 1.045 | 1.045 | $\Theta_{71}$ | | 1.02~1.3 | 1.028 |
| $K_{1R}$ | $d^{-1}$ | 0.05~0.35 | 0.125 | $K_{71}$ | $d^{-1}$ | 0.02~0.2 | 0.075 |
| $\Theta_{83}$ | | 1.04~1.2 | 1.04 | $\Theta_{12}$ | | 1.08~1.2 | 1.08 |
| $K_{83}$ | $d^{-1}$ | 0.09~0.4 | 0.09 | $K_{12}$ | $d^{-1}$ | 0.09~0.13 | 0.09 |
| $K_{mpc}$ | mg/L | 0.001~0.04 | 0.02 | $K_{NIT}$ | mg/L | 2.0 | 2.0 |
| $f_{OP}$ | | 0.5 | 0.5 | $a_{PC}$ | mg/L | 0.025 | 0.025 |
| $a_{NC}$ | mg/L | 0.25 | 0.25 | $f_{D7}$ | mg/d | 1.0 | 1.0 |
| $K_D$ | mg/L | 0.1~0.3 | 0.1 | $a_{OC}$ | | 32/12 | 32/12 |
| $f_{D8}$ | mg/L | 0.8 | 0.8 | $S_{OD}$ | g/（m²·d） | 0.2~0.4 | 0.25 |
| $\Theta_{1D}$ | | 1.045 | 1.045 | $\Theta_{sod}$ | | 0.99~1.4 | 1.2 |
| $K_{1D}$ | $d^{-1}$ | 0.02~0.1 | 0.1 | $K_{BOD}$ | mg/L | 0.2~0.4 | 0.4 |
| $\Theta_D$ | | 1.05 | 1.05 | $K_{NO_3}$ | mg/L | 0.1 | 0.1 |
| $\Theta_{1R}$ | | 1.045 | 1.045 | $\Theta_{71}$ | | 1.02~1.3 | 1.028 |
| $K_{1R}$ | $d^{-1}$ | 0.05~0.35 | 0.125 | $K_{71}$ | $d^{-1}$ | 0.02~0.2 | 0.075 |
| $\Theta_{83}$ | | 1.04~1.2 | 1.04 | $\Theta_{12}$ | | 1.08~1.2 | 1.08 |

（2）水质和浮游生物的动力学变化模拟

用校正好参数的 WASP 模型对独流减河水质和浮游生物进行模拟，并对采样后 60 天内各指标的变化进行预测分析。根据《地表水环境质量标准》（GB 3838—2002）模拟结果进行比较分析与评价。图 4-49 展示了 2018 年 6 月采样后 15 个断面的模拟和预测结果。

a）$NH_3$-N 的变化较为复杂。$NH_3$-N 的浓度从开始的 0.12~0.70 mg/L 上升到 0.08~0.54 mg/L。15 个断面中有 7 个断面 $NH_3$-N 的浓度在 0.1 mg/L 左右，4 个断面 $NH_3$-N 的浓度在 0.2 mg/L 左右。结果表明，$NH_3$-N 可被河水轻微降解。$NH_3$-N 的模拟与上年秋季的监测结果非常接近（0.11~0.51 mg/L）。

b）15 个断面的 DO 均有相似的变化趋势。DO 浓度从 4.98~11.08 mg/L 上升到 2.54~15.75 mg/L。在 15 个断面平均浓度为 7.27 mg/L，其中有 5 个断面增长速度较快，最大增长率为 70.51%，12 个断面的 DO 分布在 4.0~9.5 mg/L，与上年秋季的监测结果类似（在 15 个断面中有 11 个断面的 DO 在 3.0~10.5 mg/L）。模拟结果表明，由 DO 单指标可以预测 1 个断面的水质仍为地表水Ⅳ类（GB 3838—2002）。

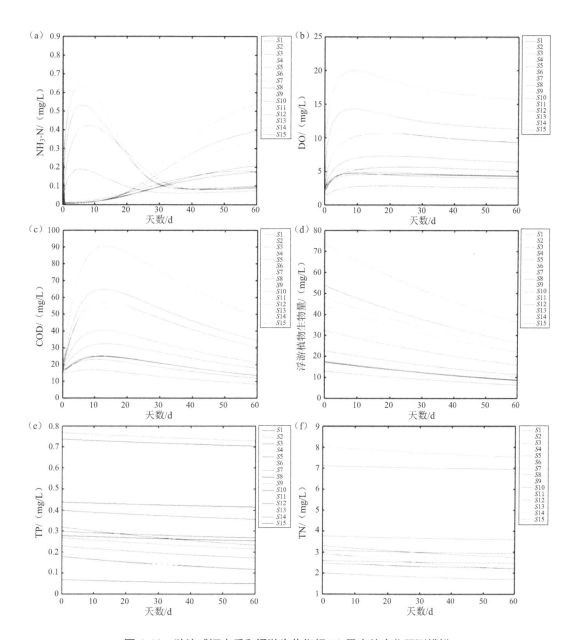

图 4-49 独流减河水质和浮游生物指标 60 天内的变化预测模拟

c）COD 浓度范围由 22.45～29.68 mg/L 变化为 8.41～48.62 mg/L，15 个断面的平均浓度为 23.08 mg/L。模拟结果表明，3 个断面为地表水Ⅳ类，1 个断面为地表水Ⅴ类。15 个断面中有 12 个断面在 10～30 mg/L，与上年秋季的数据相似（15 个断面均在 20～30 mg/L）。

d）浮游植物生物量呈单调下降趋势，从 13.11～73.69 mg/L 到 6.49～36.45 mg/L，15 个断面的平均生物量为 17.47 mg/L。浮游植物生物量最大降幅为 50.62%，可能是受季节变化的影响。浮游植物生物量模拟结果与上年秋季监测的数据较为接近（15 个断面在 1.36～41.62 mg/L，平均值为 14.91 mg/L）。

e）TP 浓度由 0.07～0.77 mg/L 变化为 0.05～0.73 mg/L。15 个断面平均浓度为 0.30 mg/L，根据 GB 3838—2002，1 个断面为地表水Ⅳ类，4 个断面为地表水Ⅴ类。7 个断面的 TP 范围在 0.2～0.5 mg/L，5 个断面范围在 0.1～0.2 mg/L。模拟结果表明，TP 较上年秋季（0.27～0.58 mg/L，平均值为 0.43 mg/L）有较好的改善。

f）TN 与 TP 有相似的趋势，从 1.68～8.06 mg/L 变化为 1.22～7.54 mg/L。模拟结果表明，独流减河 15 个断面中 2 个断面为地表水Ⅳ类，12 个断面为地表水Ⅴ类，证明独流减河的含氮量较高。模拟结果与上年秋季的监测数据（1.41～3.11 mg/L）较相近。

根据 WASP 模型对独流减河水质和浮游生物的模拟结果，可以得出：

A．NH₃-N 在整条河流可以达到地表水Ⅲ类标准，DO、TP 和 COD 在某些断面超过地表水Ⅲ类标准，TN 在大部分断面均超过地表水Ⅴ类标准。

B．除了 TP，其他指标如 DO、NH₃-N、DO、浮游植物和 TN 在模拟结果中的浓度均与上年秋季的相应指标浓度相符。

C．TN 和 TP 很难被独流减河的自身净化能力所降解，需要调水工程等措施加强对 TN 和 TP 的调理。

由于水质和和浮游生物采样一个季度进行一次，其所得到的结果具有一定的偶然性。基于 WASP 对水质和浮游生物的时间动力学变化进行模拟预测，能够得到独流减河水质和浮游生物在时间尺度上的变化趋势，分析其所可能达到的稳定状态，消除单次采样造成的偶然性。野外采样和 WASP 模拟分析的水质和浮游生物结果将共同作为 MIKE BASIN 水质水量优化配置分析的数据基础。

### 4.3.2.2　基于 MIKE BASIN 的水质水量优化配置分析

（1）独流减河流域 MIKE BASIN 水文与水质模型

1）水文模型的构建

收集、调查流域气象、水文、土壤、地形等相关数据信息，根据 MIKE BASIN 模型的数据格式要求整理并建立数据文件。其中，分别建立独流减河流域径流观测时序数据文件（*.dfs0）及气象观测时序数据文件（*.dfs0）（图 4-50）。

流域水系概化通过自动分析与流域实际情况相结合的方式进行。其中，独流减河流域地形通过中国地区 SRTM 数据集直接提取独流减河流域 DEM 数字高程模型（图 4-51）。在已有的 DEM 基础上，利用 ArcGIS 软件新建 shape 文件格式图层绘制出河流的大致走向，再以*shp.格式的文件形式导入 MIKE BASIN 软件中，对河网进行数字化处理。在掌握独流减河河网水文资料的基础上，能基本反映天然河网的水力特性，遵循实际河网输水能力、调蓄能力等，保持一致原则。在对独流减河河网概化中，根据地形条件及水流情况，着重考虑主要的河道，水量较小以及对整个河网影响不大的短小河段不予考虑。对独流减河干流水质影响较大的支流，以及子流域内有概化排污口的河道保留，支流及排污口均概化到该支流汇入独流减河的节点处，最终河网概化为以独流减河为主干河道，工农兵闸入河水作为主要补水来源。

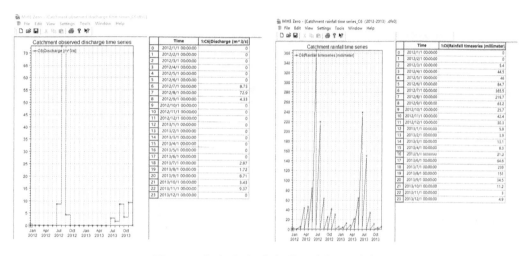

图 4-50　径流观测及气象观测时序数据文件

图 4-51　独流减河流域 DEM 图

独流减河为城镇人工开挖河渠河段，根据现有的 DEM（分辨率：30 m×30 m）较难提取其自然汇水区域，因此，根据独流减河河道的特点及分流情况，分别搭建四个示意性集水区区域（图 4-52）。同时，在集水区出水口及流域分流处设置流域节点和分流节点。

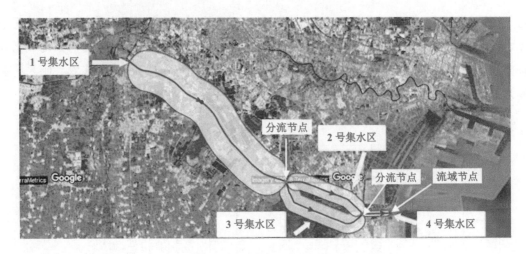

图 4-52　子流域划分示意图

降雨径流模拟采用 MIKE BASIN 模型中的 NAM 模型。降雨径流模型所需的输入数据包括气象数据和流量数据（用于模型率定和验证）、流域参数和初始条件。基本的气象数据有降雨时间序列、潜蒸发时间序列，如果要模拟积雪和融雪则还需要温度和太阳辐射时间序列。模型计算结果信息包括各汇水区的地表径流时间序列（可细化为坡面流、壤中流和基流）以及其他水文循环单元中的信息，如土壤含水量和地下水补给。

NAM 通过连续计算四个不同且相互影响的储水层的含水量来模拟产汇流过程，这几个储水层代表了流域内不同的物理单元。这些储水层是积雪储水层、地表储水层、土壤或植物根区储水层、地下水储水层。另外，NAM 还允许模拟人工干预措施，如灌溉和抽取地下水。NAM 模拟的水文过程及模型结构见图 4-53 和图 4-54。

图 4-53　NAM 模拟水文过程示意图

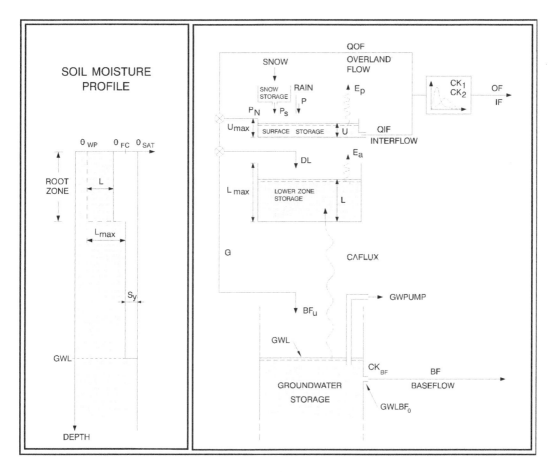

图 4-54　NAM 模型结构（软件界面）

### 2）水文模型灵敏度分析

灵敏度测试可提供模型校正参数选择等参考信息。采用局部灵敏度分析应用自动校正工具（Auto calibration）对独流减河流域 MIKE BASIN 水文模型进行初步灵敏度测试。在率定过程中，需要不断调整各子流域的参数值，直到计算的径流（坡面流、壤中流和基流之和）与流域出口实测的流量拟合较好为止。测试参数包括表层根区储水层（Surface-rootzone）相关参数 $U_{max}$、$L_{max}$、CQOF、CKIF、CK1,2、TOF、TIF 以及地下水储水层相关参数 TG 和 CKBF 等 9 个参数。灵敏度分析还可提供模型参数对模型模拟影响作用的相关信息，为分析流域水文过程与机理提供参考依据。结合采用试错法，对各参数对模型模拟的影响进行具体分析。灵敏度分析的方法是对 NAM 模型中的 9 个主要参数做一定的调整，在既定的参数取值范围内通过逐次改变参数初始值的 5%、10%、20%、30%、50% 和 100%，评价在参数变化时相应的模型模拟性能，分析各参数对径流模拟的影响程度。灵敏度分析的具体结果见表 4-48。

表 4-48　参数率定中 $R^2$、RMSE 和 NSE 的变化情况

| 参数 | 参数变化/% | $R^2$ | RMSE/（m³/s） | NSE |
|---|---|---|---|---|
| $U_{max}$ | 5 | 0.38 | 11.23 | 0.18 |
| | 10 | 0.39 | 13.56 | 0.22 |
| | 20 | 0.42 | 11.01 | 0.23 |
| | 30 | 0.48 | 10.59 | 0.22 |
| | 50 | 0.45 | 11.78 | 0.20 |
| | 100 | 0.39 | 12.40 | 0.18 |
| $L_{max}$ | 5 | 0.39 | 11.90 | 0.23 |
| | 10 | 0.40 | 11.56 | 0.23 |
| | 20 | 0.41 | 11.72 | 0.22 |
| | 30 | 0.40 | 11.01 | 0.23 |
| | 50 | 0.39 | 11.65 | 0.22 |
| | 100 | 0.41 | 11.23 | 0.24 |
| CQOF | 5 | 0.42 | 11.02 | 0.19 |
| | 10 | 0.45 | 10.56 | 0.22 |
| | 20 | 0.44 | 10.53 | 0.21 |
| | 30 | 0.42 | 11.01 | 0.21 |
| | 50 | 0.41 | 11.02 | 0.22 |
| | 100 | 0.42 | 10.58 | 0.22 |
| CKIF | 5 | 0.42 | 11.34 | 0.18 |
| | 10 | 0.45 | 11.32 | 0.21 |
| | 20 | 0.48 | 10.48 | 0.21 |
| | 30 | 0.45 | 11.03 | 0.19 |
| | 50 | 0.45 | 10.56 | 0.21 |
| | 100 | 0.42 | 10.02 | 0.22 |
| CK1,2 | 5 | 0.43 | 14.59 | 0.20 |
| | 10 | 0.48 | 14.01 | 0.23 |
| | 20 | 0.51 | 11.48 | 0.18 |
| | 30 | 0.49 | 13.32 | 0.20 |
| | 50 | 0.58 | 10.13 | 0.17 |
| | 100 | 0.59 | 11.12 | 0.20 |
| TOF | 5 | 0.60 | 15.98 | 0.27 |
| | 10 | 0.51 | 12.01 | 0.21 |
| | 20 | 0.48 | 11.59 | 0.22 |
| | 30 | 0.59 | 11.67 | 0.21 |
| | 50 | 0.52 | 11.88 | 0.20 |
| | 100 | 0.51 | 11.44 | 0.20 |

| 参数 | 参数变化/% | $R^2$ | RMSE/（m³/s） | NSE |
|------|-----------|-------|--------------|-----|
| | 5 | 0.48 | 10.34 | 0.17 |
| | 10 | 0.40 | 10.56 | 0.20 |
| | 20 | 0.52 | 13.05 | 0.22 |
| TIF | 30 | 0.51 | 12.59 | 0.21 |
| | 50 | 0.43 | 13.97 | 0.22 |
| | 100 | 0.40 | 11.16 | 0.19 |
| | 5 | 0.55 | 10.39 | 0.17 |
| | 10 | 0.56 | 10.48 | 0.18. |
| | 20 | 0.52 | 10.57 | 0.20 |
| TG | 30 | 0.50 | 10.77 | 0.18 |
| | 50 | 0.48 | 11.00 | 0.17 |
| | 100 | 0.51 | 10.75 | 0.18 |
| | 5 | 0.42 | 11.21 | 0.17 |
| | 10 | 0.45 | 11.05 | 0.19 |
| | 20 | 0.47 | 11.49 | 0.20 |
| CKBF | 30 | 0.45 | 11.51 | 0.20 |
| | 50 | 0.46 | 11.52 | 0.18 |
| | 100 | 0.46 | 11.60 | 0.19 |

从表 4-48 可以看出，当 $U_{max}$（地表储水层最大含水量）、CK1,2（坡面流时间常量）、TOF（根区坡面流临界值）和 TIF（根区壤中流临界值）四个参数值从 5%变化到 100%时，$R^2$ 的变化分别为 0.38～0.48、0.43～0.59、0.48～0.60 和 0.40～0.52；而 NSE 的变化分别为 0.18～0.23、0.17～0.23、0.20～0.27 和 0.17～0.22。而从总水量平衡模拟的角度来看，上述四个参数的 RMSE 值的变化范围分别对应为 10.59～13.56、10.13～14.59、11.44～15.98 和 10.34～13.97。相对于模型中的其他参数而言，这三个评价指标的波动更大，可以说，这四个参数的灵敏度比其他参数更高。

其中，通过观察模拟曲线的变化情况，可以看出 $U_{max}$ 主要对径流累积量有一定的影响，$U_{max}$ 的取值越大，径流累积量相对越小，反之径流累积量越大；CK1,2 主要影响峰值形状，对洪峰流量有较为显著的影响，其中，CK1,2 的值越高，洪峰流量越低；相反，CK1,2 越小，洪峰则越高；而 TOF 和 TIF 对径流累积量及洪峰流量都无显著影响。

3）水文模型的率定

参数率定采用试错法（Trail and error）对示意性集水区各个参数进行率定。采用两种验证机制进行模型验证。第一种是相似集水区验证（Prox-basin test），研究数据的选择以同一年中有连续 5 个月以上的降雨或径流量数据为依据，所以最终选定 1995 年作为模型的率定期，对该年 1 号示意性集水区进行模型率定后，将该集水区（Catchment 1）中各参数的最终率定结果输入到同年的 2、3、4 号集水区（Catchment 2、3、4）的降雨径流模型中进行验证。第二种验证机制是样本分割测试（Split-sample test），即将 1995 年（1 月 1 日至 12 月 31 日）作为率定期，选择与 1995 年有相似降雨量且同样数据较详尽的 2012 年（1 月 1 日至 12 月 31 日）作为模型的验证期，以此验证同一示意性集水区在不同阶段的模型模拟性能。

研究采用相关系数（$R^2$）、均方根误差（RMSE）以及纳什系数（NSE）评价模型模拟性能。其中，相关系数 $R^2$ 表示观测和模拟时间序列之间相关系数的平方，$R^2$ 的取值范围是 $0 < R^2 \leqslant 1$，其中 $R^2 = 1$ 是可以达到最优匹配；纳什系数（NSE）是衡量模拟和观测水文图形状的总体一致性指标，同时反映了偏差和方差两种指标，取值范围为 $-\infty < \text{NSE} \leqslant 1$，当实现其最佳值（NSE=1）时，观测数据与模拟数据达到最好的匹配程度。

表 4-49 列出了建立 NAM 降雨径流模型所需要的相关参数及其取值范围、初始值和最终率定结果。图 4-55 是模型中 1 号示意性集水区经参数率定后的径流量模拟结果。

表 4-49　NAM 模型主要参数

| 参数 | 描述及单位 | 取值范围 | 初值 | 终值 |
|---|---|---|---|---|
| $U_{max}$ | 地表储水层最大含水量/mm | 10～20 | 11 | 19.525 |
| $L_{max}$ | 土壤根区最大含水量/mm | 50～300 | 100 | 299.520 |
| CQOF | 坡面流系数 | 0.0～1.0 | 0.50 | 0.102 |
| CKIF | 壤中流排水常数/h | 500～1 000 | 800 | 500.410 |
| CK1,2 | 坡面流时间常量/h | 3～48 | 25 | 40.200 |
| TOF | 根区坡面流临界值 | 0～0.99 | 0.55 | 0.060 |
| TIF | 根区壤中流临界值 | 0～0.99 | 0.55 | 0.006 |
| TG | 根区地下水补给临界值 | 0～0.99 | 0.55 | 0.800 |
| CKBF | 基流时间常量/h | 1 000～4 000 | 2 000 | 1 557.300 |

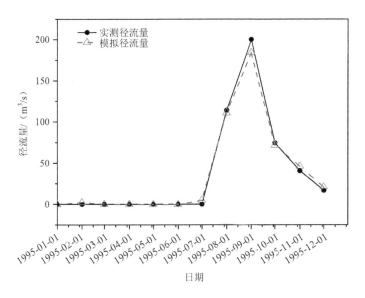

图 4-55　1 号示意性集水区 1995 年径流量模拟结果

图 4-55 表示了模型校正后 1 号集水区径流模拟结果。可以看出，无论峰值模拟或径流过程线模拟，模拟径流与实测径流两者之间误差较小，RMSE 为 5.6 m³/s，相关系数 $R^2$ 及纳什系数 NSE 高达 0.99，这表明实测和模拟径流之间有非常好的线性关系。依据模型模拟评价标准（表 4-50），模型在率定阶段模型性能非常好。

表 4-50　1 号集水区校正阶段（1995 年）独流减河模拟性能及相应评价指标

| 指标 | 性能值 | 标准 |
| --- | --- | --- |
| $R^2$ | 0.99 | >0.50 可接受，>0.70 优秀 |
| RMSE/（m³/s） | 5.60 | 0：最优匹配 |
| NSE | 0.99 | >0.50 合格，>0.75 优秀 |

4）水文模型的验证

A. 相似集水区验证（Prox-basin test）

表 4-51 列出 1995 年流域不同子集水区模拟径流结果。

表 4-51　验证阶段（1995 年）独流减河模拟性能及相应评价指标

| 流域 | $R^2$ | RMSE/（m³/s） | NSE |
| --- | --- | --- | --- |
| 2 号子流域 | 0.94 | 8.86 | 0.92 |
| 3 号子流域 | 0.91 | 11.40 | 0.87 |
| 4 号子流域 | 0.96 | 15.48 | 0.94 |

图 4-56 为 2、3、4 号集水区相应的水文过程线。

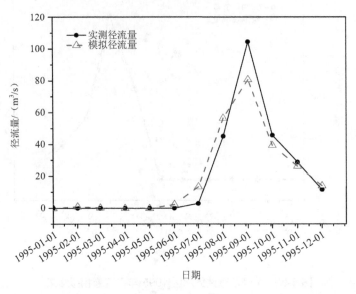

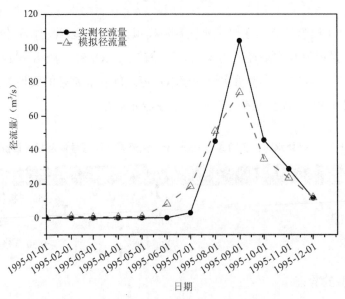

图 4-56  2 号、3 号、4 号集水区相应的水文过程线

可以看出，与率定阶段相比模型在其他子集水区验证的模拟结果稍差，总体上各个集水区模拟径流峰值流量较实测流量较小，径流过程线涨水阶段模拟径流较观测径流要高，起涨点较早，而退水阶段模拟径流较观测径流普遍偏小。但从评价指标上看，2 号、3 号、4 号集水区的纳什系数（NSE）分别为 0.92、0.87、0.94，均大于 0.75，而从 $R^2$ 或 RMSE指标来讲，三个集水区分别为 0.94、0.91、0.96 和 8.86 m³/s、11.40 m³/s、15.48 m³/s，从模

拟性能评价标准来看，各指标均在误差允许范围内，表明模型模拟精度较高。分析认为，模型验证阶段模拟性能较校正阶段稍差，除了存在一定径流观测误差以外，研究区上游集水区和下游集水区因周边城镇、道路等不透水面积比的不同而导致地表产流能力、产流过程可能存在一定差异。

B. 样本分割测试（Split-sample test）

图 4-57 所示为 2012 年 1 号集水区模型验证结果。率定阶段 1995 年与验证阶段 2012 年降水量分别为 727.5 mm 和 726.4 mm。

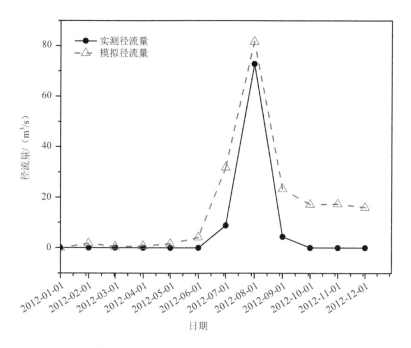

图 4-57　1 号集水区 2012 年径流量模拟过程

表 4-52　1 号集水区 2012 年降雨径流模拟性能

| 流域 | $R^2$ | NSE | RMSE/（m³/s） |
|---|---|---|---|
| 1 号子流域 | 0.85 | 0.61 | 13.03 |

结合图 4-57 和表 4-52 可以看出，模型在验证阶段其相关系数为 $R^2 = 0.85$，纳什系数（NSE）及 RMSE 分别为 0.61 和 13.03 m³/s。相比于 1995 年，$R^2$ 及 NSE 均有所下降，RMSE 则有所升高。分析认为，验证阶段模拟性能较校正阶段有所下降，主要原因在于 1995—2012 年集水区周边土地利用可能发生变化，导致其水文过程明显有区别。这有待于研究进一步分析独流减河周边区域土地利用变化以进行验证。总体来看，虽然各指标有所下降，但依据模拟性能评判指标，样本分割测试所验证的模拟结果是在合理的、可接受的范围内

的。因此，建立的独流减河模拟模型具有一定的适用性，特别是对于径流过程的模拟，模型基本可再现独流减河水文变化过程。

5）水文模型与水质 ECOLab 的耦合

ECOLab 是一个完备的、用于生态模拟的数值实验室，它提供了从简单到复杂的解决方案，并且还提供了一系列的模板。该模块用于河流、湿地、湖泊、水库等的水质模拟，预报生态系统的响应、简单到复杂的水质研究工作、水环境影响评价及水环境修复研究、水环境规划和许可研究、水质预报。ECOLab 模块结构如图 4-58 所示。

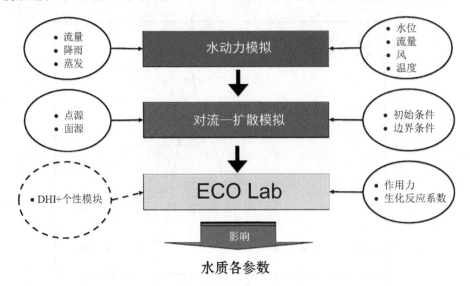

图 4-58  ECOLab 模块结构图

ECOLab 包括一整套子模块，每一个子模块用于具体的水质问题，包括：

A．WQ 模块：此模块可用于模拟分析 BOD/COD-DO 关系（模型复杂程度分七级），模拟氮和磷输运过程（硝化、反硝化、吸附等），模拟湿地中氮和磷的持留（植物吸收、反硝化、泥炭中积聚等），模拟大肠杆菌（粪及总大肠杆菌）变化过程等。

B．EU 模块：此模块可用于模拟富营养化（12 个模型组分的营养盐循环）情景，模拟浮游植物和生物动力学（叶绿素 a、碳、氮和磷）关系，模拟着床植物和碎屑情景，模拟氧平衡过程等。

由于本研究主要根据 COD、$NH_3$-N 和 DO 等指标为水质改善目标，来建立独流减河各断面需满足的水质标准，所以只需用到 WQ 模块即可满足模拟要求。同时本研究基于历年实测水文条件、河道断面资料、水质资料等资料，建立水动力模块，并结合流域产汇流模块（NAM），应用水量分配模块、时间序列数据管理及分析模块，首先对各示意性子流域的径流量进行模拟计算，然后模拟河流的污染物时空演变过程。因此，需要先构建降雨径流模块（NAM）和水动力模块。最后通过 ECOLab 进行深入的水质模拟。

根据目前所掌握的监测数据系列，研究主要考虑 COD、DO、NH₃-N、TN 和 TP 几个常规污染物指标。独流减河水质监测主要设有 9 个模拟点位（图 4-59），利用独流减河 2017—2018 年的降雨数据及水质指标等资料初步建立模型，对 9 个模拟点位的模型参数进行率定（表 4-53）。

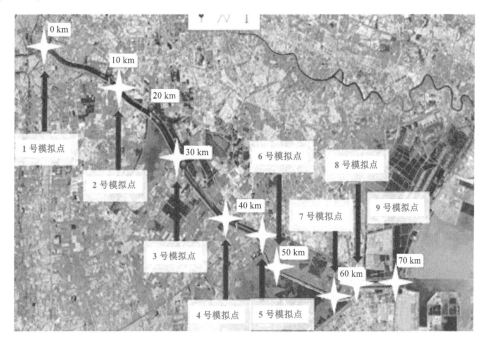

图 4-59　水质指标模拟点位分布

MIKE BASIN 模型对独流减河水质参数率定的结果表明：在这 4 个季度中，DO 在 6 个子流域中参数的相对误差最小为 2.17%，最大为 5.81%，相对误差均值为 3.44%，误差较小；同样地，其余 4 个指标的参数相对误差值皆小于 10%，误差较小，模拟值与实测值的变化规律趋于一致，拟合效果较好，表明所选参数合理。

表 4-53　四个季度各水质指标最终率定参数及平均相对误差

|  |  | DO | NH₃-N | TN | TP | COD |
|---|---|---|---|---|---|---|
|  | 1 号子流域 | 1.35 | 0.6 | 0.8 | 0.7 | 0.9 |
|  | 2 号子流域 | 1.15 | 0.4 | 0.9 | 0.6 | 1.05 |
| 第一季度 | 3 号子流域 | 2 | 1.1 | 0.9 | 0.85 | 1 |
|  | 4 号子流域 | 0.55 | 0.85 | 0.75 | 0.89 | 0.9 |
|  | 5 号子流域 | 0.47 | 0.65 | 0.9 | 1.15 | 0.95 |

| | | DO | NH$_3$-N | TN | TP | COD |
|---|---|---|---|---|---|---|
| 第一季度 | 6 号子流域 | 1.21 | 1.25 | 0.95 | 1.4 | 1.25 |
| | 平均相对误差/% | 5.81 | 4.27 | 6.58 | 8.34 | 3.48 |
| 第二季度 | 1 号子流域 | 1.03 | 1 | 1.2 | 0.8 | 0.95 |
| | 2 号子流域 | 1.08 | 1 | 1.25 | 1.13 | 1.05 |
| | 3 号子流域 | 1.15 | 1 | 1.59 | 1 | 1.07 |
| | 4 号子流域 | 1.7 | 1 | 1.4 | 0.89 | 1.1 |
| | 5 号子流域 | 1.95 | 1 | 1.2 | 0.85 | 1.15 |
| | 6 号子流域 | 0.9 | 1 | 0.95 | 0.88 | 1.03 |
| | 平均相对误差/% | 2.83 | 1.26 | 2.08 | 4.80 | 1.54 |
| 第三季度 | 1 号子流域 | 1.01 | 1.1 | 1.24 | 1.17 | 1.2 |
| | 2 号子流域 | 0.96 | 2.6 | 0.9 | 1 | 0.98 |
| | 3 号子流域 | 0.987 | 1.05 | 1.19 | 1 | 1.15 |
| | 4 号子流域 | 1.04 | 0.9 | 1.3 | 1.02 | 1.1 |
| | 5 号子流域 | 1.05 | 0.87 | 1.35 | 1.1 | 0.97 |
| | 6 号子流域 | 1.32 | 1.08 | 1.3 | 1.54 | 1.08 |
| | 平均相对误差/% | 2.17 | 4.54 | 2.88 | 3.47 | 1.48 |
| 第四季度 | 1 号子流域 | 0.76 | 1.2 | 0.8 | 1.12 | 0.85 |
| | 2 号子流域 | 1.05 | 0.35 | 0.8 | 1.12 | 0.95 |
| | 3 号子流域 | 0.61 | 0.85 | 0.78 | 0.91 | 0.85 |
| | 4 号子流域 | 0.85 | 1.45 | 0.66 | 0.93 | 0.87 |
| | 5 号子流域 | 0.62 | 0.8 | 0.85 | 0.7 | 0.87 |
| | 6 号子流域 | 0.8 | 1.1 | 1.3 | 0.43 | 0.87 |
| | 平均相对误差/% | 2.93 | 6.82 | 5.38 | 4.47 | 1.07 |

（2）独流减河水量调度方案情景模拟

1）7 种调水方案下水质指标的时间变化

根据构建的独流减河水系循环工程，进入独流减河主干道的调水点有 2 个。调水点 1 位于图 4-59 中标记 20 km 处的位置，调水点 2 位于 4 号模拟点位上游约 2 km 处。根据每月可调水资源量，设计 7 种调水比例（调水点 1∶调水点 2），并分别在每种调水方案下模拟 COD、DO、TN、TP 和 NH$_3$-N 的浓度变化，以期寻求调水的最佳方案。7 种调水方案分配如表 4-54 所示。各方案下 9 个模拟点位的水质指标时间变化如图 4-60～图 4-64 所示。

表4-54 调水方案一览表

单位：万t

| 月份 | 方案1 (5:5) | | 方案2 (2:8) | | 方案3 (3:7) | | 方案4 (4:6) | | 方案5 (6:4) | | 方案6 (7:3) | | 方案7 (8:2) | |
| --- | --- | --- | --- | --- | --- | --- | --- | --- | --- | --- | --- | --- | --- | --- |
| | 调水点1 | 调水点2 | 调水点1 | 调水点2 | 调水点1 | 调水点2 | 调水点1 | 调水点2 | 调水点1 | 调水点2 | 调水点1 | 调水点2 | 调水点1 | 调水点2 |
| 1 | 1 554.09 | 1 554.09 | 621.63 | 2 486.54 | 932.45 | 2 175.72 | 1 243.27 | 1 864.90 | 1 864.90 | 1 243.27 | 2 175.72 | 932.45 | 2 486.54 | 621.63 |
| 2 | 1 276.67 | 1 276.67 | 510.67 | 2 042.67 | 766.00 | 1 787.34 | 1 021.34 | 1 532.00 | 1 532.00 | 1 021.34 | 1 787.34 | 766.00 | 2 042.67 | 510.67 |
| 3 | 1 345.15 | 1 345.15 | 538.06 | 2 152.23 | 807.09 | 1 883.20 | 1 076.12 | 1 614.17 | 1 614.17 | 1 076.12 | 1 883.20 | 807.09 | 2 152.23 | 538.06 |
| 4 | 572.35 | 572.35 | 228.94 | 915.75 | 343.41 | 801.28 | 457.88 | 686.81 | 686.81 | 457.88 | 801.28 | 343.41 | 915.75 | 228.94 |
| 5 | 1 065.19 | 1 065.19 | 426.07 | 1 704.30 | 639.11 | 1 491.26 | 852.15 | 1 278.22 | 1 278.22 | 852.15 | 1 491.26 | 639.11 | 1 704.30 | 426.07 |
| 6 | 0.00 | 0.00 | 0.00 | 0.00 | 0.00 | 0.00 | 0.00 | 0.00 | 0.00 | 0.00 | 0.00 | 0.00 | 0.00 | 0.00 |
| 7 | 15.40 | 15.40 | 6.16 | 24.64 | 9.24 | 21.56 | 12.32 | 18.48 | 18.48 | 12.32 | 21.56 | 9.24 | 24.64 | 6.16 |
| 8 | 0.00 | 0.00 | 0.00 | 0.00 | 0.00 | 0.00 | 0.00 | 0.00 | 0.00 | 0.00 | 0.00 | 0.00 | 0.00 | 0.00 |
| 9 | 0.00 | 0.00 | 0.00 | 0.00 | 0.00 | 0.00 | 0.00 | 0.00 | 0.00 | 0.00 | 0.00 | 0.00 | 0.00 | 0.00 |
| 10 | 1 264.87 | 1 264.87 | 505.95 | 2 023.78 | 758.92 | 1 770.81 | 1 011.89 | 1 517.84 | 1 517.84 | 1 011.89 | 1 770.81 | 758.92 | 2 023.78 | 505.95 |
| 11 | 1 536.94 | 1 536.94 | 614.78 | 2 459.10 | 922.16 | 2 151.72 | 1 229.55 | 1 844.33 | 1 844.33 | 1 229.55 | 2 151.72 | 922.16 | 2 459.10 | 614.78 |
| 12 | 1 210.14 | 1 210.14 | 484.06 | 1 936.22 | 726.08 | 1 694.20 | 968.11 | 1 452.17 | 1 452.17 | 968.11 | 1 694.20 | 726.08 | 1 936.22 | 484.06 |

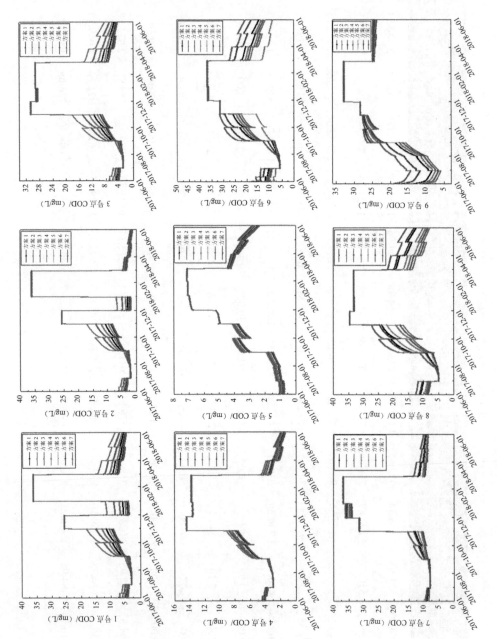

图 4-60　9 个模拟点位的 COD 在各调水方案下的时间变化图

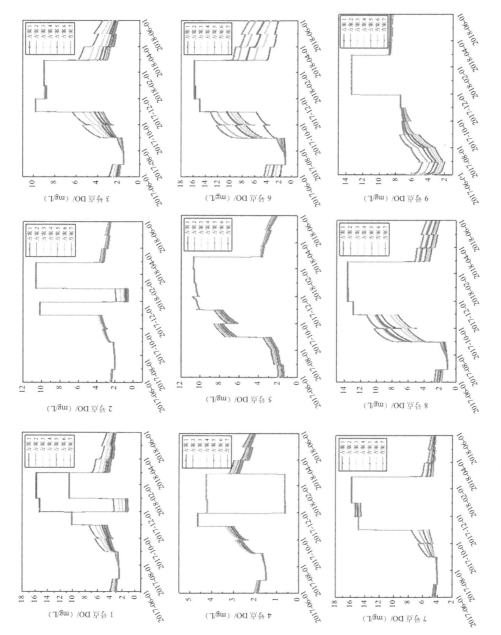

图 4-61　9 个模拟点位的 DO 在各调水方案下的时间变化图

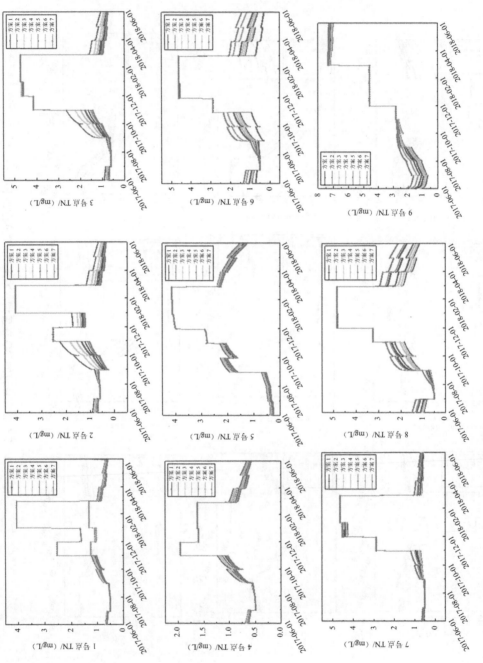

**图 4-62　9 个模拟点位的 TN 在各调水方案下的时间变化图**

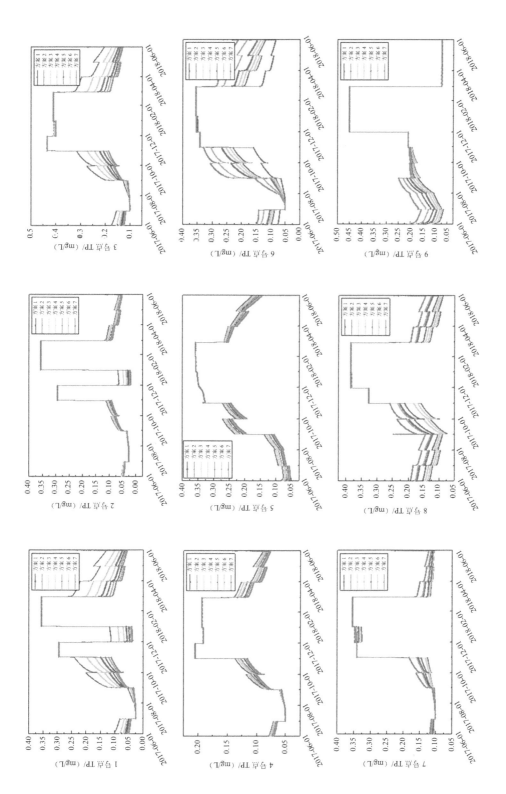

图 4-63 9 个模拟点位的 TP 在各调水方案下的时间变化图

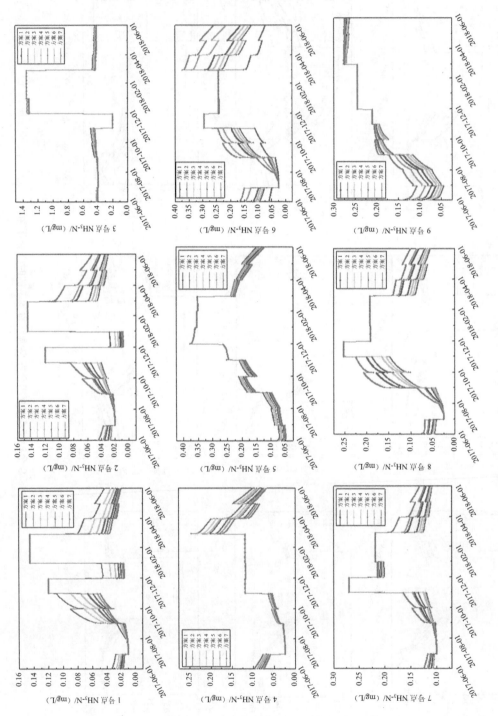

图 4-64 9 个模拟点位的 NH$_3$-N 在各调水方案下的时间变化图

A. COD 模拟结果

1 号点和 2 号点模拟结果相似，只在 11 月和次年 1 月、2 月超过了地表水Ⅲ类标准，最高质量浓度为 36.19 mg/L，其余月份均无变化。在所有方案下，3 号点在 11 月和整个冬季均超过地表水Ⅲ类标准，最大值为 30.59 mg/L；在方案 7 下，3 号点在夏季、秋季和春季均显现出较好效果。4 号点和 5 号点仍然在冬季出现较大值，但均未超过地表水Ⅲ类标准，且各调水方案效果相差较小。6 号点在 11 月和整个冬季均超过地表水Ⅲ类标准，其中最大值为 36.83 mg/L，方案 5 在夏季、春季和秋季表现出较好的模拟效果。7 号点在 11 月和整个冬季均超过地表水Ⅲ类标准，最大值为 36.83 mg/L，虽然各方案在秋季和春季有差异，但 COD 浓度均未超过 20 mg/L。8 号点在 11 月和整个冬季均超出地表水Ⅲ类标准，最大值为 34.58 mg/L，方案 2 表现出较好的效果。9 号点在整个冬季均超出地表水Ⅲ类标准，最大值为 32.87 mg/L，各方案在夏季和秋季效果差异较大，春季差异较小，其中方案 2 的效果较好。

B. DO 模拟结果

各方案的 DO 在 1 号点的春季和秋季差异较大，秋季 11 月均为 10.16 mg/L，冬季方案 1 模拟出较高浓度的 DO，最大值为 15.82 mg/L，其他方案在 12 月发生突降，最低达 1.11 mg/L，在次年 1 月和 2 月回到 10.57 mg/L。2 号点所有方案均在 11 月和次年 1 月、2 月发生突增，最大值为 10.57 mg/L，12 月突降，最小值为 0.54 mg/L。3 号点在 11 月和整个冬季发生突增，最大值为 9.81 mg/L，各方案在秋季和春季有较大差异，方案 2 的效果较好。4 号点各方案均在 11 月发生突增，方案 7 在整个冬季处于较低浓度 0.64 mg/L，其他方案在整个冬季维持在 4.26 mg/L，各方案在春季和秋季的差异较小。5 号点各方案最大值为 10.68 mg/L，春季、夏季和秋季的 9 月、10 月各方案差异较小，其中方案 2 效果较好。6 号点各方案最大值为 15.82 mg/L，夏季末开始发生差异，秋季和春季的差异较大，最优方案为方案 7。7 号点最大值为 15.82 mg/L，方案 7 效果较好。8 号最大值为 13.63 mg/L，各方案在夏季末开始表现出差异，但差异不大，秋季和春季表现出较大差异，其中方案 7 表现较好。9 号点最大值为 13.33 mg/L，春季各方案差异不大，夏季和秋季表现出较大差异，其中方案 7 效果较好。

C. TN 模拟结果

在各方案下，1 号点在 11 月和整个冬季有较大差异，其中方案 7 值明显高于其他方案，最大值为 4.06 mg/L，其他方案最大值为 1.32 mg/L。2 号点在 11 月和次年 1 月、2 月突增，最大值为 4.06 mg/L，12 月各方案表现出差异，最小值为 1.03 mg/L。3 号点 11 月和整个冬季发生突增，且均超出地表水Ⅴ类水标准，最大值为 4.72 mg/L，夏季末各方案开始出现差异，秋季和春季表现出较大不同，其中方案 7 效果较好。4 号点在 11 月全部超出地表水Ⅳ类标准，最大值为 1.95 mg/L，春季、夏季和秋季各方案差异不大。5 号点在 11 月和整个冬季均超过地表水 V 类标准，最大值为 4.14 mg/L，春季、夏季和秋季各方案间的差异较小，但季度变化较大，其中春季和秋季大部分均在Ⅳ～Ⅴ类水，方案 7 效果较好。6 号点在整个冬季发生突增，且各方案均超过地表水 V 类标准，最大值为 4.64 mg/L，夏季末各方案表现出差异，秋季和春季差异较明显，方案 5 效果较好，除冬季外，均未超过地表水Ⅲ类标准。7 号点在 11 月和整个冬季各方案均超过地表水 V 类标准，最大值为 4.64 mg/L，春季、夏季和秋季各方案差别不大。8 号点 11 月和整个冬季各方案均有较高浓度的 TN，且均超过地表水 V 类标准，夏季、秋季和春季差异较大，其中方案 2 效果较好。9 号点冬季和春季均发生突增，且浓度均超过地表水 V 类标准，其中最大值为春季的 7.31 mg/L，夏季和秋季表现出较大差异，其中方案 2 效果较好。

D. TP 模拟结果

1 号点和 2 号点变化较为相似，11 月和次年 1 月和 2 月发生突增，且各方案模拟值均在Ⅳ～Ⅴ类水，最大值为 0.36 mg/L，12 月各方案有差异，效果最好的为方案 7。3 号点在 11 月和整个冬季发生突增，且各方案模拟值均在 V 类水左右，最大值为 0.43 mg/L，夏季末、春季和秋季差异较大，方案 7 效果较好。4 号点在各方案下的模拟值显示水质较好，春季、夏季和秋季差异不大，方案 7 效果较好。5 号点在各方案下模拟值均在Ⅳ～Ⅴ类水，最大值为 0.35 mg/L，夏季末、春季和秋季各方案有较大差异，其中方案 5 效果较好。6 号点夏季、春季和秋季各方案差异较大，最大值为 0.35 mg/L。7 号点在各方案下的模拟值均在Ⅳ～Ⅴ类水，最大值为 0.35 mg/L，夏季、春季和秋季差异较小，在此期间各方案模拟值均未超出Ⅲ类水标准。8 号点模拟值均在Ⅳ～Ⅴ类水，最大值为 0.38 mg/L，夏季、春季和秋季各方案表现出明显差异，方案 2 效果较好模拟值均未超出地表水Ⅲ类标准。9 号点最大值为 0.45 mg/L，超过地表水 V 类标准，春季各方案未表现出差异，夏季和秋季表现出较大差异，其中方案 2 效果较好，模拟值在春季、夏季和秋季均未超过地表水Ⅲ类标准。

E. NH₃-N 模拟结果

1 号点和 2 号点的 $NH_3$-N 变化相似，在 11 月和次年 1 月、2 月发生突增，最大值为 0.15 mg/L，12 月各方案有差异，但各方案均未超过地表水Ⅲ类标准。3 号点 11 月和整个冬季发生突增，且各方案模拟值均在Ⅲ～Ⅳ类标准，最大值为 1.35 mg/L，春季、夏季和秋季各方案未有太大差异。4 号点夏季、秋季和冬季各方案未有较大差异，春季差异较大，但各方案均未超出地表水Ⅲ类标准。5 号点在冬季发生突增，最大值 0.37 mg/L，春、夏季和秋季差异较小，方案 7 效果较好。6 号点各方案差异较大，但均未超出地表水Ⅲ类标准，方案 5 效果最好。7 号点最大值 0.27 mg/L，方案 2 效果最好。8 号点在 11 月和整个冬季发生突增，最大值 0.25 mg/L，春季、秋季和夏季差异较大，方案 2 效果较好。9 号点春季浓度较大，最大值 0.27 mg/L，夏季和秋季差异较大，方案 2 效果较好。

2）7种调水方案下水质指标的空间变化

由图4-65可以看出，7种调水方案皆对6号、8号采样点的水质浓度变化影响较大，其次是3号采样点，其余各点没有明显差异。其中，调水方案7对DO在6号采样点的水质改善效果较明显，调水方案5对其余四个指标的6号采样点水质效果改善较为明显。对于8号采样点来说，方案7对DO的影响最大，方案2则对其余四个指标的水质变化影响较大；在3号采样点中，对DO的改善较为明显的是调水方案2，而对其余四个指标而言，方案7的效果较好。

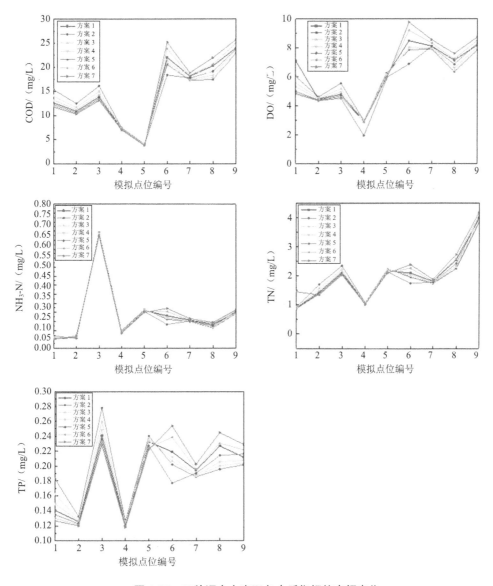

**图4-65 7种调水方案下各水质指标的空间变化**

在 5 个水质指标中，COD 和 TN 在 9 号采样点的浓度最高，污染较大，TP 和 $NH_3$-N 在 3 号点的浓度最高，而 DO 则是 6 号点的浓度较其他点位高。

3）小结与调水方案优选

研究认为，对于滨海平原区的人工开挖河流，可借助示意性集水区，通过耦合 MIKE BASIN 与 NAM，可实现河流水文过程的有效模拟，对区域进一步的水资源分析和优化配置研究将具有重要意义。水环境综合整治关键在于控源和治污，然而在有条件的地区充分利用现有的水利工程，采取引清冲污，发挥当地的水资源优势及闸控条件改善水环境，可以促进水体的良性循环。

A．建立了基于独流减河特殊地形下的 MIKE BASIN 与 NAM 耦合的水文模拟模型，并进行了灵敏度分析及验证，结果表明，无论采用相似流域验证机制或样本分割验证机制，模型模拟性能都较好，分割测试由于存在土地利用变化等不确定因素干扰，2012 年验证阶段模拟性能较率定阶段 1995 年显著下降，但总体上 $R^2$、RMSE 及 NSE 仍在可接受范围内。

B．建立了 WASP 和 MIKE BASIN 的耦合模拟，对不同水质指标进行了模拟，确定了模拟参数。结果表明，各水质指标的模拟值与观测值拟合效果较好，其相对误差在可接受范围内。

C．基于调水点的位置和可补水总量进行的水资源分配分析发现，独流减河关键节点宽河槽湿地的生态需水量基本能够得到满足。利用 MIKE BASIN 对独流减河不同引水规模的引调水方案进行水量水质的数值模拟，计算结果表明引水可以改善河道水质，引水量越大，改善作用越明显。综合以上模拟结果，表 4-55 列出了不同模拟点位上各水质指标的最优、次优及最差方案。由表 4-55 可知，对于不同的水质指标，方案 2 和方案 7 在不同的模拟点位可以是最优方案，也可以是最差方案。因此，在排除最差方案的基础上，选择次优方案作为独流减河改善水质的调水方案。统计可知，方案 6 在不同模拟点位出现的频率最高，即能够改善独流减河更多区域的水质，因此最终选择调水方案 6。这意味着在可补水量一定的情况下，调水点 1 和调水点 2 之间的水资源分配量为 7∶3。

D．对于部分模拟点位的水质指标在冬季偶然不达标的情形，当两个调水点的引水工况在当月都达到 $7\,m^3/s$（即 1 814.4 万 t）时，独流减河水质可完全改善达标。

表 4-55　不同模拟点位各指标的最优、次优及最差方案

| COD | 最优方案 | 次优方案 | 最差方案 |
| --- | --- | --- | --- |
| 1 | 方案 2 | 方案 6 | 方案 7 |
| 2 | 方案 2 | 方案 6 | 方案 7 |
| 3 | 方案 7 | 方案 6 | 方案 2 |

| COD | 最优方案 | 次优方案 | 最差方案 |
|---|---|---|---|
| 4 | 方案 7 | 方案 6 | 方案 2 |
| 5 | 方案 7 | 方案 6 | 方案 2 |
| 6 | 方案 5 | 方案 2 | 方案 7 |
| 7 | 方案 2 | 方案 3 | 方案 7 |
| 8 | 方案 2 | 方案 3 | 方案 7 |
| 9 | 方案 2 | 方案 3 | 方案 7 |
| DO | 最优方案 | 次优方案 | 最差方案 |
| 1 | 方案 2 | 方案 3 | 方案 7 |
| 2 | 方案 2 | 方案 3 | 方案 7 |
| 3 | 方案 2 | 方案 3 | 方案 7 |
| 4 | 方案 2 | 方案 3 | 方案 7 |
| 5 | 方案 2 | 方案 3 | 方案 7 |
| 6 | 方案 7 | 方案 6 | 方案 5 |
| 7 | 方案 7 | 方案 6 | 方案 2 |
| 8 | 方案 7 | 方案 6 | 方案 2 |
| 9 | 方案 7 | 方案 6 | 方案 2 |
| TN | 最优方案 | 次优方案 | 最差方案 |
| 1 | 方案 6 | 方案 2 | 方案 3 |
| 2 | 方案 7 | 方案 6 | 方案 2 |
| 3 | 方案 7 | 方案 6 | 方案 2 |
| 4 | 方案 7 | 方案 6 | 方案 2 |
| 5 | 方案 7 | 方案 6 | 方案 2 |
| 6 | 方案 5 | 方案 2 | 方案 7 |
| 7 | 方案 2 | 方案 3 | 方案 7 |
| 8 | 方案 2 | 方案 3 | 方案 7 |
| 9 | 方案 2 | 方案 3 | 方案 7 |
| TP | 最优方案 | 次优方案 | 最差方案 |
| 1 | 方案 7 | 方案 6 | 方案 2 |
| 2 | 方案 7 | 方案 6 | 方案 2 |
| 3 | 方案 7 | 方案 6 | 方案 2 |
| 4 | 方案 7 | 方案 6 | 方案 2 |
| 5 | 方案 7 | 方案 6 | 方案 2 |
| 6 | 方案 5 | 方案 2 | 方案 7 |
| 7 | 方案 2 | 方案 3 | 方案 7 |
| 8 | 方案 2 | 方案 3 | 方案 7 |
| 9 | 方案 2 | 方案 3 | 方案 7 |

| NH₃-N | 最优方案 | 次优方案 | 最差方案 |
|:---:|:---:|:---:|:---:|
| 1 | 方案7 | 方案6 | 方案2 |
| 2 | 方案7 | 方案6 | 方案2 |
| 3 | 方案7 | 方案6 | 方案2 |
| 4 | 方案7 | 方案6 | 方案2 |
| 5 | 方案7 | 方案6 | 方案2 |
| 6 | 方案5 | 方案2 | 方案7 |
| 7 | 方案2 | 方案3 | 方案7 |
| 8 | 方案2 | 方案3 | 方案7 |
| 9 | 方案2 | 方案3 | 方案7 |

### 4.3.3　基于生态基流保障的独流减河多水源区域联合调度方案

针对独流减河生态需水量，基于水质水量的调度技术的研究成果，结合独流减河区域现状水源情况和调度线路情况的分析，可以建立基于生态基流保障的独流减河多水源区域联合调度方案，为解决独流减河生态水量不足问题以及总体改善区域内水环境问题提供总体方案。

#### 4.3.3.1　独流减河区域补水水源分析

（1）天津市水资源现状

天津市水资源由常规水资源与非常规水资源组成。常规水资源包括地表水（当地地表水及入境水、引滦水、引江中线水、引黄水、引江东线水）和地下水；非常规水资源包括再生水和淡化海水等。各种水资源都包含水质和水量两个重要属性。在水质方面，用于某种途径的水资源必须达到其相应的水质标准；在水量方面，各种水资源量的总和必须能够分别满足各种用水途径的需水要求。为了缓解天津市水资源缺乏与城市发展建设带来的用水需求高速增长之间的矛盾，必须进一步加大非常规水资源的开发利用强度。

1）当地地表水及入境水

地表水来源包括河道上游来水及降雨形成的本地沥涝水，大部分可供城市环境用水。通过分析计算，天津市范围内可供城市利用的地表水规划水平年约为 1.28 亿 $m^3$，主要用于城市河湖环境及工业粗质用水。

2）引滦水

根据《海河流域综合规划》潘家口水库入库水量采用 1956—2000 年水文系列进行分析，多年平均入库水量为 18.53 亿 $m^3$，天津分水量为 9.57 亿 $m^3$，扣损失后净分水量 7.43 亿 $m^3$。95%保证率入库水量为 5.01 亿 $m^3$，天津分水量为 3.01 亿 $m^3$，扣损失后净分水量 2.33 亿 m$^3$。

3）南水北调中线水

根据《南水北调工程总体规划》，中线一期工程丹江口水库陶岔渠首多年平均分配给天津市水量为 10.2 亿 m$^3$，总干线和天津干线输水损失率 15%，到天津收水量 8.63 亿 m$^3$（口门水量）。天津干线末端以下至水厂，输水管渠损失率和调节水库蒸发渗漏损失率合计 6%，入水厂净水量多年平均 8.16 亿 m$^3$。

根据《南水北调与引滦联合运用调节计算分析报告》，分析南水北调中线分配给天津市的供水过程和引滦入津工程的分水系列，组合可供水量系列（1956—1996 年系列）。对该系列年可供水量进行频率分析，南水北调中线、引滦组合供水量，多年平均可供水量为 15.41 亿 m$^3$，95%保证率为 13.14 亿 m$^3$。

4）地下水

根据《城市水源合理配置规划》，天津市可集中开采供城市的地下水源地共 6 处，可供水总量 1.22 亿 m$^3$：其中河北水源地每年可向天津开发区供水 0.22 亿 m$^3$，宝坻水源地可向大港石化供水 0.37 亿 m$^3$，武清北水源地供武清杨村镇 0.18 亿 m$^3$，蓟县城关、西龙虎峪、大康庄三个水源地供蓟县县城 0.45 亿 m$^3$，合计年可供水 1.22 亿 m$^3$。另外，部分偏远城镇在自来水供水之前，生活、工业用水需利用地下水，水量控制在 0.7 亿 m$^3$。

5）淡化海水

由于天津濒临渤海，具有海水淡化的有利条件。预测 2020 年海水淡化生产能力达到 78 万 m$^3$/d，年可供淡水量 2.34 亿 m$^3$。

6）再生水

能够产生并汇集到污水处理厂的污水包括城市居民生活和第二产业、第三产业用水，但应扣除未经淡化直接取用的海水。考虑到用水消耗，生活污水量占净用水量的 80%，生产废水量占净用水量的 60%，污水处理率按 95%考虑。经深度处理后的再生水可用于城市绿化、市政杂用和工业冷却等方面。2020 年再生水回用城市控制在污水产出量的 30%。到 2020 年，天津市城市再生水可利用量为 4.25 亿 m$^3$。

7）可供水总量

天津市可利用水资源包括地表水、地下水、淡化海水、再生水。引黄水作为应急备用水源，未作统计。规划 2020 年城市可供水资源总量 95%年份为 22.86 亿 m$^3$，多年平均为 25.13 亿 m$^3$。

（2）环境用水水源与水量分析

1）环境用水水源分析

环境用水主要来源有以下几个方面。

地表水：天津市降雨产水可用于环境的水量很少，且降雨时部分污水随沥水进入河道，水质较差，很难用于环境。上游入境洪沥水受上游地区水利工程拦蓄影响，经常出现大水存不住，小水入境少的情况，且入境水量水质没有保障，目前主要用于农业灌溉。

再生水：再生水分为"粗制再生水"和"深处理再生水"。"粗制再生水" 出水水质低于国家地表水Ⅴ类水体标准，不能用于环境。"深处理再生水"现状一般通过点对点的配套管网用于工业和市政杂用（如用于环境），而且还存在可用水量小、处理成本较高、工程不配套等问题。

引黄水：根据《全国水资源综合规划》，黄河水没有天津市环境用水指标，仅在特殊干旱年份，通过实施引黄济津应急调水，解决天津市城市生产、生活供水问题。

引滦水：引滦水是天津市环境用水重要水源，主要为于桥水库等水库蓄水。近几年，水库蓄水情况好转，现状蓄水能够满足天津市未来两年的环境用水。其具备水质优、现行价格较低等优势。

从现状来看，中心城区海河及其他骨干河道补水主要依赖引滦水补充，根据天津市气候特点，环境调水一般在封冻期和降雨期外时段实施，年度向海河调水约 180 天，日均流量 20 $m^3$/s，净入海河水量约 3.0 亿 $m^3$。同时，在河网范围内，再生水排入量也比较大。其中，咸阳路污水处理厂、津沽污水处理厂出水排入陈台子排水河、大沽排水河、独流减河等河道，日排水量 90 万 $m^3$，年排入水量 3.28 亿 $m^3$。

综合分析，引滦水和再生水将是独流减河—海河平原河网区域主要环境用水补水水源。

2）环境用水水量分析

引滦水对环境用水的补充主要是通过向海河调水的方式实现的。2001 年以来引滦对海河年补水量见图 4-66。

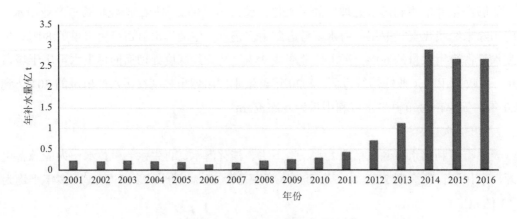

图 4-66　引滦向海河年补水量

可以看出，2001—2010 年引滦向海河补水水量较为稳定，基本在 3 000 万 $m^3$ 以下。2010 年以后，随着对环境生态的关注度不断上升，海河补水的水量也在逐步增加。2014 年以后，年补水量基本稳定在 2.5 亿～3 亿 m³。

为了对海河补水月度情况进行比较，统计了 2016 年 6 月至 2017 年 5 月海河补水的水量情况，见图 4-67。

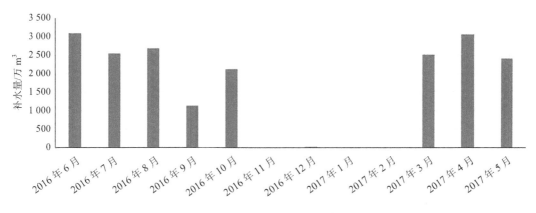

图 4-67　引滦向海河月补水量

由图 4-67 可见，除封冻期外，海河补水各月比较较为平均，月补水量最高不超过 3 000 万 m³，平均约为 2 500 万 m³。

再生水作为污水处理厂的出水，日排水量较为稳定。其中，津沽污水处理厂日排水量 40 万 m³，咸阳路污水处理厂日排水量 50 万 m³，共计 90 万 m³，可以作为稳定的环境用水补充水源。

### 4.3.3.2　独流减河区域调度线路分析

（1）独流减河区域河网概况

独流减河区域河网共涉及一级河道 3 条，总长 99.64 km，二级河道 24 条，总长 303.94 km。各河道名称见表 4-56。

表 4-56　涉及一、二级河道统计表

| 河道等级 | 河道名称 | 河道所在区域 |
| --- | --- | --- |
| 一级河道 | 海河 | 中心城区 |
| | 子牙河 | 中心城区、西青区 |
| | 独流减河 | 西青区、静海区、滨海新区 |
| 二级河道 | 外环河 | 中心城区 |
| | 南运河（环内段） | 中心城区 |
| | 津河 | 中心城区 |
| | 卫津河（环内段） | 中心城区 |

| 河道等级 | 河道名称 | 河道所在区域 |
|---|---|---|
| 二级河道 | 四化河 | 中心城区 |
| | 复兴河 | 中心城区 |
| | 纪庄子河 | 中心城区 |
| | 南丰产河（环内段） | 中心城区 |
| | 津港运河（环内段） | 中心城区 |
| | 长泰河 | 中心城区 |
| | 先锋河 | 中心城区 |
| | 月牙河 | 津南区 |
| | 双桥河 | 津南区 |
| | 幸福河 | 津南区 |
| | 马厂减河 | 津南区 |
| | 洪泥河 | 津南区 |
| | 卫津河（津南段） | 津南区 |
| | 东场引河 | 西青区 |
| | 南运河（部分河段） | 西青区 |
| | 西大洼排水河（部分河段） | 西青区 |
| | 自来水河（部分河段） | 西青区 |
| | 丰产河（部分河段） | 西青区 |
| | 卫津河（西青段） | 西青区 |
| | 中引河 | 西青区 |
| | 总排河 | 西青区 |
| | 南引河 | 西青区 |
| | 程村排水河 | 西青区 |
| | 津港运河（西青段） | 西青区 |

1）海河

海河干流起自子北汇流口（子牙河与北运河汇流处），东流经市近郊、滨海地区，北岸东丽区，南岸津南区，贯穿塘沽区于大沽口入渤海，全长 73.45 km，流域面积 2 066 km²。海河干流原是海河流域南运河、子牙河、大清河、永定河、北运河 5 条河的入海尾闾河道之一。经历次治理，下游新辟入海通道，大部分洪水分别由子牙新河、独流减河、永定新河分泄入海，海河干流主要承泄大清河和永定河部分洪水，是一条以行洪为主兼顾排涝、蓄水供水、航运、旅游等综合利用的河道，其中二道闸以上河道长 34 km，水功能区为饮用水水源区。海河干流上游左岸建有耳闸，耳闸下是新开河，下游称金钟河，是连通海河干流和永定新河的平原河道。20 世纪 90 年代，海河干流河道按 800 $m^3/s$ 的行洪标准治理。

2）子牙河

子牙河位于大清河和南运河之间，上游分为两支：南支滏阳河和北支滹沱河。两支在献县汇合后，始称子牙河。子牙河下行经河间、大城、静海在西青第六埠村与大清河汇合后称为西河，在独流减河上口的上游汇南运河，至天津大红桥下游汇北运河，后流入海，全长 176.98 km（天津市境内河道长 76.1 km），流域面积 46 868 $km^2$。经历次治理，西河闸—子北汇流口段河道已成为大清河的尾闾河道，长 16.54 km，是一条以行洪为主兼顾排涝、蓄水供水、航运、旅游等综合利用的河道，设计流量 1 000 $m^3/s$，水功能区为饮用水水源区。

3）二级河道

河网区域内共涉及中心城区、津南区、西青区二级河道 24 条，河道总长 303.94 km，均具有灌溉、排涝功能，水功能区为工业、农业、景观娱乐用水区。各河道基本情况见表 4-57。

表 4-57 二级河道统计表

| 序号 | 河道名称 | 起止地点 | 长度/km | 设计流量/（$m^3$/s） | 备注 |
|---|---|---|---|---|---|
| | 合 计 | | 303.94 | | |
| 1 | 东场引河 | 南运河—海河 | 4.8 | 20 | |
| 2 | 南运河 | 三岔河口—外环线 | 10.75 | 20 | |
| 3 | 津河 | 三元村—长江道 | 13.74 | 6～8 | |
| | | 长江道—复康路 | | 10～20 | |
| | | 红旗路—卫津路 | | 20 | |
| | | 卫津路—解放南路 | | 6～10 | |
| 4 | 卫津河 | 双丰道—外环线 | 11.50 | 6～20 | 环内段 |
| 5 | 复兴河 | 纪庄子—复兴门 | 5.8 | 24 | |
| 6 | 四化河 | 纪庄子—外环线 | 3.7 | 10 | |
| 7 | 津港运河 | 纪庄子—外环线 | 3.5 | 20 | 环内段 |
| 8 | 南丰产河 | 津港运河—外环线 | 2.4 | 20 | 环内段 |
| 9 | 纪庄子河 | 纪庄子—外环线 | 3.6 | 10 | |
| 10 | 长泰河 | 复兴河—外环线 | 4.7 | | |
| 11 | 先锋河 | 海河—外环线 | 3.75 | | |
| 12 | 外环河 | 京津公路—望江路 | 31.6 | 5 | 子牙河至海河段 |

（中心城区，序号 5～11 对应"中心城区"）

| 序号 | 河道名称 | | 起止地点 | 长度/km | 设计流量/（m³/s） | 备注 |
|---|---|---|---|---|---|---|
| 13 | 津南区 | 马厂减河 | 万家码头—西关 | 28.9 | 50 | |
| 14 | | 洪泥河 | 独流减河—海河 | 25.8 | 40 | |
| 15 | | 月牙河 | 海河—马厂减河 | 16.2 | 30 | |
| 16 | | 双桥河 | 海河—马厂减河 | 9.9 | 20 | |
| 17 | | 幸福河 | 海河—马厂减河 | 20.8 | 10 | |
| 18 | | 卫津河 | 辛庄建明村—南羊赵北村 | 10.5 | 10 | 津南段 |
| 19 | 西青区 | 津港运河 | 外环线—马场减河 | 25.8 | 20 | 西青段 |
| 20 | | 丰产河 | 南运河—西大洼排水河 | 8.5 | 10 | |
| 21 | | 南运河 | 外环线—西大洼排水河 | 2.5 | 20 | |
| | | | 自来水河—南丰产河 | 7.4 | | |
| 22 | | 西大洼排水河 | 南运河—自来水河 | 6.7 | 20 | |
| | | | 南丰产河—独流减河 | 4.0 | | |
| 23 | | 卫津河 | 外环线—三场泵站 | 7.3 | 8 | 西青段 |
| 24 | | 自来水河 | 西大洼排水河—南运河 | 8.3 | 20 | |
| 25 | | 南引河 | 卫津河—津港运河 | 9.2 | 30 | |
| 26 | | 总排河 | 津港运河—独流减河 | 4.2 | 10 | |
| 27 | | 中引河 | 卫津河—南引河 | 8.1 | 8 | |

（2）海河水质变化规律分析

根据 2008—2014 年三岔口、柳林和二道闸的水质监测资料分析，除引黄调水和引滦补水期间外，海河现状水质总体为劣 V 类，达不到海河功能要求，污染类型以有机耗氧污染和氮、磷污染为主，主要超标污染物为 COD、$NH_3$-N、TN 和 TP。$NH_3$-N、TN、TP 和 COD 最高浓度分别达到 7.76 mg/L、11.9 mg/L、3.06 mg/L 和 146 mg/L，分别高于 V 类标准的 2.9 倍、5.0 倍、6.7 倍和 2.7 倍（表 4-58）。

表 4-58　2008—2014 年上半年海河主要污染物超标情况统计结果

| 污染指标 | 统计内容 | 三岔口 | 柳林 | 二道闸 |
|---|---|---|---|---|
| COD | 检测次数/次 | 28 | 27 | 28 |
| | 浓度范围/（mg/L） | 12～108 | 20～106 | 17～146 |
| | 算术均值/（mg/L） | 55 | 61 | 71 |
| | 超标率/% | 60.7 | 85.2 | 92.9 |
| | 最大超标倍数/倍 | 1.70 | 1.65 | 2.65 |

| 污染指标 | 统计内容 | 三岔口 | 柳林 | 二道闸 |
|---|---|---|---|---|
| BOD₅ | 检测次数/次 | 57 | 56 | 52 |
| | 浓度范围/（mg/L） | 3.1～12.8 | 3.2～15.0 | 3.4～13.8 |
| | 算术均值/（mg/L） | 6.1 | 6.3 | 6.8 |
| | 超标率/% | 1.8 | 1.8 | 7.7 |
| | 最大超标倍数/倍 | 0.28 | 0.50 | 0.38 |
| CODMn | 检测次数/次 | 64 | 59 | 59 |
| | 浓度范围/（mg/L） | 2.6～12.9 | 3.8～15.2 | 5.0～15.0 |
| | 算术均值/（mg/L） | 7.3 | 8.2 | 9.2 |
| | 超标率/% | 0 | 1.7 | 0 |
| | 最大超标倍数/倍 | 0.00 | 0.01 | 0.00 |
| NH₃-N | 检测次数/次 | 61 | 58 | 56 |
| | 浓度范围/（mg/L） | 0.09～6.10 | 0.16～7.76 | 0.13～6.97 |
| | 算术均值/（mg/L） | 1.28 | 2.29 | 2.15 |
| | 超标率/% | 16 | 47 | 43 |
| | 最大超标倍数/倍 | 2.05 | 2.88 | 2.49 |
| TN | 检测次数/次 | 57 | 56 | 57 |
| | 浓度范围/（mg/L） | 1.20～9.54 | 1.51～11.90 | 2.52～8.98 |
| | 算术均值/（mg/L） | 4.03 | 4.97 | 4.82 |
| | 超标率/% | 91.2 | 94.6 | 100.0 |
| | 最大超标倍数/倍 | 3.77 | 4.95 | 3.49 |
| TP | 检测次数/次 | 59 | 56 | 59 |
| | 浓度范围/（mg/L） | 0.04～1.42 | 0.08～1.85 | 0.09～3.06 |
| | 算术均值/（mg/L） | 0.43 | 0.55 | 0.78 |
| | 超标率/% | 45.8 | 60.7 | 84.8 |
| | 最大超标倍数/倍 | 2.55 | 3.63 | 6.65 |
| DO | 检测次数/次 | 70 | 60 | 54 |
| | 浓度范围/（mg/L） | 1.3～16.0 | 1.6～15.9 | 0.2～14.5 |
| | 算术均值/（mg/L） | 7.6 | 6.8 | 5.3 |
| | 超标率/% | 4.3 | 5.0 | 16.7 |
| | 最大超标倍数/倍 | 0.35 | 0.20 | 0.90 |

注：1. 根据《地表水环境质量标准》（GB 3838—2003）Ⅴ类标准限值按下式统计主要污染物的超标率和最大超标倍数。

$$I_i = \frac{N_{i超}}{N_{i总}} \times 100\% \qquad P_i = \frac{C_{imax}}{C_{io}} - 1$$

式中：$I_i$——$i$ 污染物的超标率，%；

$N_{i超}$、$N_{i总}$——分别为 $i$ 污染物的超标次数和总检测次数；

$P_i$——$i$ 污染物的最大超标倍数，倍；

$C_{imax}$、$C_{io}$——分别为 $i$ 污染物检测浓度的最大值和标准限值，mg/L。

2. 表中统计数值均为剔除引黄和大流量引滦期间的水质指标。

从主要超标污染物的沿程变化来看，COD 和 TP 指标的浓度均值、超标率和最大超标倍数均为二道闸最高，柳林次之，三岔口最低，污染程度自上游至下游呈加剧的趋势；而 $NH_3$-N 和 TN 指标的浓度均值、超标率和最大超标倍数以柳林断面最高，二道闸次之，三岔口最低；高锰酸盐指数（$COD_{Mn}$）、五日生化需氧量（$BOD_5$）和 DO 部分时段内也有超标现象。

从季节变化来看，水体中的氮、磷和 COD 全年污染最严重时段为 2—3 月，其中 COD 在三个监测断面的非汛期均值高于汛期均值；$NH_3$-N、TN 和 TP 的浓度峰值既在汛期出现，也在非汛期出现，且污染程度非汛期均值与汛期均值相比也无明显的规律，非汛期污染依然严重。

自 2014 年 4 月，每天以 20 $m^3$/s 的流量向海河补充引滦水，海河水质有明显好转，$NH_3$-N、TP、$COD_{Mn}$、COD 等指标均达到Ⅲ类水标准，TN 仍高于Ⅴ类，浓度有显著降低，2014 年 4—6 月 TN 平均浓度为 2.89 mg/L。说明海河的富营养化问题主要是生态用水缺乏，水体流动性较差（图 4-68）。

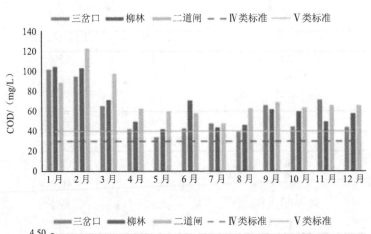

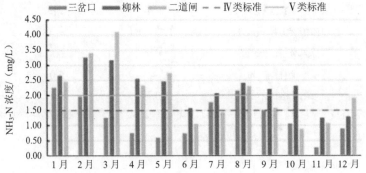

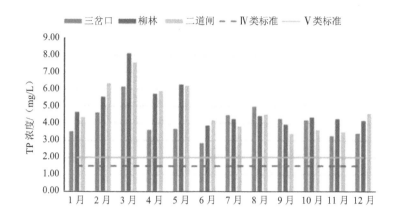

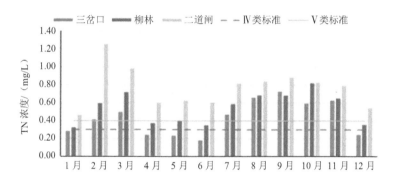

图 4-68 海河水体主要污染物的逐月平均值变化图

从上面分析来看，海河水质自从持续的引滦补水以来得到了极大的改善，主要污染物浓度基本能够达到独流减河的水质目标要求。因此，海河可以作为独流减河引滦水补给的源头。

（3）其他二级河道水质变化规律分析

根据 2008—2013 年洪泥河、南运河、津港运河、津河、卫津河、复兴河等二级河道常规水质监测资料分析，上述河道水质普遍较差，现状水质均为劣 V 类，污染类型以有机耗氧污染和氮、磷污染为主，富营养化特征明显，主要超标污染物为 TP、NH$_3$-N、COD、BOD$_5$。与海河水质相比，二级河道水质污染更为严重，明显劣于海河。

表 4-59 二级河道 2011—2013 年水质状况

| 序号 | 河流名称 | 断面 | 水质类别 | 主要超标污染物及超标率 |
|---|---|---|---|---|
| 1 | 洪泥河 | 生产圈闸 | 劣 V 类 | TP（67.9%）、BOD$_5$（64.3%）、NH$_3$-N（50%）、COD$_{Mn}$（25%） |
| | | 万家码头 | 劣 V 类 | TP（64.3%）、BOD$_5$（57.1%）、COD$_{Mn}$（53.6%）、NH$_3$-N（21.4%） |

| 序号 | 河流名称 | 断面 | 水质类别 | 主要超标污染物及超标率 |
|---|---|---|---|---|
| 3 | 南运河 | 金华桥 | 劣Ⅴ类 | TP（58.3%）、$COD_{Cr}$（50%）、$NH_3$-N（50%）、$BOD_5$（33.3%） |
| | | 三元村 | 劣Ⅴ类 | TP（70.8%）、$COD_{Cr}$（54.2%）、$NH_3$-N（54.2%）、$BOD_5$（37.5%） |
| 4 | 卫津河 | 双峰道 | 劣Ⅴ类 | TP（70.8%）、$BOD_5$（62.5%）、$COD_{Cr}$（58.3%）、$NH_3$-N（54.2%） |
| | | 气象台路 | 劣Ⅴ类 | TP（83.3%）、$COD_{Cr}$（66.7%）、$BOD_5$（62.5%）、$NH_3$-N（50%） |
| | | 纪庄子 | 劣Ⅴ类 | TP（75%）、$COD_{Cr}$（66.7%）、$BOD_5$（58.3%）、$NH_3$-N（54.2%） |
| | | 海逸长洲 | 劣Ⅴ类 | TP（79.2%）、$COD_{Cr}$（54.2%）、$NH_3$-N（62.5%）、$BOD_5$（66.7%） |
| | | 外环桥 | 劣Ⅴ类 | TP（79.2%）、$BOD_5$（66.7%）、$COD_{Cr}$（58.3%）、$NH_3$-N（58.3%） |
| 5 | 津河 | 三元村桥 | 劣Ⅴ类 | TP（74.1%）、$COD_{Cr}$（51.9%）、$BOD_5$（51.9%）、$NH_3$-N（48.1%） |
| | | 长江道 | 劣Ⅴ类 | TP（59.3%）、$NH_3$-N（29.6%）、$BOD_5$（29.6%）、$COD_{Cr}$（25.9%） |
| | | 王顶堤 | 劣Ⅴ类 | TP（51.9%）、$NH_3$-N（37%）、$BOD_5$（33.3%）、$COD_{Cr}$（29.6%） |
| | | 八里台 | 劣Ⅴ类 | TP（48.1%）、$NH_3$-N（37%）、$BOD_5$（37%）、$COD_{Cr}$（29.6%） |
| | | 广东路 | 劣Ⅴ类 | TP（59.3%）、$NH_3$-N（59.3%）、$COD_{Cr}$（48.1%）、$BOD_5$（25.9%） |
| | | 湘江道 | 劣Ⅴ类 | TP（63%）、$NH_3$-N（59.3%）、$COD_{Cr}$（51.9%）、$BOD_5$（29.6%） |
| 6 | 复兴河 | 紫金山路 | 劣Ⅴ类 | TP（68%）、$BOD_5$（64%）、$COD_{Cr}$（60%）、$NH_3$-N（56%） |
| | | 解放南路桥 | 劣Ⅴ类 | TP（72%）、$COD_{Cr}$（72%）、$NH_3$-N（64%）、$BOD_5$（64%） |
| | | 复兴门闸 | 劣Ⅴ类 | $COD_{Cr}$（72%）、TP（68%）、$BOD_5$（68%）、$NH_3$-N（60%） |
| 7 | 津港运河 | 中石油桥 | 劣Ⅴ类 | TP（96.2%）、$COD_{Cr}$（76.9%）、$NH_3$-N（76.9%）、$BOD_5$（73.1%） |
| | | 王兰庄桥 | 劣Ⅴ类 | TP（88.5%）、$NH_3$-N（88.5%）、$BOD_5$（80.8%）、$COD_{Cr}$（80.8%） |
| | | 外环桥 | 劣Ⅴ类 | $NH_3$-N（88.5%）、TP（84.6%）、$BOD_5$（76.9%）、$COD_{Cr}$（73.1%） |

上述重点监测的二级河道中，洪泥河和津港运河是海河和独流减河沟通线路中最为重要的两条河道，两条河道的水质监测情况如下。

1）洪泥河

洪泥河主要污染物浓度变化见图 4-69。

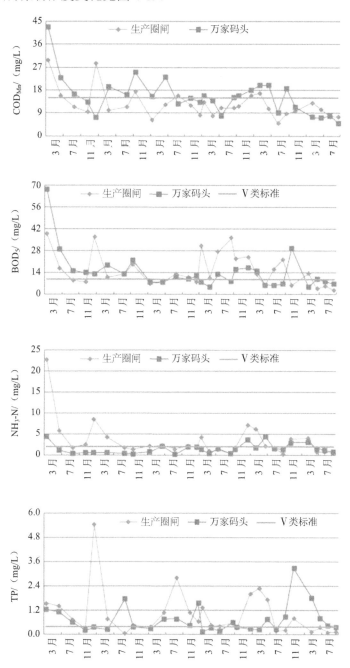

**图 4-69　洪泥河主要污染物浓度变化图**

图 4-69 表明，洪泥河现状水质较差，为劣 V 类水体，污染类型以氮、磷污染和有机耗氧污染为主，主要污染物为 TP、$BOD_5$、$COD_{Mn}$ 和 $NH_3$-N。从水质污染的季节变化来看，洪泥河水质以春季（3 月前后）和汛期污染最为突出。

2）津港运河

津港运河主要污染物浓度变化见图 4-70。

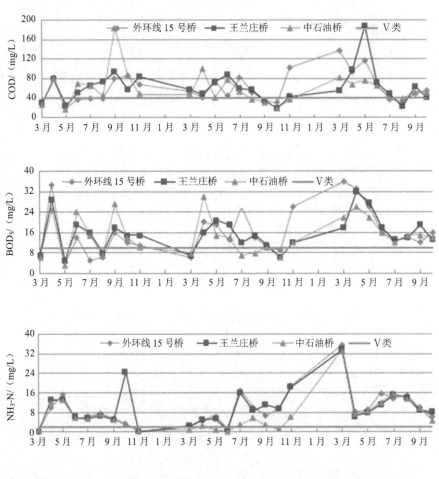

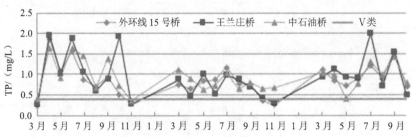

图 4-70　津港运河主要污染物浓度变化图

图 4-70 表明，津港运河现状水质污染严重，为劣 V 类水体，污染类型以氮、磷污染和有机耗氧污染为主，主要污染物为 TP、$NH_3$-N、COD 和 $BOD_5$。从水质污染的季节变化来看，津港运河水质在汛期和非汛期无明显变化规律，主要污染物在三个监测断面的差异也并不明显。

综合上述河道的水质情况，洪泥河和津港运河现状水质污染均较为严重，但是考虑到上述河道并无天然水源补给，如果作为海河向独流减河补水的河道后，原有的河道水体必然会被来自海河的引滦水代替，而且两条河道均是海河和独流减河各条补水线路中最为顺畅的方向。因此，洪泥河和津港运河可以作为补水线路的重要河道进行设计使用。

（4）引滦补水线路分析

独流减河的补水分为两种方式，分别是全河段补水和重要节点宽河槽段补水。结合不同的补水方和补水水源方向，补水线路的选择不同。

1）全河段补水

独流减河全河段补水需要对独流减河上中游及宽河槽整个河道均进行水量补充。考虑到独流减河河道长度大，依靠单一节点难以满足独流减河生态补水的水量要求。因此，综合分析，在全河段补水模式下，设立两个补水点。考虑到补水区域的重要性和位置分布，一个补水点设立于独流减河上游或中游，另一个补水点设立于独流减河宽河槽附近。

独流减河上游中游区域河流水系见图 4-71。

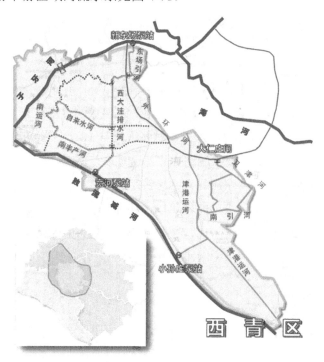

图 4-71　独流减河上中游区域河网情况

独流减河上中游可行的补水线路有以下几条：

A．海河、子牙河水经东场引河入南运河，再经西大洼排水河于宽河泵站处汇入独流减河；

B．海河、子牙河水经南运河、津河、卫津河、纪庄子排水河入津港运河，再经新赤龙河于小孙庄泵站处汇入独流减河；

C．海河、子牙河水经南运河、津河、卫津河、南引河入津港运河，再经新赤龙河于小孙庄泵站处汇入独流减河。

综合分析来看，补水线路 1 沿线涉及的泵站较多，且西大洼排水河现状补水条件还存在欠缺，部分河段过水能力还需进行改善，考虑到补水水量较大，不建议选择补水线路 1。补水线路 2 和补水线路 3 均通过新赤龙河处的小孙庄泵站排入独流减河，排入位置点相同，区别在于从海河补给至津港运河的方向，补水线路 2 直接从津港运河源头处补充，补水线路 3 则通过津南区附近的多条河道进行调控进入津港运河。综合考虑，补水线路 2 涉及的调度均集中在中心城区，调度方式更为统一直接。因此，选择补水线路 2 作为独流减河上中游的补水线路。

独流减河宽河槽附近补水线路主要有以下几条：

A．海河、子牙河水经南运河、津河、卫津河、纪庄子排水河入津港运河，再经马厂减河于东台子泵站汇入独流减河宽河槽上游；

B．海河水经洪泥河直接进入马厂减河，于东台子泵站汇入独流减河宽河槽上游；

C．海河水经洪泥河于万家码头闸直接进入独流减河宽河槽北侧区域。

综合分析来看，补水线路 1 与独流减河上中游段补水方向类似，均是海河水进入津港运河，不同的是宽河槽段补水处为马厂减河东台子泵站处，补水线路 1 的优势是可以与独流减河上游段补水共同进行，能够减少多条线路补水造成的过高运行费用。补水线路 2 和补水线路 3 均是通过洪泥河从海河取水，相对补水线路 1，涉及的河流更少，补水线路长度较短，两条线路的区别在于，补水线路 2 依然通过马厂减河东台子泵站汇入宽河槽补水上游，补水线路 3 则直接通过洪泥河的万家码头闸汇入宽河槽区域北侧。考虑到两个泵站不同的过流能力，在补给水量较大的时候可以选择补水线路 3，补给水量较小时可以选择补水线路 2 以节约运行费用。综合考虑，在全河段补水时，补水线路 1 在运行经济性方面优势更为明显，可以与独流减河上中游段的补水线路 2 共同利用，选择该线路作为独流减河宽河槽附近的补水线路。

2）宽河槽段补水

宽河槽段单独补水主要针对海河引滦水源水量有限的情况下。由于水量的不足，难以覆盖整个独流减河河道的生态需水，因此，只能选择优先对重要生态节点处的宽河槽段进行补水。

宽河槽补水的可行选择可以参照上述全河段补水中宽河槽附近补水的 3 条线路,包括:

A．海河、子牙河水经南运河、津河、卫津河、纪庄子排水河入津港运河,再经马厂减河于东台子泵站汇入独流减河宽河槽上游;

B．海河水经洪泥河直接进入马厂减河,于东台子泵站汇入独流减河宽河槽上游;

C．海河水经洪泥河于万家码头闸直接进入独流减河宽河槽北侧区域。

3 条线路均满足向独流减河补水的要求。在补水水量较大的时候可以选择线路 3,经由新建成的万家码头闸直接补水入宽河槽。在补水水量较小的时候可以选择线路 1 或线路 2 由马厂减河东台子泵站入独流减河宽河槽上游区域。

3)再生水补水线路分析

再生水补水的线路与再生水水源的位置密切相关。根据全面分析,独流减河附近规模较大的再生水水源主要有两个:咸阳路污水处理厂和津沽污水处理厂。

A．咸阳路污水处理厂

咸阳路污水处理厂是天津市中心城区西部污水处理的重点工程,该厂原址位于天津市西青区中北镇,东至万卉路、南至海泰北道、西至星光路、北至紫阳道。目前,污水处理厂正在进行迁址重建的工程,新址位于西青区陈台子村东侧、陈台子排水河右岸、独流减河左岸。

根据即将完成迁建运行的咸阳路污水处理厂情况,污水处理厂距离独流减河仅数百米,适合作为独流减河补水的再生水供水水源。从目前的排污口设置情况来看,咸阳路污水处理厂出水现状规划进入陈台子排水河。因此,可行的补水线路为经陈台子排水河进入独流减河。

B．津沽污水处理厂

津沽污水处理厂是天津市中心城区南部污水处理的重点工程,污水处理厂位于津淄线与唐津高速交会处北 4.6 km,大孙庄村西侧,西青高端金属制品工业区东侧。

污水处理厂距离独流减河约为 8 km,适合作为独流减河稳定的再生水补水源。根据津沽污水处理厂排污口设置情况,津沽污水处理厂出水规划经赤龙河进入独流减河。因此,可行的补水线路为经赤龙河进入独流减河。

### 4.3.3.3  独流减河补水方案

(1)独流减河全河段引滦补水方案

补水线路:补水线路见图 4-72。

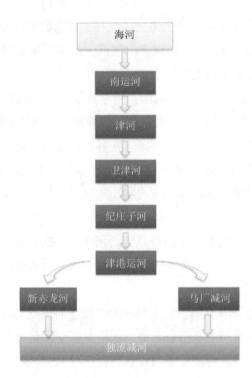

图 4-72 独流减河全河段引滦补水线路图

补水水量：

结合补水线路，根据每月调水流量，设计了两个补水节点不同补水水量下的调水方案（7 种比例），并分别在每种调水方案下模拟 365 天 COD、DO、TN、TP 和 $NH_3$-N 的浓度变化，得到了调水的最佳方案。以新赤龙河小孙庄泵站为补水节点 1、马厂减河东台子泵站为补水节点 2，则最终的补水水量方案见表 4-60。

表 4-60　补水水量方案

| 月份 | 调水点 1 补水量/万 $m^3$ | 调水点 2 补水量/万 $m^3$ | 总补水量/万 $m^3$ |
|---|---|---|---|
| 1 | 2 175.72 | 932.45 | 3 108.17 |
| 2 | 1 787.34 | 766.00 | 2 553.34 |
| 3 | 1 883.20 | 807.09 | 2 690.29 |
| 4 | 801.28 | 343.41 | 1 144.69 |
| 5 | 1 491.26 | 639.11 | 2 130.37 |
| 6 | 0.00 | 0.00 | 0.00 |
| 7 | 21.56 | 9.24 | 30.80 |
| 8 | 0.00 | 0.00 | 0.00 |
| 9 | 0.00 | 0.00 | 0.00 |

| 月份 | 调水点 1 补水量/万 m³ | 调水点 2 补水量/万 m³ | 总补水量/万 m³ |
|---|---|---|---|
| 10 | 1 770.81 | 758.92 | 2 529.73 |
| 11 | 2 151.72 | 922.16 | 3 073.88 |
| 12 | 1 694.20 | 726.08 | 2 420.28 |
| 合计 | 13 777.09 | 5 904.46 | 19 681.55 |

（2）独流减河宽河槽段引滦补水方案

补水线路：引滦补水线路见图 4-73。

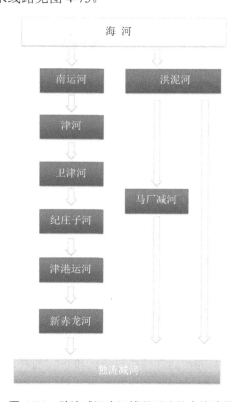

图 4-73　独流减河宽河槽段引滦补水线路图

补水水量：补水水量总量为 1.1 亿 m³，具体方案见表 4-61。

表 4-61　补水水量方案　　　　　　　　　　　　　单位：万 m³

| 月份 | 1 | 2 | 3 | 4 | 5 | 6 |
|---|---|---|---|---|---|---|
| 补水水量 | 700 | 700 | 970 | 1 280 | 1 320 | 910 |
| 月份 | 7 | 8 | 9 | 10 | 11 | 12 |
| 补水水量 | 0 | 310 | 1 060 | 1 020 | 2 200 | 600 |

（3）独流减河再生水补水方案

补水线路：引滦补水线路见图4-74。

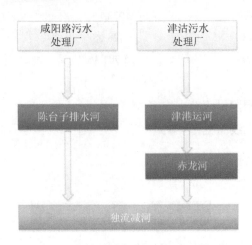

图 4-74　独流减河再生水补水线路图

补水水量：再生水补水水量为 90 万 m³。

#### 4.3.3.4　独流减河连通循环方案

（1）独流减河连通循环总体目标

通过独流减河的生态补水能够为独流减河河道及其重要生态节点宽河槽段提供重要的水量补充，能够促进独流减河生态系统的改善和修复，对于独流减河生态廊道功能的发挥也起到了重要作用。在改善独流减河生态的同时，独流减河还可以通过补水过程带动独流减河与海河水系之间的连通循环，从而为推动海河及其相关河道水环境的改善提供重要的帮助。为此，确定独流减河连通循环的总体目标如下：

通过独流减河与海河水系的沟通，利用海河优质水体的注入，改善沿线津港运河等补水河道的水质，为整个区域水环境的改善提供支撑；

通过独流减河与海河水系的交换，借助宽河槽区域的净化系统，在海河水质出现恶化的情况下，为海河水体提供应急的净化处理，帮助快速恢复海河水环境和水生态系统；

通过连通循环，带动独流减河水质和水生态的进一步恢复。

（2）区域内现状连通循环方案

根据《天津市中心城区及环城四区水系联通规划方案》以及《天津市中心城区及环城四区水系联通工程项目建议书》的成果，海河—独流减河区域水循环可能涉及的河道包括一级河道 3 条，总长 99.64 km，二级河道 24 条，总长 303.94 km。根据循环调度方案，细分为中心城区海河以西循环系统、外环河循环系统、西青北部循环系统、西青南部循环系统和津南循环系统。

1）中心城区海河以西循环系统

A．循环河道

河道主要包括市区东场引河、南运河、津河、卫津河、复兴河、四化河、纪庄子河、津港运河、南丰产河、长泰河、先锋河等 11 条二级河道，参与循环的河道全长为 68.24 km，全部为工业、农业或者景观娱乐用水区河道，主要覆盖中心城区海河以西区域。此外，津港运河西青区外环线以外段（长 25.8 km）、津南区洪泥河（长 25.8 km）参与该系统循环。循环路线见图 4-75。

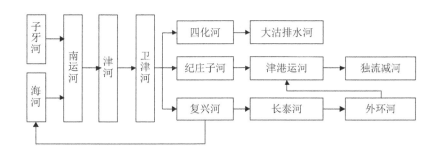

图 4-75　中心城区海河以西循环主要线路图

B．循环方式

每年 4 月 1 日—11 月 10 日，与海河同步进行日循环，全年约 180 d（除封冻期和降雨期外）。

C．循环流量

明珠泵站设计流量 6 m³/s，取水流量 3～6 m³/s；新东场泵站设计流量 8 m³/s，取水流量 2～6 m³/s。

2）外环河循环系统

外环河实现贯通河道全长 67.7 km，该河道将水功能区划分为工业、农业或者景观娱乐用水区河道。河道被海河、子牙河、北运河、新开河分隔为四段，采取分段方式进行循环。

河道平均每月循环一次（每月 1 日至 5 日），每次补水 5 d，其中子牙河至海河段因关系到西青区南部循环系统用水，视具体情况适当调整。

参与南部循环系统的子牙河至海河段（31.6 km），外环河设计流量 5 m³/s，利用子牙河右堤泵站（设计流量 5.16 m³/s）从子牙河从海河取水进行循环，循环水量通过西青区卫津河大仁庄闸进入西青区大寺镇进行循环。

3）西青北部循环系统

①循环河道

河道主要包括东场引河、南运河、西大洼排水河、自来水河、南丰产河（含东西排总河）5 条二级河道，参与循环河道总长度为 42.2 km。河道全部为工业、农业或者景观娱乐用水区河道。

利用新东场泵站以 6 m³/s 左右流量从子牙河取水进入东场引河，循环水量流经南运河、西大洼排水河、自来水河和南丰产河，最终经西大洼排水河宽河泵站排入独流减河。循环路线见图 4-76。

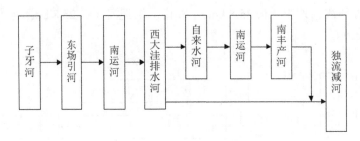

图 4-76　西青北部循环线路图

B. 循环方式

平均每月循环一次，每次补水 6 d。

C. 循环流量

新东场泵站设计流量 8 m³/s，取水流量 6 m³/s。

4）西青南部循环系统

A. 循环河道

河道主要包括卫津河、南引河、中引河和总排河 4 条二级河道，参与循环的河道全长 28.8 km（不含津港运河长度）。全部为工业、农业或者景观娱乐用水区河道。

利用卫津河大仁庄闸将子牙河至海河段外环河循环水量调入西青区大寺镇卫津河、中引河、南引河、总排河，最终经小孙庄泵站排入独流减河。循环线路见图 4-77。

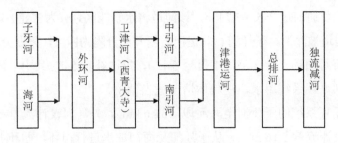

图 4-77　西青南部循环线路图

B. 循环方式

平均每月循环一次，每次补水 6 d。

C. 循环流量

循环流量 5 m³/s。

5）津南循环系统

A. 循环河道

该循环系统覆盖津南区大部分区域，河道主要包括洪泥河、幸福河、卫津河、月牙河、双桥河、马厂减河等 6 条二级河道，参与循环河道总长度为 112.1 km，其中洪泥河参与中心城区海河以西循环系统，长 25.8 km。河道全部为工业、农业或者景观娱乐用水区河道。

利用双洋渠泵站和双月泵站从海河取水进入幸福河、月牙河、双桥河，循环水量经马厂减河在南部循环系统建成前排入海河二道闸下游，南部循环系统建成后排入独流减河。循环线路见图 4-78。

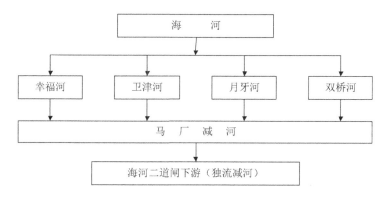

**图 4-78　津南循环线路图**

B. 循环方式

平均每月循环一次，每次补水 7 d。

C. 循环流量

双洋渠泵站设计取水能力 10 m³/s；双月泵站设计取水能力 20 m³/s。

（3）连通循环调度方案确定

1）连通循环线路

独流减河连通循环需要依托补水进行。因此，连通循环线路应该在生态补水线路的基础上进行设定。根据生态补水的两种方式，连通循环也可以设计为两种方式。

连通循环模式一：海河—津港运河—马厂减河—宽河槽段—洪泥河—海河

在模式一的设计下，海河水通过津港运河对独流减河上中游及宽河槽补水结束后，宽河槽内的水量再继续通过洪泥河回到海河，实现了水体在宽河槽中的净化，能够改善津港运河及相关二级河道水质、改善洪泥河水质，同时带动了宽河槽内部水体的流动，改善了宽河槽内的生态状况。循环线路见图 4-79。

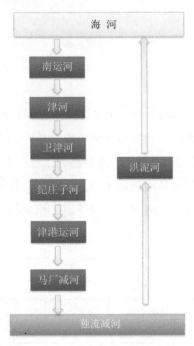

图 4-79　连通循环模式一线路图

连通循环模式二：海河—洪泥河—（马厂减河）—宽河槽段—洪泥河—海河

在模式一的设计下，海河水通过洪泥河或马厂减河对宽河槽补水结束后，宽河槽内的水量再继续通过洪泥河回到海河，实现了水体在宽河槽中的净化，能够改善洪泥河水质，并在应急情况下对海河水质进行净化，还能带动宽河槽内部水体的流动，改善宽河槽内的生态状况。循环线路见图 4-80。

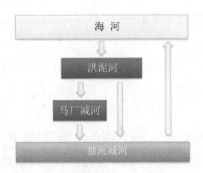

图 4-80　连通循环模式二线路图

2）连通循环水量

根据前面分析，为了尽可能控制运行费用，独流减河连通循环水量选择不超过宽河槽段补水水量。宽河槽段生态补水水量方案，可以计算得到各月下的平均生态补水流量，综合分析，确定年内的连通循环水量为：

1月、2月、3月，循环流量为 3 $m^3/s$，循环时长为 7 d；

4月、5月、6月，循环流量为 4 $m^3/s$，循环时长为 7 d；

7月、8月，水量较为丰富，不进行循环；

9月、10月、11月、12月，循环流量为 3 $m^3/s$，循环时长为 7 d。

当出现海河水质突然恶化的情况下，根据实际情况可以加大循环流量，按照宽河槽示范区设计流量，最大循环流量不超过 21 $m^3/s$。

### 4.3.4 独流减河水系沟通循环示范工程

#### 4.3.4.1 示范工程概况

独流减河水系沟通循环示范工程主要依托中心城区及环城四区水系连通工程、外环河综合治理工程、独流减河治理工程等项目的实施，在已有河网基础上通过部分泵站的新建、改建以及河道的治理实施了沟通和循环的示范。

示范工程线路涉及的沟通循环河道包括海河、南运河、津河、卫津河、纪庄子河、津港运河、马厂减河、新赤龙河、独流减河、洪泥河、陈台子排水河、赤龙河等。

#### 4.3.4.2 示范的关键技术

示范的关键技术为以满足独流减河关键节点的生态水量和水质双重需求为目的的多水源生态补水技术。

独流减河水系沟通循环示范工程主要依托中心城区及环城四区水系连通工程、外环河综合治理工程、独流减河治理工程等项目的实施，在已有河网基础上通过部分泵站的新建、改建以及河道的治理连通循环示范的工程条件已经具备，并开始初步的循环运行。示范工程线路涉及的沟通循环河道包括海河、南运河、西大洼排水河、纪庄子河、津港运河、马厂减河、外环河、南引河、新赤龙河、独流减河、洪泥河、陈台子排水河（图4-81～图4-84）。

图 4-81　独流减河治理河道深槽扩挖及清淤工程现场

图 4-82 独流减河尾闾治理工程

图 4-83 洪泥河

图 4-84 新赤龙河

#### 4.3.4.3 示范工程的建设实施

示范工程涉及的构筑物主要包括调度循环线路沿线的各个泵站，主要泵站包括万家码头泵站、小孙庄泵站等。

万家码头泵站位于独流减河左堤北侧，跨洪泥河而建，与洪泥河首闸相接。泵站工程由新建泵站、原洪泥河首闸及新建穿堤建筑物和新挖引渠段组成。

泵站位于独流减河左堤背水侧约 60 m 处，占地总面积 32 364 m²，场区面积高程 5.50 m，泵站厂房内高程为 5.80 m。在泵站东侧、厂区管理院内布置管理用房。其左侧布置安装间和高压变电站。原洪泥河首闸为 5 孔钢筋混凝土涵闸，泵站出水池后接新建 5 孔钢筋混凝土箱涵与原洪泥河首闸箱涵相接，其余保持不变（图 4-85、图 4-86）。

图 4-85  万家码头泵站

图 4-86  小孙庄泵站

#### 4.3.4.4 示范工程的运行效果

目前，独流减河水系沟通循环示范工程常规水源的补给已经正常运行，通过洪泥河将海河的引滦水补充进入独流减河宽河槽段。补水后，独流减河宽河槽段生态水量得到了有效的保证，水质得到了改善和提升。根据最新的第三方监测数据，示范工程涉及的主要河道断面水质基本上达到了地表水环境质量V类标准。第三方监测点位图见图4-87，监测结果见表4-62~表4-67。

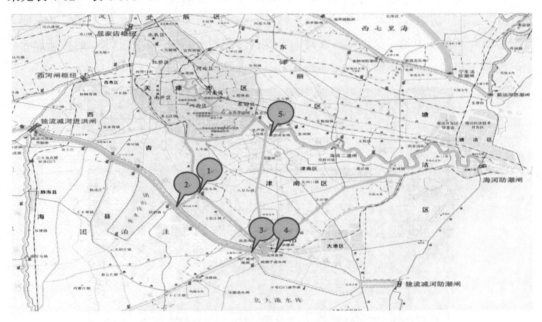

**图 4-87　示范工程第三方监测点位图**

**表 4-62　2018 年 5 月监测结果**　　　　单位：mg/L

| 监测点 | COD | NH$_3$-N | DO |
| --- | --- | --- | --- |
| DLX01 | 48.18 | 1.22 | 3.83 |
| DLX02 | 43.13 | 0.83 | 6.30 |
| DLX03 | 39.66 | 0.43 | 6.32 |
| DLX04 | 36.10 | 0.20 | 6.74 |
| DLX05 | 14.38 | 0.19 | 8.12 |

**表 4-63　2018 年 6 月监测结果**　　　　单位：mg/L

| 监测点 | COD | NH$_3$-N | DO |
| --- | --- | --- | --- |
| DLX01 | 43.54 | 1.37 | 6.13 |
| DLX02 | 39.01 | 0.94 | 6.03 |
| DLX03 | 37.05 | 0.95 | 6.96 |

| 监测点 | COD | NH$_3$-N | DO |
|---|---|---|---|
| DLX04 | 32.69 | 0.62 | 7.05 |
| DLX05 | 19.28 | 0.34 | 9.97 |

表 4-64  2018 年 7 月监测结果  单位：mg/L

| 监测点 | COD | NH$_3$-N | DO |
|---|---|---|---|
| DLX01 | 29.48 | 0.33 | 4.42 |
| DLX02 | 25.50 | 0.85 | 8.94 |
| DLX03 | 28.29 | 0.72 | 12.17 |
| DLX04 | 23.70 | 0.48 | 10.26 |
| DLX05 | 16.73 | 0.22 | 10.40 |

表 4-65  2018 年 8 月监测结果  单位：mg/L

| 监测点 | COD | NH$_3$-N | DO |
|---|---|---|---|
| DLX01 | 19.58 | 0.26 | 3.78 |
| DLX02 | 23.66 | 0.28 | 4.92 |
| DLX03 | 22.03 | 0.25 | 1.81 |
| DLX04 | 14.69 | 0.23 | 4.96 |
| DLX05 | 17.95 | 0.58 | 6.93 |

表 4-66  2018 年 9 月监测结果  单位：mg/L

| 监测点 | COD | NH$_3$-N | DO |
|---|---|---|---|
| DLX01 | 47.17 | 0.29 | 10.42 |
| DLX02 | 36.69 | 0.14 | 7.53 |
| DLX03 | 29.70 | 0.13 | 8.82 |
| DLX04 | 21.84 | 0.11 | 0.19 |
| DLX05 | 12.23 | 0.25 | 8.02 |

表 4-67  2018 年 10 月监测结果  单位：mg/L

| 监测点 | COD | NH$_3$-N | DO |
|---|---|---|---|
| DLX01 | 59.40 | 0.72 | 10.71 |
| DLX02 | 43.68 | 0.17 | 9.43 |
| DLX03 | 36.69 | 0.13 | 13.77 |
| DLX04 | 27.96 | 0.11 | 8.46 |
| DLX05 | 12.23 | 0.46 | 9.23 |

# 4.4 鸟类生境保护及截污净化统筹的河岸生态功能修复技术

## 4.4.1 独流减河下游地区湿地群生物多样性和生态服务功能评估

### 4.4.1.1 研究任务

采用遥感影像分析和湿地调查方法，对独流减河下游土地利用和栖息地类型进行分类；重点针对独流减河下游湖库、洼淀、盐田、河口等多类型滨海湿地群，开展景观植被指数、栖息地生境状况，以及水文、水质、底质，植被、藻类、底栖生物、鱼类与鸟类等主要生物群落系统调查，综合香农-维纳多样性指数、马格列夫指数、均匀度指数、辛普森指数和生物完整性等指数，开展生物多样性多测度评估；研究湿地生物群落结构与景观格局、栖息地生境和水文水质的相关关系，确定独流减河湿地群保护目标和指示物种，并从生态系统的支持、供给、调节等多个维度，分析该区域河湖湿地对自然系统和人类社会的支撑作用，建立适合该区域的湿地生态系统服务功能评估方法，评估独流减河下游地区湿地群服务功能退化程度，明晰其影响的主要因素，并提出具体的优化调控措施。

### 4.4.1.2 独流减河下游地区湿地群土地利用/土地覆被信息提取

土地利用/土地覆被是指地球表面各种物质类型及其自然属性与特征的综合体，能够反映人类土地利用活动形成的景观格局。地表覆被数据是土地利用与变化、生态环境及生物多样性等生态领域研究的基础数据源。区域土地利用及其结构的变化不仅能够改变自然湿地景观组成，而且深刻影响着景观中的物质循环和能量流动，改变着景观要素之间的生态过程，进而影响湿地景观格局和功能。目前，土地利用/覆被变化对湿地生态系统服务功能的研究，主要集中在湿地景观格局的变化对湿地生态系统结构、功能以及过程的影响。除湿地生态系统本身因土地利用/覆被变化而发生改变外，湿地周围土地利用/覆被变化也会对湿地生态系统功能造成重要影响。湿地周边的土地利用/覆被变化能够通过改变湿地景观组成，转变景观中的物质循环和能量流动方式，使景观要素之间的生态过程发生变化，从而影响湿地本身的景观格局和功能。

高分辨率遥感影像具有更加丰富的光谱信息，几何、形状、纹理、结构等空间信息，能够更加清晰地区分不同地物类型，但也给计算机自动识别和分类带来诸多不确定性，使得传统面向像元的分类结果出现严重的"椒盐效应"。基于多尺度分割影像的分类方法是一种面向对象的分类技术，以由若干像元组成的对象为处理单元，充分利用高分辨率影像的光谱、几何、纹理等影像信息进行地物分类，提高分类精度，有效避免"椒盐效应"。

针对独流减河流域范围土地利用/覆被信息提取基于 GF-1 卫星 PMS 传感器蓝、绿、红和全色波段数据，借助 ENVI 5.3 和 ArcGIS 10.1 软件进行辐射定标、大气校正、几何校正、影像融合和裁剪等预处理，空间分辨率提高至 2 m（表 4-68、图 4-88）。

表 4-68 高分一号卫星 PMS 影像波段参数

| 相机类型 | 波段 | 光谱范围/μm | 空间分辨率/m |
|---|---|---|---|
| 全色相机 | 全色波段 | 0.45～0.90 | 2 |
| 多光谱相机 | 蓝波段 | 0.45～0.52 | 8 |
| | 绿波段 | 0.52～0.59 | |
| | 红波段 | 0.63～0.69 | |
| | 近红外波段 | 0.77～0.89 | |

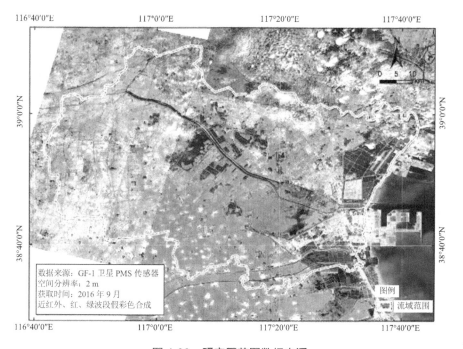

图 4-88 研究区范围数据来源

基于多尺度分割方法和 eCognition 8.7 软件对其进行土地利用分类，综合整体分割与类内分割模式，按照不同分割尺度、形状因子、色彩因子、紧密度、光滑度等尺度参数，将影像分割成 5 个不同层次的实体对象；每个层次内，以实体对象为单元，根据不同地物类型独特的光谱、几何和纹理等影像特征，结合阈值条件分类器构建影像分类规则集，进行更多要素地表覆被信息提取。最终，将研究区土地利用类型分为草地、林地、耕地、河渠、坑塘/水库、建设用地和未利用地等 7 类，总体分类精度达到 91%，Kappa 系数为 0.893，具有较高的分类精度（图 4-89）。

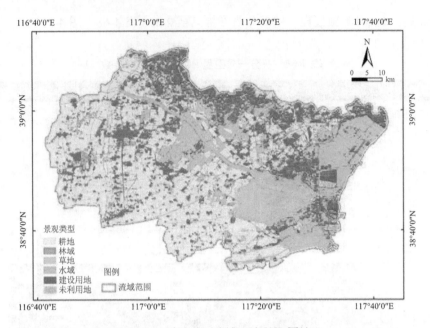

图 4-89　独流减河流域土地利用/覆被

　　针对独流减河下游地区湖库、洼淀、盐田、河口等多类型滨海湿地群土地利用/土地覆被特征，在基于多尺度分割的 GF-1 卫星 PMS 传感器影像分类的基础上进行目视解译细化，重点提取独流减河下游典型湿地即北大港湿地、独流减河宽河槽湿地、钱圈湿地、团泊洼湿地土地利用/覆被信息（图 4-90）。解析获取湿地内部具体的湿地类型（滩涂、草本沼泽湿地、河流、水库湿地、养殖坑塘、稻田湿地、盐田、沟渠、水塘、人工建筑、其他），分析不同年份长时间序列湿地内部湿地类型面积的变化特征，说明退化状态。

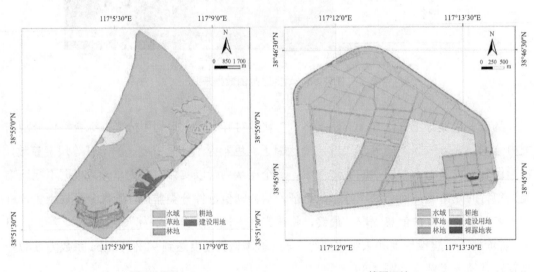

<table>
<tr><td style="text-align:center">团泊洼湿地</td><td style="text-align:center">钱圈湿地</td></tr>
</table>

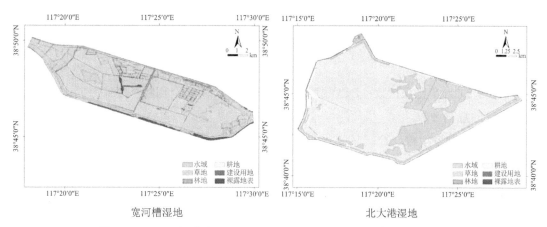

图4-90 2017年独流减河下游地区典型湿地土地利用/覆被分类结果

### 4.4.1.3 独流减河下游地区湿地群生物多样性多测度评估

生物多样性是指生命有机体的种类和变异性及其与环境形成的生态复合体以及与此相关的各种生态过程的总和，有遗传多样性、物种多样性和生态系统多样性三个层次。生物多样性一方面是指一定区域内物种的丰富程度；另一方面是指生态学方面的物种分布的均匀程度。植物、鸟类、水生生物是研究区湿地生态系统的基本组成部分，也是影响湿地生态系统平衡和稳定的重要因子。研究单位是生物多样性测度的组成部分，体现在不同的研究对象、不同的研究尺度、不同的数据类型以及不同的生境。生物多样性指数是衡量一定地区生物资源丰富程度、均匀程度的综合指标，其体现了生物群落结构类型、组织水平、发展阶段、稳定程度和生境差异。从物种丰富度、多样性、优势度、均匀度等多测度，综合马格列夫指数（Margale 指数）、香农-维纳多样性指数（Shannon-Wiener 指数）、辛普森指数（Simpson 指数）、Pielou 均匀度指数等指数评价独流减河下游地区湿地群生物多样性特征。

Margale 丰富度指数（$M_a$）：反映群落的物种丰富度，指一个群落或环境中物种数目的多寡，是表示生物群聚中种类丰富程度的指数。计算公式为

$$M_a = (S-1) / \ln N \tag{4.22}$$

式中：$M_a$ 为丰富度指数；$N$ 为所在群落中观测到的所有物种的个体数之和；$S$ 为所在群落的总物种数。

Shannon-Wiener 多样性指数（$H'$）：基于物种数量反映群落的种类多样性，群落中生物种类增多代表群落的复杂程度增高，即 $H'$ 值越大，群落所含的信息量越大。

$$H' = -\sum_{i=1}^{s} P_i \ln P_i, \quad 其中 P_i = N_i / N \tag{4.23}$$

式中：$H'$ 为多样性指数；$P_i$ 为物种 $i$ 的个体数占群落中全部物种个体数的比例，$S$ 为所在群落的总物种数。

Simpson 优势度指数（$D$）：

$$D = 1 - \sum_{i=1}^{s} P_i^2, \quad 其中 P_i = N_i / N \tag{4.24}$$

式中：$D$ 为辛普森指数；$P_i$ 为物种 $i$ 的个体数占群落中全部物种个体数的比例，$S$ 为所在群落的总物种数。

Pielou 均匀度指数（$J$）：

$$J = H' / H'_{max}, \quad 其中 H'_{max} = \ln S \tag{4.25}$$

式中：$J$ 为均匀度指数；$H'$ 为多样性指数；$H'_{max}$ 是群落中物种多样性的最大值；$S$ 为所在群落的总物种数。

（1）独流减河下游地区湿地群植物群落及其多样性分析

2017 年 8—9 月，对独流减河下游地区典型湿地进行植被调查，掌握独流减河下游地区湿地群植被群落特征和物种多样性。项目组对独流减河下游地区共布设 64 个调查样地，其中针对典型湿地：团泊洼湿地共布设植被调查样地 10 个、钱圈湿地共布设植被调查样地 6 个、宽河槽湿地共布设植被调查样地 10 个、北大港湿地共布设植被调查样地 24 个（图 4-91）。湿地植被主要由草本植物组成，是调查样地的主要植被类型。植物实测样方数量以能基本代表论证区内植物多样性水平为准，应选择不同植被类型设置。在每个植被调查样地分别设置 4～6 个草本植物样方，样方面积为 1 m×1 m，对草本植物的调查主要包括植物种、高度、频度和盖度等。

图 4-91　独流减河下游地区湿地群植被多样性调查样地分布

本期调查结果显示：独流减河下游地区典型湿地团泊洼湿地共记录到的植物有 14 科 46 属 62 种，含 6～10 种的科有 3 科，为禾本科（Gramineae）（17 种）、菊科（Compositae）（19 种）、藜科（Chenopodiaceae）（6 种）；含 2～5 种的科有 4 科，如旋花科（Convolvulaceae）；含 1 种的科有 7 科，占总科数的 50%，如豆科（Leguminosae）、夹竹桃科（Apocynaceae）等；北大港湿地、宽河槽湿地和沙井子区域共记录到的植物有 26 科 68 属 88 种，其中含 6～18 种的科有 4 科，为禾本科（Gramineae）（18 种）、菊科（Compositae）（18 种）、旋花科（Convolvulaceae）（5 种）和藜科（Chenopodiaceae）（7 种）；含 2～5 种的科有 8 科，如唇形科（Labiatae）和豆科（Leguminosae）；含 1 种的科有 16 科，占总科数的 57.14%，如车前科（Plantaginaceae）、柽柳科（Tamaricaceae）、夹竹桃科（Apocynaceae）、白花丹科（Plumbaginaceae）等；钱圈湿地共记录到的植物有 12 科 31 属 39 种，含 6～10 种的科有 3 科，为禾本科（Gramineae）（12 种）、菊科（Compositae）（9 种）、藜科（Chenopodiaceae）（6 种）；含 2～5 种的科有 3 科，如唇形科（Labiatae）；含 1 种的科有 6 科，占总科数的 50%，如锦葵科（Malvaceae）等（图 4-92）。

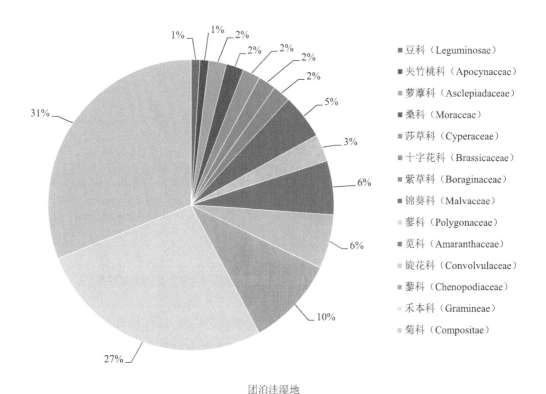

图例：
- 豆科（Leguminosae）
- 夹竹桃科（Apocynaceae）
- 萝藦科（Asclepiadaceae）
- 桑科（Moraceae）
- 莎草科（Cyperaceae）
- 十字花科（Brassicaceae）
- 紫草科（Boraginaceae）
- 锦葵科（Malvaceae）
- 蓼科（Polygonaceae）
- 苋科（Amaranthaceae）
- 旋花科（Convolvulaceae）
- 藜科（Chenopodiaceae）
- 禾本科（Gramineae）
- 菊科（Compositae）

团泊洼湿地

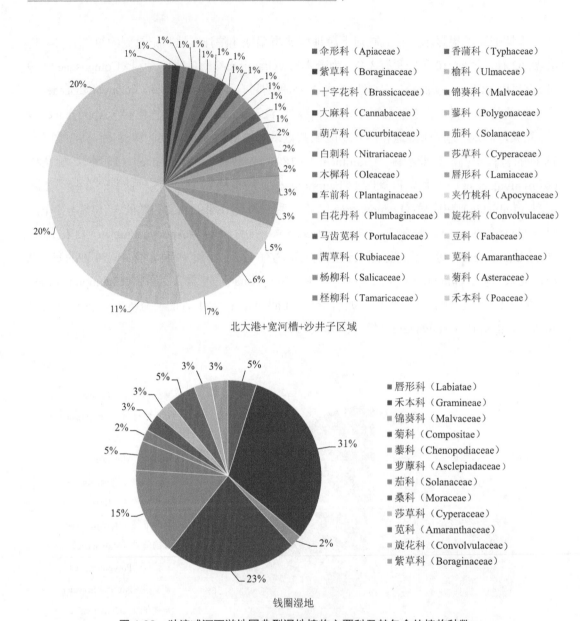

图 4-92　独流减河下游地区典型湿地植物主要科及其包含的植物种数

　　独流减河下游地区湿地群典型植物群落主要可分为两类：单优种群落和共优种群落。其中前者是该区域非常典型的一类群落，由占绝对优势的某种植物形成，包括盐地碱蓬群落、芦苇群落、白茅群落等。后者包括芦苇-狗尾草群落、狗尾草-虎尾草群落、芦苇-碱蓬群落等。①芦苇群落分布广泛，分布于水域、滨水地带，平均高达 2 m 左右，生物量较高，其下常伴生东亚市藜、苣荬菜、鹅绒藤、扁秆蔍草等草本植物。②盐地碱蓬群落多分布于盐度较高的河漫滩等水位较低的地带，多形成单优势群落，其伴生植物猪毛菜、阿尔泰狗娃花、芦苇等。③狗尾草+虎尾草群落主要分布于地势较高土壤含盐量低的地段，如道路两侧及边坡上。④扁秆藨草群落的优势种扁秆藨草为挺水植物或湿生植物，主要分布于北大港湿地水陆交接位置，耐水淹，覆盖度达 70%以上，主要伴生种有芦苇等，野生的扁秆藨草具有净化水质功能。⑤白茅群落主要分布于河漫滩和道路两旁地势较高的位置，常形成单优势种群落，覆盖度达到 90%或以上，伴生种较少，白茅根系发达，固着土壤的能力强，水土保持功能良好。此外，北大港湿地西侧存在玉米等农作物栽植植被。独流减河下游地区典型湿地植物多样性指数计算结果见表 4-69。

表 4-69　2017 年独流减河下游地区典型湿地植被群落的多样性指数

| 区域 | | Shannon-Wiener<br>多样性指数 | Margale<br>丰富度指数 | Pielou<br>均匀度指数 | Simpson<br>优势度指数 |
|---|---|---|---|---|---|
| 独流减河下游地区 | | 2.780 4 | 11.687 1 | 0.580 8 | 0.855 2 |
| 典型湿地 | 团泊洼湿地 | 2.704 4 | 6.998 2 | 0.655 3 | 0.880 8 |
| | 钱圈湿地 | 2.507 9 | 5.487 8 | 0.882 2 | 0.675 3 |
| | 宽河槽湿地 | 1.890 5 | 2.767 5 | 0.594 8 | 0.764 7 |
| | 北大港湿地 | 2.171 9 | 6.877 3 | 0.518 4 | 0.777 1 |

（2）独流减河下游地区湿地群鸟类组成及其多样性分析

2017—2018 年上半年，采用样点和样线相结合的方法，开展独流减河下游地区典型湿地鸟类多样性调查（图 4-93）。在每个观测点处停留 15～20 min，且围绕典型湿地 1 周，采用分区直数法进行统计。调查时期主要集中在 3 月、7 月、11 月。用 8 倍和 20 倍的双筒望远镜巡视水面，用 40 倍的单筒望远镜仔细辨认种类，用长焦相机拍照，拍摄资料带回室内进行鉴定核对。

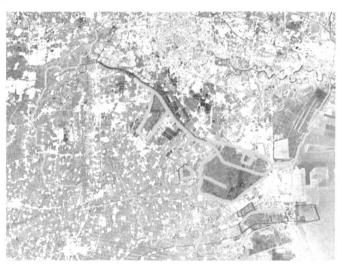

图 4-93　独流减河下游地区湿地鸟类多样性调查样地分布

独流减河下游地区湿地群是东亚—澳大利亚候鸟迁徙路线上的重要驿站，北大港湿地自然保护区（包括北大港水库、独流减河下游区域、钱圈水库、沙井子水库、李二湾及南侧用地、李二湾沿海滩涂等区域）主要保护以东方白鹳为代表的珍稀水鸟、丰富的生物多样性，以及典型的湿地生态系统。同时，是东亚鸟类迁徙路线上的一个驿站，属生物多样性最丰富的地区之一，每年都有大批水鸟经此地迁徙、繁衍。属于天津市空间格局的南部"团泊洼水库—北大港水库"湿地生态环境建设和保护区。根据历史资料和参考文献记载，北大港湿地自然保护区有记录到此迁徙栖息的候鸟 249 种。其中，国家Ⅰ级保护物种 11 种，Ⅱ级物种 34 种。从鸟类区系特征来看，249 种鸟类隶属于 17 目 50 科。其中，古北界 129 种，占 51.81%；东洋界 102 种，占 40.96%；广布种 18 种，占 7.23%。从居留类型看，以旅鸟占优势，共 207 种，占 63.69%。团泊鸟类自然保护区有记录到鸟类 166 种，其中有丹顶鹤、东方白鹳、黑鹳、白尾海雕、大鸨 5 种国家Ⅰ级保护鸟类，以及海鸬鹚、白琵鹭、大天鹅、小天鹅等 21 种国家Ⅱ级保护鸟类。

本期调查结果显示：2017—2018 年上半年，北大港湿地自然保护区共记录鸟类 112 种，隶属 14 目 35 科，其中水鸟 5 目 13 科 63 种、林鸟 9 目 22 科 49 种，鸟类居留类型组成以旅鸟为主，夏候鸟次之。团泊鸟类自然保护区共记录鸟类 35 种，隶属 9 目 16 科，其中水鸟 5 目 8 科 26 种、林鸟 4 目 8 科 9 种，鸟类居留类型组成以旅鸟为主，夏、冬候鸟类次之，留鸟数量很少。

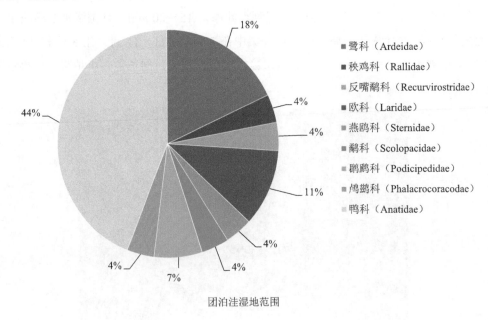

团泊洼湿地范围

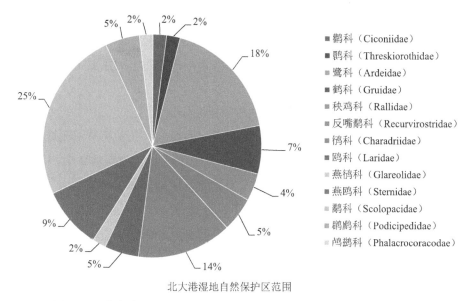

北大港湿地自然保护区范围

图 4-94　独流减河下游地区典型湿地水鸟主要科及其包含的物种种数

表 4-70　2017 年独流减河下游地区典型湿地鸟类群落的多样性指数

| 时间 | Shannon-Wiener 多样性指数 | Margale 丰富度指数 | Pielou 均匀度指数 | Simpson 优势度指数 |
|---|---|---|---|---|
| 2017 年 3 月 | 1.738 00 | 2.808 18 | 0.546 88 | 0.742 72 |
| 2017 年 7 月 | 1.992 16 | 4.487 51 | 0.569 76 | 0.750 23 |
| 2017 年 11 月 | 0.308 32 | 0.945 30 | 0.140 32 | 0.136 75 |
| 2017 年 | 1.926 96 | 5.453 34 | 0.490 09 | 0.736 59 |

水鸟中种类较多的是鸭科、鹭科、鹬科、鸻科和鸥科，其次为䴙䴘科、秧鸡科、鸬鹚科等；不同种类的鸟分别占有不同的生态位。由于食性不同，不同类型的水鸟对栖息地的选择有较为明显的差异。鸻形目为中小型水鸟，多为中小型涉禽，少量为水禽，其栖息环境多样，常栖息于河流浅滩、鱼塘、水稻田及芦苇沼泽地带，以软体动物、虾、植物等为食。在调查区域内栖息的鸻形目鸟类多为旅鸟。雁形目鸟类为中至大型游禽，以浮水植物的嫩芽或茎为食，喜好水草丰盛的开阔水域、水塘、沼泽等地。鹳形目鸟类为中至大型涉禽，栖息于浅水处，以小鱼、虾、甲壳类等小动物为食。鹤形目鸟类均为大型涉禽，栖息于芦苇丛附近的浅水沼泽作为栖息地，主要进行取食、休息，主要以植物及鱼类、虾和昆虫为食。䴙䴘目鸟类为中小型游禽，常成对或成小群活动在开阔的水面，主要以鱼类、昆虫、水生无脊椎动物为食。其他雀形目鸟类主要出现在水域附近的灌丛、林带中，多为迁徙途径的旅鸟。

珍稀鸟类中，天鹅类包括大天鹅、小天鹅和疣鼻天鹅三种。天鹅大量集中在开阔水域作为栖息地，主要进行取食、休息等活动。东方白鹳、白琵鹭大型涉禽栖息于芦苇丛附近的浅水沼泽、草地作为栖息地。东方白鹳在北大港湿地停歇期间主要于开阔浅滩及芦苇附近觅食、栖息。

（3）独流减河下游地区湿地群水生生物多样性分析

"海河南系"课题组于 2016 年 9 月开展了第一次联合，在独流减河流域设置水环境采样点位共计 16 个，其中独流减河共设置采样点位 10 个、团泊洼湿地 2 个、钱圈湿地 1 个、北大港湿地 3 个（图 4-95）。2017 年课题组开展水环境质量因子监测频次为每月一次；浮游植物、浮游动物和底栖生物调查时间为 2017 年 8 月。

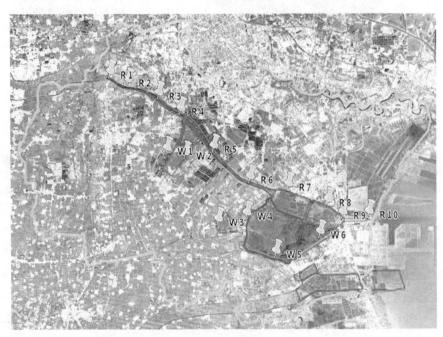

图 4-95　独流减河流域水环境因子调查采用点分布

表 4-71　独流减河流域采样点位坐标

| 点位 | 经度（E） | 纬度（N） | 备注 |
| --- | --- | --- | --- |
| R1 | 116°55′34.33″ | 39°03′12.29″ | 独流减河 |
| R2 | 116°58′15.14″ | 39°02′12.21″ | 独流减河 |
| R3 | 117°02′48.70″ | 39°00′30.81″ | 独流减河 |
| R4 | 117°06′05.91″ | 38°58′39.83″ | 独流减河 |
| R5 | 117°10′52.23″ | 38°54′02.75″ | 独流减河 |
| R6 | 117°16′14.96″ | 38°50′16.54″ | 独流减河 |

| 点位 | 经度（E） | 纬度（N） | 备注 |
|------|----------|----------|------|
| R7 | 117°21′56.68″ | 38°49′20.23″ | 独流减河宽河槽 |
| R8 | 117°27′52.64″ | 38°47′29.18″ | 独流减河宽河槽 |
| R9 | 117°29′59.00″ | 38°45′53.94″ | 独流减河宽河槽 |
| R10 | 117°33′50.15″ | 38°45′58.96″ | 独流减河 |
| W1 | 117°04′02.47″ | 38°53′47.86″ | 团泊洼湿地 |
| W2 | 117°06′43.19″ | 38°53′14.29″ | 团泊洼湿地 |
| W3 | 117°11′32.97″ | 38°45′03.97″ | 钱圈湿地 |
| W4 | 117°15′45.32″ | 38°45′49.73″ | 北大港湿地 |
| W5 | 117°20′02.02″ | 38°41′05.17″ | 北大港湿地 |
| W6 | 117°26′37.28″ | 38°43′29.20″ | 北大港湿地 |

1）浮游植物

本次调查团泊洼湿地共鉴定浮游植物 3 门 30 种，其中绿藻门最多，为 17 种，其次为蓝藻门，为 10 种，最少的是硅藻门，为 3 种。生物密度调查结果显示，蓝藻门生物密度最高，为 8 133.88×$10^4$ 个/L。

表 4-72 团泊洼湿地浮游植物统计情况

| 门类 | 种名 | 生物密度/（$10^4$ 个/L） | 小计 | 总计 |
|------|------|------------------------|------|------|
| 蓝藻门 | 银灰平裂藻 | 169.80 | 共 10 种，生物密度 8 133.88×$10^4$ 个/L | 共 30 种，生物密度 12 666.12×$10^4$ 个/L |
| | 细小平裂藻 | 1 371.43 | | |
| | 优美平裂藻 | 225.31 | | |
| | 弯形小尖头藻 | 2 017.96 | | |
| | 螺旋藻 | 842.45 | | |
| | 惠氏微囊藻 | 81.63 | | |
| | 微小色球藻 | 646.53 | | |
| | 小席藻 | 2 435.92 | | |
| | 小颤藻 | 58.78 | | |
| | 螺旋鱼腥藻 | 284.08 | | |
| 绿藻门 | 厚顶新月藻 | 58.78 | 共 17 种，生物密度 3 768.76×$10^4$ 个/L | |
| | 库津新月藻 | 195.92 | | |
| | 月牙藻 | 75.10 | | |
| | 普通小球藻 | 548.57 | | |

| 门类 | 种名 | 生物密度/<br>（$10^4$ 个/L） | 小计 | 总计 |
|---|---|---|---|---|
| 绿藻门 | 实球藻 | 9.80 | 共 17 种，生物密度<br>3 768.76×$10^4$ 个/L | 共 30 种，生物密度<br>12 666.12×$10^4$ 个/L |
| | 镰形纤维藻奇异变种 | 195.92 | | |
| | 狭形纤维藻 | 1 234.29 | | |
| | 鼓藻 | 146.94 | | |
| | 四足十字藻 | 114.29 | | |
| | 四角十字藻 | 35.92 | | |
| | 衣藻 | 6.53 | | |
| | 双列栅藻 | 42.45 | | |
| | 二尾栅藻 | 313.47 | | |
| | 二形栅藻 | 607.35 | | |
| | 四尾栅藻 | 156.73 | | |
| | 多芒藻 | 13.06 | | |
| | 小空星藻 | 13.06 | | |
| 硅藻门 | 直链藻 | 156.73 | 共 3 种，生物密度<br>764.08×$10^4$ 个/L | |
| | 小环藻 | 411.43 | | |
| | 短小舟形藻 | 195.92 | | |

北大港自然保护区共鉴定浮游植物 3 门 37 种，其中绿藻门最多，为 18 种，其次是蓝藻门，为 13 种，最少的是硅藻门，为 6 种。北大港自然保护区中浮游植物的门数较少，但是种类较多，表明其有富营养化倾向，明显高于其他门的藻类。生物密度调查结果显示，绿藻门生物密度最高，为 2 551.02×$10^4$ 个/L。

表 4-73 北大港区域浮游植物统计情况

| 门类 | 种名 | 生物密度/<br>（$10^4$ 个/L） | 小计 | 总计 |
|---|---|---|---|---|
| 蓝藻门 | 钝顶螺旋藻 | 612.24 | 共 13 种，生物密度<br>2 551.02×$10^4$ 个/L | 共 37 种，生物密度<br>5 575.51×$10^4$ 个/L |
| | 小席藻 | 134.69 | | |
| | 巨颤藻 | 40.82 | | |
| | 惠氏微囊藻 | 228.57 | | |
| | 微小色球藻 | 102.04 | | |
| | 腔球藻 | 65.31 | | |
| | 隐球藻 | 12.24 | | |
| | 弯形小尖头藻 | 122.45 | | |

| 门类 | 种名 | 生物密度/<br>（$10^4$ 个/L） | 小计 | 总计 |
|---|---|---|---|---|
| 蓝藻门 | 银灰平裂藻 | 65.31 | 共 13 种，生物密度<br>2 551.02×$10^4$个/L | 共 37 种，生物密度<br>5 575.51×$10^4$ 个/L |
| | 细小平裂藻 | 220.41 | | |
| | 点状平裂藻 | 32.65 | | |
| | 螺旋鱼腥藻 | 710.20 | | |
| | 链状伪鱼腥藻 | 204.08 | | |
| | 双列栅藻 | 65.31 | | |
| | 二尾栅藻 | 57.14 | | |
| | 齿牙栅藻 | 16.33 | | |
| | 四尾栅藻 | 89.80 | | |
| | 弓形藻 | 32.65 | | |
| | 拟菱形弓形藻 | 4.08 | | |
| | 四足十字藻 | 69.39 | | |
| | 顶锥十字藻 | 506.12 | | |
| 绿藻门 | 三角四角藻 | 4.08 | 共 18 种，生物密度<br>1 261.22×$10^4$个/L | |
| | 水绵 | 32.65 | | |
| | 针形纤维藻 | 12.24 | | |
| | 集星藻 | 73.47 | | |
| | 二角盘星藻 | 126.53 | | |
| | 厚顶新月藻 | 4.08 | | |
| | 库津新月藻 | 40.82 | | |
| | 普通小球藻 | 114.29 | | |
| | 空球藻 | 8.16 | | |
| | 四刺藻 | 4.08 | | |
| | 小环藻 | 36.73 | | |
| | 梅尼小环藻 | 16.33 | | |
| 硅藻门 | 尖针杆藻 | 4.08 | 共 6 种，生物密度<br>1 763.27×$10^4$个/L | |
| | 圆筛藻 | 53.06 | | |
| | 隐头舟形藻 | 36.73 | | |
| | 直链藻 | 228.57 | | |

采用 Shannon-Wiener 指数对团泊洼湿地内浮游植物多样性进行评价结果为 2.667 0，北大港湿地自然保护区域内浮游植物多样性进行评价结果为 2.905 5。依照国内外常用标

准，把浮游植物 Shannon-Wiener 指数划分为 4 个常用等级：0～1 为严重污染；1～2 为较严重污染；2～3 为中度污染；>3 为轻度污染或无污染。评价结果表明项目区域内采样点的水质状况整体水平为中度污染。

2）浮游动物

本次调查团泊自然保护区内共鉴定浮游动物 3 类 12 种，分别为轮虫、原生动物类和浮游幼虫，其中轮虫类为 5 种，原生动物类为 6 种。原生动物种的拟铃虫 sp3 生物量最多，为 21 000 个/L，总的拟铃虫生物量为 44 800 个/L，占总的生物量 54 000 个/L 的 83%。

表 4-74　团泊洼湿地浮游动物种类

| 类 | 种名 | 生物密度/（个/L） | 总计 |
| --- | --- | --- | --- |
| 原生动物 | 长圆砂壳虫 | 200 | 共 12 种，生物密度 54 000 个/L |
| | 拟铃虫 sp1（大） | 13 200 | |
| | 拟铃虫 sp2（中） | 10 600 | |
| | 拟铃虫 sp3（小） | 21 000 | |
| | 恩茨筒壳虫 | 1 200 | |
| | 毛板壳虫 | 400 | |
| 轮虫 | 裂痕龟纹轮虫 | 1 000 | |
| | 角突臂尾轮虫 | 800 | |
| | 曲腿龟甲轮虫 | 1 000 | |
| | 简单前翼轮虫 | 2 000 | |
| | 暗小异尾轮虫 | 1 000 | |
| 浮游幼虫 | 无节幼体 | 1 600 | |

北大港湿地自然保护区内共发现浮游动物 2 类 19 种，分别为轮虫和原生动物类，其中轮虫类为 11 种，原生动物类为 8 种。原生动物种的绿色前管虫生物量最多，为 25 200 个/L，总的生物量为 69 800 个/L，绿色前管虫占总的生物量约 1/3。

表 4-75　北大港湿地自然保护区浮游动物种类

| 类 | 种名 | 生物密度/（个/L） | 总计 |
| --- | --- | --- | --- |
| 原生动物 | 团焰毛虫 | 4 800 | 共 19 种，生物密度 69 800 个/L |
| | 双环栉毛虫 | 3 200 | |
| | 腔裸口虫 | 400 | |
| | 尾草履虫 | 1 800 | |

| 类 | 种名 | 生物密度/（个/L） | 总计 |
|---|---|---|---|
| 原生动物 | 陀螺侠盗虫 | 800 | |
| | 钟形钟虫 | 400 | |
| | 溢钟虫 | 4 200 | |
| | 绿色前管虫 | 25 200 | |
| 轮虫 | 前节晶囊轮虫 | 1 200 | |
| | 角突臂尾轮虫 | 400 | |
| | 萼花臂尾轮虫 | 1 000 | |
| | 剪形臂尾轮虫 | 400 | 共 19 种，生物密度 |
| | 小三肢轮虫 | 5 600 | 69 800 个/L |
| | 迈氏三肢轮虫 | 400 | |
| | 针簇多肢轮虫 | 7 800 | |
| | 简单前翼轮虫 | 3 600 | |
| | 尖尾疣毛轮虫 | 1 600 | |
| | 暗小异尾轮虫 | 4 600 | |
| | 细长肢轮虫 | 2 400 | |

采用 Margalef 指数对团泊洼湿地内浮游动物多样性进行评价结果为 1.009 5，北大港湿地自然保护区域内浮游动物多样性进行评价结果为 1.613 9。依照国内外常用标准，把浮游动物 Margalef 指数划分为 5 个常用等级：0～1 为严重污染；1～2 为较严重污染；2～4 为中度污染；4～6 为轻度污染；6 以上为清洁水体。评价结果表明项目区域内采样点的水质状况整体水平为较严重污染。

3）鱼类

根据历史资源和文献记载，北大港湿地自然保护区鱼类有 10 目 17 科 37 种，最常见的有青鱼、草鱼、白鲢鱼、鲫鱼、梭鱼、鲈鱼、鲶鱼、鲤鱼、泥鳅等，主要经济鱼有鲫鱼、鲤鱼、白鲢鱼、草鱼等 10 余种，产量最多的是鲫鱼。团泊洼湿地中鱼类 25 种，分别隶属 5 目 9 科，其中重要经济鱼类 10 种，优势种是草鱼、鲤鱼、鲫鱼、黄颡鱼、翘嘴红鲌，其他鱼类经济意义不大。独流减河河道内共发现鱼类有 19 种，隶属 5 目 8 科 18 种。其中鲤形目 11 种，占 58%。其他 4 目共有 8 种占 42%。其中草鱼、鲢鱼仅见于滩地内鱼塘。从渔获量结构鲫鱼的数量最多，鲤鱼次之。

## 4.4.1.4 湿地生物群落结构与景观格局、栖息地生境和水文水质的相关性分析

自然湿地具有净化水源、调节气候、维持生物多样性等生态服务功能，也是水禽赖以生存的繁殖地、越冬地和迁徙中转站。研究区域独流减河下游地区湿地群属于天津市空间格局的南部"团泊洼水库—北大港水库"湿地生态环境建设和保护区。其中团泊鸟类自然

保护区主要保护对象是湿地珍禽、候鸟及水生野生动植物；北大港湿地自然保护区主要保护对象为湿地自然生态环境和珍稀野生动植物共同组成的生态系统；北大港湿地是世界八大重要候鸟迁徙通道之一东亚—澳大利亚迁徙路线的重要驿站。因此，将鸟类多样性作为独流减河湿地群保护目标。

水鸟的栖息地利用受到许多环境因素的影响，如水域面积、水位深度、食物资源及其可获取程度、植被特征、相邻栖息地可达性以及人类活动干扰等都可能影响水鸟对栖息地的利用。石林鹭等（2018）建立了基于 MODIS 增强植被指数的时间序列模型，揭示了鄱阳湖湿地植被从 2000 年到 2014 年植被覆盖度和生产力的时空变化趋势，发现秋季生长季提前导致生物量过度积累，降低了迁飞雁类食源的适口性，需要保证自由连通与局部水文控制的子湖面积，为越冬鸟提供更广阔的食源。刘红玉等以三江平原洪河国家级保护区及其周边 3 个农场为研究区域，利用 GIS 技术和栖息地评价模型方法，从分析周边区域景观变化过程入手，探讨了周边区域湿地景观变化对保护区内景观结构以及丹顶鹤、东方白鹳栖息地的影响。

随着近年来自然湿地退化和丧失的不断加剧，人工湿地对水鸟的栖息起到越来越重要的作用。尽管人工湿地不具备自然湿地全部的生态功能，但通过实施有效的管理措施，水产养殖塘、水稻田、盐田等人工湿地均能够为水鸟提供适宜的栖息生境。实施对观测样区鸟类进行多年长期观测，掌握观测样区鸟类的种群数量、分布及其变化趋势，分析区域鸟类面临的威胁，从而评估区域鸟类的保护成效，并提出保护对策建议，为湿地生态系统生物多样性维系功能适应性管理的优化调控措施。选取宽河槽湿地万亩鱼塘作为典型区，通过 2011—2014 年，全年调查 3 次，主要集中在 5 月、6 月和 12 月的多年连续观测鸟类数据，分析水鸟的群落多样性、栖息地的景观特征以及影响水鸟栖息地利用的环境因子。

（1）鸟类群落组成

2011—2014 年的 5 月、6 月和 12 月，连续对北大港湿地万亩鱼塘进行水鸟观测。经鉴定，累计记录水鸟 53 种 59 153 只，其中，夏季共记录水鸟 45 种，冬季共记录水鸟 22 种。万亩鱼塘水鸟群落结构组成在不同年份、不同季节存在差异，在数量上，从 2011 年到 2014 年，水鸟数量逐年增加，2011 年总数不到 2 000 只，2014 年则接近 30 000 只。

分析不同季节万亩鱼塘水鸟群落的种类组成，结果如图 4-96 所示。由图 4-96（a）可以看出，从 2011 年到 2013 年，万亩鱼塘夏季的水鸟群落中，鸻形目的种类最多，其次是鸥形目和雁行目；2014 年夏季鸥形目种类略高于鸻形目，其他类群的鸟类相对较少。图 4-96（b）显示，雁形目除了在 2012 年冬季种类较少外，其他 3 个年度的冬季雁行目的种类都显著高于其他类群，尤其是 2014 年。

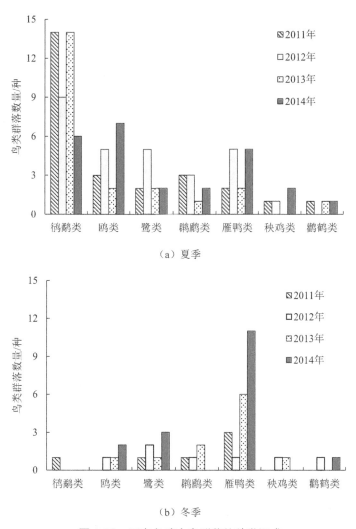

（a）夏季

（b）冬季

图 4-96 万亩鱼塘水鸟群落的种类组成

（2）物种多样性的时间动态特征

通过计算，2011—2014 年北大港湿地万亩鱼塘夏季水鸟的种类数、Shannon-Wiener 指数、Margale 指数、Simpson 指数均明显高于冬季，如表 4-76 所示。说明调查区域夏季水鸟群落在科-属水平上和物种水平上均有较高的多样性。但随着栖息地生态环境因子的变化，万亩鱼塘冬季水鸟的多样性显著增加。

比较不同年份之间水鸟的多样性，2011 年调查区域鸟类多样性指数为 1.67，到 2014 年多样性指数为 1.76，表明 4 年来万亩鱼塘水鸟多样性有显著的增加。比较夏、冬两季水鸟的多样性，夏季多样性均高于冬季，夏季水鸟多样性指数由 2011 年的 2.10 增长到 2014 年的 2.32。比较 2011 年至 2014 年水鸟的物种丰富度，2011 年调查区域鸟类的丰富度指数为

2.25，到 2014 年丰富度指数为 2.13，略有下降，但冬季水鸟的物种丰富度显著增加，由 2011 年的 1.18 增长到 2014 年的 1.61。

**表 4-76　万亩鱼塘鸟类群落的多样性指数**

| | 季节 | Margale 指数 | Simpson 指数 | Shannon-Wiener 指数 | Pielou 指数 |
|---|---|---|---|---|---|
| 2011 年 | 夏季 | 3.323 | 0.831 | 2.104 | 0.646 |
| | 冬季 | 1.181 | 0.667 | 1.243 | 0.693 |
| | 平均值 | 2.252 | 0.749 | 1.673 | 0.670 |
| 2012 年 | 夏季 | 3.814 | 0.854 | 2.076 | 0.617 |
| | 冬季 | 0.867 | 0.857 | 1.946 | 1.000 |
| | 平均值 | 2.340 | 0.855 | 2.011 | 0.808 |
| 2013 年 | 夏季 | 2.211 | 0.789 | 1.940 | 0.628 |
| | 冬季 | 1.061 | 0.645 | 1.295 | 0.540 |
| | 平均值 | 1.636 | 0.717 | 1.617 | 0.584 |
| 2014 年 | 夏季 | 2.653 | 0.886 | 2.322 | 0.721 |
| | 冬季 | 1.612 | 0.554 | 1.200 | 0.424 |
| | 平均值 | 2.133 | 0.720 | 1.761 | 0.572 |

（3）栖息地景观格局特征

水是吸引鸟类栖息的重要环境因子。2011—2014 年冬季，北大港万亩鱼塘水域面积呈增加趋势。2011 年为 4.11 km$^2$，占鱼塘总面积的 65.8%；2012 年为 4.92 km$^2$，占 78.7%；2013 年为 5.47 km$^2$，占 87.5%；2014 年为 5.38 km$^2$，占 86.1%。由于水域面积的增加，喜好栖息于开阔水域的游禽类也逐年增加，记录到的雁鸭类由 2011 年的 3 种增加到 2014 年的 16 种。同时，万亩鱼塘较深处水位保持在 2 m 左右，浅滩处水深为 0.3～0.4 m，适宜多种候鸟在此栖息，万亩鱼塘中的鱼、虾、水草以及各类微生物丰富，能够满足候鸟觅食，使其成为北大港湿地冬季鸟类重要的栖息地。

（4）小结

人工湿地生境对于区域鸟类多样性保护同样发挥重要作用。天津北大港万亩鱼塘是水鸟的重要栖息地。水鸟夏季的多样性指数较冬季高，与万亩鱼塘部分芦苇区域为鸻鹬类和夏季繁殖鸟类提供了良好的栖息环境有关。由于万亩鱼塘的水面面积和水深度的增加，冬季水鸟的多样性指数也逐年增高。根据本次研究中夏季、冬季万亩鱼塘水鸟群落特征与生境因子关系的研究表明，水面面积和水深是影响水鸟栖息地利用的关键因子。雁鸭类喜好栖息于水位高、开阔水面和植被稀疏的生境条件，鸻鹬类喜好栖息于水位低、裸露浅滩的生境条件。通过对水鸟栖息地主要影响因子的有效管理，养殖塘人工湿地能够在发挥水产养殖经济效益的同时发挥其生态功能，为鸟类提供良好的栖息生境。

#### 4.4.1.5　独流减河下游地区湿地群退化分析

（1）景观格局的时空变异规律研究

从理论上讲，景观是由大大小小的斑块组成，斑块的空间分布成为景观格局。景观格局是许多景观过程长期作用的产物，同时景观空间格局也直接影响生态学过程。景观结构是指景观的组分构成及其空间分布形式，是景观性状最直接的体现方式。景观结构通常指景观组成单元的类型、数量构成、多样性、空间关系及其影响机制，包括斑块、廊道、基质，以及要素的类型、数量构成、空间配置形式，具有多样性、破碎化、连通性和优势度等特征。

生态景观调查运用景观生态学理论，采用景观时空分析方法分析景观基质、斑块与廊道的空间形态、分布特征及其变化，为揭示景观生态过程与景观功能、人类活动与景观变化特征直接的关系提供基本手段。景观指数是定量化描述景观格局的重要途径，能够浓缩景观格局信息，反映其结构组成和空间配置某些方面特征的简单定量指标。景观指数的重要作用在于能定量描述景观格局，建立景观结构与过程或现象的联系，更好地理解和解释景观功能。分析与计算景观指数，可获取湿地景观的相关信息。通过借助景观分析专业软件 FRAGSTATS 4.2 计算景观格局指数定量描述评价范围景观结构组分和空间配置特征。根据景观分类系统和土地利用类型数据，从景观要素、面积特征、景观边缘与形状特征和景观整体结构分布特征等方面来计算获得评价范围景观格局特征指数（表4-77）。

表 4-77　景观格局指数及其含义

| 指标体系 | 具体指标 | 计算公式 | 指标含义 |
|---|---|---|---|
| 景观面积度量指标：（是在景观组成类型与景观尺度上度量景观组成的一类指数，它们不包含关于景观单元空间排列的信息。这类指标包括斑块面积、斑块密度、斑块数量、斑块大小和景观大小变化的度量） | 景观面积（Total Area，TA） | $$TA = \sum_{j=1}^{n} a_{ij}$$ 式中，$a_{ij}$ 为斑块 $ij$ 的面积；$i$ 为斑块类型；$j$ 为某斑块类型的某斑块 | 指景观类型或景观的总面积，决定了景观的范围以及研究和分析的最大尺度，是计算其他指标的基础 |
|  | 斑块类型百分比（PLAND） | $$PLAND = P_i = \frac{\sum_{j=1}^{n} a_{ij}}{A}$$ 式中，$P_i$ 为斑块类型 $i$ 所占景观面积百分比；$a_{ij}$ 为斑块 $ij$ 的面积；$A$ 为景观总面积 | 指某类型斑块所占景观总面积的百分比，有利于帮助确定景观中的基质或优势景观类型的依据 |
|  | 斑块数量（NP） | $$NP = n_i$$ 式中，$n_i$ 为景观中斑块类型 $i$ 的斑块数量 | 斑块数量是针对景观中具体斑块类型的度量，与景观中斑块类型面积变化系数结合，用于判别景观中斑块的破碎程度 |

| 指标体系 | 具体指标 | 计算公式 | 指标含义 |
|---|---|---|---|
| 景观面积度量指标：（是在景观组成类型与景观尺度上度量景观组成的一类指数，它们不包含关于景观单元空间排列的信息。这类指标包括斑块面积、斑块密度、斑块数量、斑块大小和景观大小变化的度量） | 最大斑块类型指数（LPI） | $$LPI = \frac{\max\limits_{j=1}^{n}(a_{ij})}{A}$$ 式中，$a_{ij}$ 为斑块类型 $i$ 某斑块的面积；$A$ 为景观总面积 | 指在景观类型组成中，该类斑块中最大斑块占该类斑块面积的百分比，是组成景观优势度的度量，反映人类活动的方向和强度 |
| | 斑块密度（PD） | $$PD = \frac{n_i}{A}$$ 式中，$n_i$ 为景观中某类斑块类型 $i$ 的斑块数；$A$ 为景观总面积 | 为景观要素或景观水平上度量景观组成的指标，用于反映景观结构变化 |
| | 斑块平均大小（MPS） | $$MPS = \frac{\sum\limits_{j=1}^{n} x_{ij}}{n_i}$$ 式中，$X_{ij}$ 为斑块类型 $i$ 的某斑块面积；$n_i$ 为斑块类斑 $i$ 的斑块数 | 为景观类型和景观水平上的指数，在景观结构分析中反映景观的破碎程度，一般认为同一景观级别上具有较小 MPS 值的景观比一个具有较大 MPS 值的景观更破碎。MPS 为景观中某斑块类型的面积与斑块数的商 |
| 景观边缘度量指数：（是度量景观结构的重要指标，研究表明，人类活动增强，土地覆盖类型的破碎化都可导致边缘指数的变化。景观中斑块的周长和边缘密度决定不同生态系统中能量、物种的流动与交换） | 边缘密度（ED） | $$ED = \frac{\sum\limits_{k=1}^{m} e_{ik}}{A} \times 10\,000$$ 式中，$e_{ik}$ 为景观中斑块类型 $i$ 的总边缘长度；$A$ 为景观面积 | 边缘密度是景观类型和景观水平上的一个边缘指标的度量参数，即每公顷面积景观中斑块类型的边缘长度，大小反映出景观中边缘生境的面积百分比 |
| 景观形状度量指标：（是研究景观生态功能与生态过程的重要参数，斑块形状对保持区域景观的功能景观具有十分重要的作用。主要指标包括景观单元形状指数、分数维和景观形状指数等） | 景观单元形状指数（SHAPE） | $$SHAPE = \frac{p_{ij}}{\min p_{ij}}$$ 式中，$p_{ij}$ 为斑块 $ij$ 的周长；$a_{ij}$ 为斑块 $ij$ 的面积 | 景观单元形状指数是斑块周长与面积之比，反映了斑块形状的复杂程度 |
| | 分数维（FRAC） | $$FRAC = \frac{2\ln(0.25 p_{ij})}{\ln a_{ij}}$$ 式中，$p_{ij}$ 为斑块 $ij$ 的周长；$a_{ij}$ 为斑块 $ij$ 的面积 | 是景观单元水平上的斑块自相似性程度。一般而言，其值越大，形状越无规律。人为干扰斑块形状较规律，自然斑块的形状较无规律 |
| | 景观形状指数（LSI） | $$LSI = \frac{e_i}{\min e_i}$$ 式中，$e_i$ 为斑块类型 $i$ 所有斑块的周长 | 景观形状指数为景观要素和景观水平上的度量指标。当景观中只有一个正方形缀块时，LSI=1；当景观中缀块形状不规律或偏离正方形时，LSI 值越大 |

| 指标体系 | 具体指标 | 计算公式 | 指标含义 |
|---|---|---|---|
| 景观多样性、分布度量指标：<br>（多样性指标度量景观的组成，一般有丰度和均度两个指标确定。丰度是指景观中出现的类型数量，而均度指标则是描述不同类型斑块的分布。丰度指数还与研究选择的空间尺度有关，一般越大区域具有更高的异质性。调查景观多样性、分布特征采用的指数有斑块丰度指数、聚集度指数、散布与并列指数、香农多样性指数、香农均度指数） | 散布与并列指数（IJI） | $$IJI = \dfrac{-\sum\limits_{k=1}^{m}\left[\left(\dfrac{e_{ik}}{\sum\limits_{k=1}^{m}e_{ik}}\right)\ln\left(\dfrac{e_{ik}}{\sum\limits_{k=1}^{m}e_{ik}}\right)\right]}{\ln(m-1)}$$<br>式中，$e_{ik}$ 为斑块类型 $i$ 和 $k$ 之间的边缘长度；$m$ 为斑块类型数 | 为景观类型和景观水平上的指标，IJI 取值小时表明斑块类型 i 仅与少数几种其他类型相邻接；IJI 为 100 时，表明各斑块间比邻的边长是均等的，即各斑块间的比邻概率是均等。它是景观空间格局最重要的指标之一，IJI 对受到某种自然条件严格制约的生态系统的分布特征反映显著 |
| | 聚集度指数（AI） | $$AI = \left[\sum_{i=1}^{m}\left(\dfrac{g_{ii}}{\max \to g_{ii}}\right)P_i\right]$$<br>式中，$g_{ii}$ 为斑块类型 $i$ 之间的连接数；$\max g_{ii}$ 为斑块类型 $i$ 之间最大的连接数；$m$ 为景观中斑块类型数；$p_i$ 为斑块类型 $i$ 在景观中所占的比例 | 指景观中不同景观要素的团聚程度，反映一定数量的景观要素在景观中的相互分散性，其值随斑块类型的聚集程度而增加 |
| | 斑块丰度指数（PRD） | $$PRD = \dfrac{m}{A}$$<br>式中，$m$ 为景观中斑块类型数；$A$ 为景观总面积 | 反映景观中所有斑块类型的总数，反映景观组分以及空间异质性的关键指标之一 |
| | 香农多样性指数（SHDI） | $$SHDI = -\sum_{i=1}^{m}(P_i \ln P_i)$$<br>式中，$p_i$ 为斑块类型 $i$ 在景观中所占的比例；$m$ 为景观中斑块类型数 | 是景观级别上的空间格局指标，是基于信息理论的测量指数。该指标反映景观异质性，特别是对景观中各斑块类型非均衡分布状况较为敏感，即强调稀有斑块类型对信息的贡献。在比较和分析不同景观或同一景观不同时期的多样性与异质性的变化时，常采用此指标。此外，在景观生态学中，景观多样性与物种多样性存在紧密联系 |
| | 香农均度指数（SHEI） | $$SHEI = \dfrac{-\sum\limits_{i=1}^{m}(P_i \ln P_i)}{\ln m}$$<br>式中，$p_i$ 为斑块类型 $i$ 在景观中所占的比例；$m$ 为景观中斑块类型数 | 与香农多样性指数一样为比较不同景观或同一景观不同时期多样性变化的指标。SHEI 越小时优势度一般较高，可以反映出景观受到一种或少数几种优势斑块类型所支配；SHEI 接近于 1 时，说明景观中没有明显的优势类型且各斑块类型在景观中均匀分布 |

（2）独流减河下游地区典型湿地退化评价指标体系

湿地面积的减少是湿地退化的主要标志之一。水是吸引鸟类栖息的重要环境因子之一，湿地水资源量的多少对湿地生态系统的维系起着极为重要的作用。水域面积大小在一定程度上反映水资源量的多少，水域面积变化可以反映整个研究区的水资源量变化；湿地草本沼泽植被为鸟类栖息提供遮挡空间，同时发挥着净化水质的生态功能。根据 1984—2017 年的遥感影像，提取独流减河下游典型湿地即团泊洼湿地、宽河槽湿地、北大港湿地、钱圈湿地的面积范围，并且利用 ArcGIS 空间统计和分析工具，计算每个典型湿地的水域面积和草本沼泽植被面积。从面积退化幅度、斑块破碎幅度和湿地类型转化幅度三个方面来表征独流减河下游地区典型湿地面积退化特征。依据湿地退化的主要特征和环境因子构建评价体系（表 4-78）。

表 4-78 独流减河下游地区湿地退化评价指标体系

| 总目标层 | 子目标层 | 准则层 | 指标层 |
|---|---|---|---|
| 湿地退化指数 | 结构退化 | 面积退化幅度 | 明水面积变化 |
| | | 斑块退化幅度 | 湿地斑块数目变化 |
| | | 湿地类型转化幅度 | 类型转移程度 |
| | 功能退化 | 生物多样性 | 湿地生境类型变化程度 |
| | | | 栖息地破碎化 |
| | | | 景观多样性程度 |
| | | 植被净初级生产力 | 植被覆盖度变化 |
| | | 水质净化功能 | 综合污染指数变化 |

根据不同年份独流减河下游地区典型湿地景观分类系统和土地利用类型数据，从景观要素及面积特征、景观边缘与形状特征、景观整体结构分布特征等方面来计算获得独流减河下游地区典型湿地景观格局特征指数。其中景观面积指标是在景观组成类型与景观尺度上度量景观组成的一类指标，边缘特征是度量景观结构的重要指标。研究表明，人类活动增强，土地覆盖类型的破碎化都可导致边缘指数的变化。而景观中斑块边缘密度决定不同生态系统中能量、物种的流动与交换。景观形状指标是研究景观生态功能与生态过程的重要参数，斑块形状对保持区域景观的功能具有十分重要的作用，如保护物种生存与迁移等。多样性指标度量景观的组成。

（3）独流减河下游地区典型湿地退化分析

从水域面积来看，独流减河下游地区典型湿地水域年际变化明显。1984—2017 年，从水域面积变化幅度来看，团泊洼湿地的水域面积基本呈逐年递减的趋势，主要由于库区内人为活动开发建设活动影响。2004—2006 年，北大港湿地的水域面积相对较大，即使是水域面积最大的 2004 年，也仅占水库面积的 40.24%；其他年份水域面积很小，不足整个水库面积的 10%，几近干库。从水域面积变化幅度来看，2004 年之后水资源迅速退化，减少幅度越来越大。有以下几个原因：①北大港湿地为引黄济津的调蓄水库，蓄水后水库水量曾一度增大，但因水库较浅，渗漏量和蒸发量较大，因此在 2004 年后未蓄水的情况下，湿地水资源量退化严重且迅速。②降水量不稳定，气温的不断升高使得蒸腾作用不断增大。在降水量不足、不稳定，且蒸发量较大的情况下，没有引黄水的定期补给，水量就会减少，因此库区水域面积年际变化较大，干库情况时有发生。③钱圈湿地与宽河槽湿地的水域面积变化特征相似，水域面积呈逐年增加趋势，主要由于养殖坑塘水面的增加。综上所述，水资源补给匮乏、水体污染、湿地资源过度开发是独流减河下游地区湿地水资源减少的主要原因（图 4-97～图 4-100）。

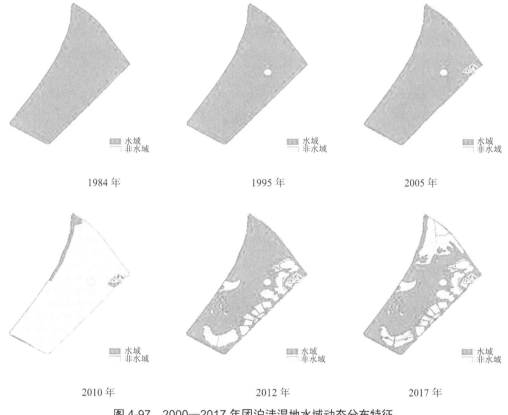

1984 年　　　　　　　1995 年　　　　　　　2005 年

2010 年　　　　　　　2012 年　　　　　　　2017 年

**图 4-97　2000—2017 年团泊洼湿地水域动态分布特征**

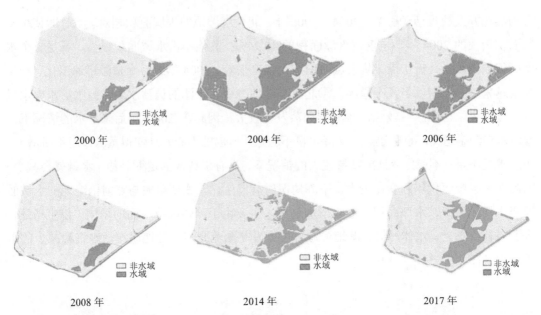

图 4-98    2000—2017 年北大港湿地水域动态分布特征

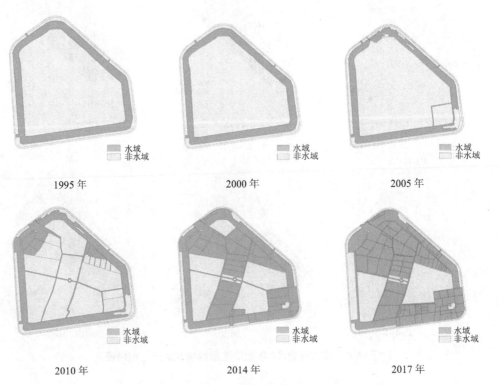

图 4-99    1995—2017 年钱圈湿地水域动态分布特征

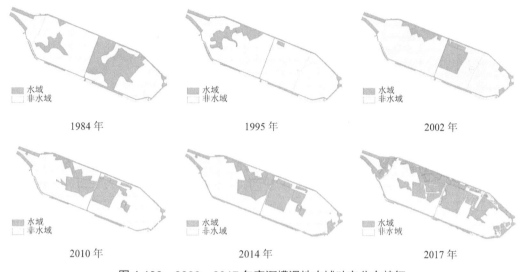

图 4-100 2000—2017 年宽河槽湿地水域动态分布特征

天然湿地面积减少、生态功能退化、生态多样性受到威胁等问题，通过生态补水以全面提升湿地生态系统稳定性。根据湿地恢复与修复实施规划湿地生态修复补引水方案。北大港生态补水将通过天津南部水循环工程、南水北调东线工程、青静黄排水渠水实施；团泊洼湿地生态补水将通过中心城区海河环境水、独流减河承泄的大清河系上游来水实施。通过生态补水保障独流减河下游地区湿地水量的基本平衡和生态环境稳定，为野生动植物提供良好的栖息环境。

自然生态系统的维持很大程度上依赖本地物种的覆盖程度和分布格局。采用斑块密度、最大斑块指数、边缘密度和平均邻近指数作为景观破碎化的度量指标。从斑块破碎幅度来看，独流减河下游地区典型湿地斑块破碎化明显。景观破碎化会导致生境的非生物条件、生态过程以及有机体之间的关系发生改变，从而使得物种的分布格局产生变化。因为人为干扰导致完整连续的湿地景观破碎化，主要表现为单位面积内的斑块数量增加，连续大斑块的面积减小，边缘比例增大以及同类斑块之间的距离增大。一方面，自然湿地转变为养殖坑塘、耕地、建设用地等人工用地会使得大斑块变小，小斑块增多，导致自然生境斑块间的距离增加，即生境的隔离程度增加，这阻碍了生物流动，降低生物多样性。

从湿地类型转化幅度来看，最初独流减河下游地区典型湿地景观类型中以湿生草本沼泽和水库水面、河流水面为优势景观类型，占有较高的景观面积比例，呈现连片分布特征。随着人为干扰增加，完整的自然湿地景观斑块逐渐破碎后，湿地人工化的现象明显。类型转化主要表现为：草本沼泽湿地、水库水面向养殖坑塘类型转化幅度明显；草本沼泽湿地向耕地类型转化；水库水面向人工建设用地类型转化（图 4-101、图 4-102）。

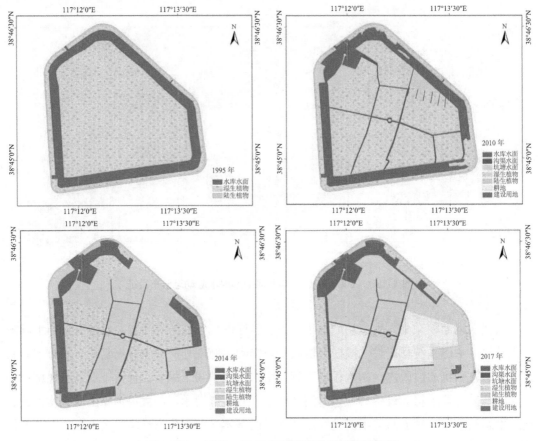

图 4-101　1995—2017 年钱圈湿地类型转化特征

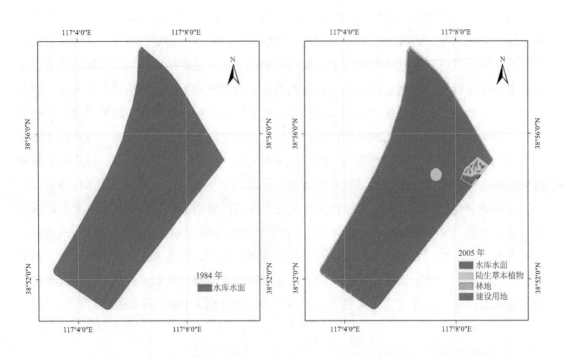

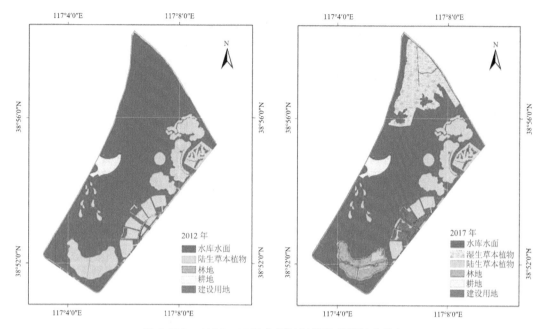

图 4-102 　1984—2017 年团泊洼湿地类型转化特征

### 4.4.1.6 　独流减河下游地区湿地群服务功能评估

湿地是人类赖以生存和持续发展的重要基础，湿地的作用以不同的湿地功能形式出现。Daily（1997）指出湿地功能是生态系统与生态过程所形成和维持人类赖以生存的自然环境条件与效用，并将直接经济价值纳入湿地功能的概念中。李青山等（2004）将湿地功能定义为湿地生态系统中发生的一般或特征化的自然生物过程，该定义强调的重点是过程。而联合国千年评估大会在 2005 年综合以往的经验，认为生态系统服务功能是指人们在生态系统获取的效益，包括直接、间接、有形和无形的效益，共四大类，即供给服务、调节服务、文化服务和支持服务。

独流减河下游地区湿地群生态系统在防洪、调节气候、净化环境、候鸟及珍稀濒危物种栖息地、维系区域生物多样性等方面发挥重要的服务功能，同时为人类社会提供了丰富的生态系统产品和服务。湿地生态系统又是对人类活动极为敏感的生态脆弱区，经济的发展使湿地资源的有限性与人类需求的无限性之间的矛盾日益突出，导致湿地多样性丧失、服务功能退化等。在上述分析了独流减河下游地区湿地生物群落结构与景观格局、栖息地生境和水文水质的相关关系，确定独流减河湿地群保护目标的基础上，从湿地生态系统的支持、供给、调节等多个维度，评价区域的湿地生态系统服务功能评估。

对 Costanza 评价体系（Costanza，1997）与中国陆地生态系统服务价值当量因子表（谢高地，2003）进行综合，建立了基于多维度湿地生态系统服务价值当量表。根据生态价值当量表，计算独流减河下游地区湿地群服务功能价值。

表 4-79　湿地景观生态健康评价指标体系当量表　　　单位：万元/（hm²·a）

| 一级类型 | 二级类型 | 林地 | 耕地 | 开发待利用地 | 湖库 | 洼淀 | 盐田 | 河渠 | 浅海水域 | 滩涂 | 养殖水域 |
|---|---|---|---|---|---|---|---|---|---|---|---|
| | | 9 | 8 | 12 | 1 | 2 | 3 | 4 | 5 | 6 | 7 |
| 供给服务 | 食物生产 | 0.93 | 1 | 0 | 0.53 | 0.36 | 0.2 | 0.77 | 1.26 | 0.45 | 12.9 |
| | 原材料生产 | 2.73 | 0.39 | 0.01 | 0.35 | 0.24 | 0.96 | 0.11 | 0.04 | 0.10 | 1.26 |
| | 小计 | 3.66 | 1.39 | 0.01 | 0.88 | 0.6 | 0.98 | 0.88 | 1.3 | 0.55 | 14.16 |
| 调节服务 | 气体调节 | 0.65 | 0.13 | 0.17 | 0 | 2.41 | 0.12 | 0.06 | 0 | 0.66 | 0 |
| | 气候调节 | 3.1 | 1 | 0.12 | 10.5 | 13.55 | 0.35 | 0 | 0 | 2.35 | 10.05 |
| | 水文调节 | 2.36 | 0.13 | 0 | 0 | 13.44 | 0.47 | 122.98 | 0 | 3.98 | 0 |
| | 废物处理 | 1.78 | 0.17 | 0.01 | 0 | 14.85 | 2.01 | 0.1 | 0 | 16.80 | 0 |
| | 小计 | 7.89 | 1.43 | 0.3 | 10.5 | 44.25 | 2.95 | 123.82 | 0 | 23.79 | 10.05 |
| 支持服务 | 保持土壤 | 8.86 | 1.7 | 0 | 0.41 | 1.99 | 0.45 | 0.22 | 27.43 | 1.03 | 0.41 |
| | 生物多样性 | 3.8 | 1 | 0.07 | 3.43 | 3.69 | 0.41 | 0.87 | 0.72 | 3.43 | 3.43 |
| | 小计 | 12.66 | 2.7 | 0.07 | 3.85 | 5.65 | 0.85 | 1.09 | 28.15 | 3.46 | 3.85 |
| 文化服务 | 提供美学景观 | 1.8 | 0.06 | 0.02 | 4.44 | 4.69 | 1.56 | 3.97 | 1.3 | 4.55 | 4.44 |
| | 小计 | 1.8 | 0.06 | 0.02 | 4.44 | 4.69 | 1.56 | 3.97 | 1.3 | 4.55 | 4.44 |
| 合计 | | 26.01 | 5.58 | 26.01 | 19.665 | 55.205 | 6.435 | 129.42 | 30.75 | 32.85 | 32.49 |

注：中国陆地生态价值当量参照谢高地等（2015）；天津盐场生态价值参照陈树登（2015）；水产养殖价值当量参照杨怀宇等（2011）。

## 4.4.2　独流减河河滨生态带功能修复技术研究

独流减河河滨生态带作为陆地和河流交错地带，是河流生态系统和陆地生态系统进行物质、能量和信息交换的一个重要过渡带。独流减河河滨带具有独特的植被、土壤、地形地貌和水文特征，这些特性决定了其生态系统的独特性、复杂性、动态性和生态的脆弱性。开展独流减河河滨带生态功能恢复，对于恢复其生态廊道、生物栖息地、污染防治、水土保持等多重生态功能具有重要意义。

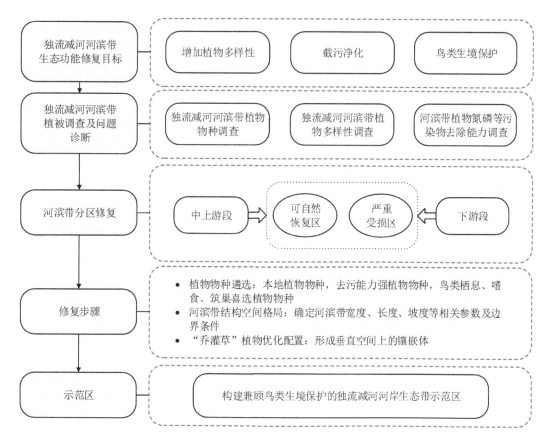

图 4-103　独流减河河滨带修复技术路线

### 4.4.2.1　独流减河河滨带生态功能修复目标

独流减河河滨带生态修复的首要目标是保护独流减河自然的生态系统；其次是恢复现有的退化生态系统。独流减河河滨带生态修复的长期目标是其生态系统自身可持续性的恢复。

根据人们对独流减河河滨带的社会、经济、文化需求，制定了本次研究的具体生态修复目标，主要包括：

1）增加植被种类组成和生物多样性；

2）通过植被截污净化功能，减少或控制环境污染；

3）鸟类生境保护。

### 4.4.2.2　独流减河河滨带植被调查及问题诊断

（1）调查目的

本研究通过对独流减河河滨带进行植被调查，掌握独流减河植被群落特征和物种多样性，分析独流减河问题现状，旨在为独流减河植物生态系统恢复与建立提供技术依据。

（2）调查方法

1）调查区概况

独流减河位于天津市区南侧，是承泄大清河系洪水的主要入海尾闾，西起大清河与子牙河交汇处的进洪闸，流经静海区、西青区、津南区、滨海新区等行政区域，最后经工农兵防潮闸入海。独流减河全长 67 km，设计流量 3 200 m³/s，河道最宽处达到 1 000 m 左右，其中在万家码头以下北大港辟有 5 km 宽的河槽，长度达 18.7 km。

2）样地选择与植被调查

2017 年，本研究对独流减河河滨带进行植被调查，共设 7 个调查样地，如图 4-104 所示，调查样地的经纬度见表 4-80。

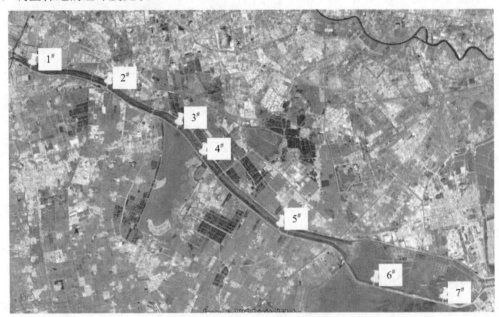

图 4-104　独流减河河滨带植被调查样地分布

表 4-80　调查样地的经纬度

| 调查样地 | 经度（E） | 纬度（N） |
|---|---|---|
| 1# | 116°56′11.00″ | 39°2′36.69″ |
| 2# | 117°2′8.11″ | 39°0′49.9″ |
| 3# | 117°7′16.13″ | 38°57′49.64″ |
| 4# | 117°8′55.05″ | 38°55′49.94″ |
| 5# | 117°14′14.28″ | 38°50′52.83″ |
| 6# | 117°21′4.01″ | 38°46′47.78″ |
| 7# | 117°26′18.24″ | 38°45′12.17″ |

　　本研究以距离水域边缘的位置和植被、地形等因素作为划分依据，将河滨带划分为岸坡植物带、坡滩植被带、滨水湿地植被带、水生植被带，如图 4-105 所示。独流减河河滨带植被主要由草本植物组成，是调查区的主要植被类型。因此，本研究在每个植被带区域分别设置 5~6 个草本植物样方，样方面积为 1 m×1 m，对草本植物的调查主要包括植物种、高度、频度和盖度等。对调查样地内草本、乔木和灌木的调查数据，主要用于植被群落特征和多样性指数的计算。

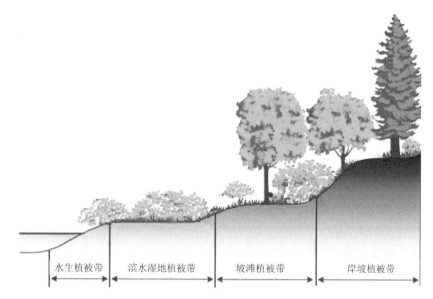

**图 4-105　独流减河河滨带植被区域**

　　根据野外调查所获得的样地数据资料，依照《中国植被》《天津植物志》，并借鉴《中国湿地植被》的分类原则、依据和分类系统，适当考虑该地区的实际情况，分析整理数据。

　　（3）植被类型调查及特征分析

　　1）植被区系分布

　　调查区域内植物区系比较复杂，属于中国、日本森林植物亚区、华北地区、渤海湾河口植物小区。在地理成分方面，碱蓬、猪毛蒿、二色补血草属滨海及内陆盐碱环境成分。在区系成分起源方面包括温带起源的一些种类如狗尾草及蒿属以及碱蓬、狗娃花等欧亚大陆草原成分等。众多的区系成分汇集于此，说明生态环境适合于较多植物种类的生长发育，也说明本植物区系成分的混杂性。

　　根据本次调查，调查区域内自然植被主要类型如下：

　　A. 岸坡防护林区域

　　a. 乔木

　　独流减河河岸防护林是由人工栽植的落叶阔叶植物组成的疏林植物群落。在调查区内发现的树种主要有金叶槐、守宫槐、刺槐、榆树、垂柳、旱柳、白蜡、火炬树、杨树等。乔木大多栽植不久，较为低矮，未形成高大乔木林。面积在整个流域中所占比例较少。由于土壤立地条件相对较好，植物生长状况相对良好。

1#样地可见人工栽植成行的金叶槐、榆树、垂柳，盖度约为40%，在典型区域有15～20 株/100 m²。2#样地道路两侧以杨树为主，岸坡从上向下依次种植杨树（高约 5 m）、白蜡（高约 4 m）、旱柳（约 4 m）、火炬树（1.5～3 m），其中火炬树较密。3#样地可见守宫槐（4～5 m）、刺槐（3 m）、榆树（1～2 m）。4 号样地以人工栽植榆树、槐树为主。5#样地人工栽植成行槐树、白蜡。6～7#样地仅道路两旁种植 2 行白蜡。

b. 灌木

本调查区的灌木并不典型，调查中只见到柽柳 1 种群落类型，见于 3#、5#样地，高度为 80～180 cm，土壤深度一般在 30 cm 以上，每个灌丛的冠幅度 1～2 m，盖度 20%～40%，基径为 3～8 cm。

c. 草丛

独流减河流域内，由于人类干扰和河流冲蚀，多年生草本破坏较为严重，演变为一年生草本为优势种的相对不稳定的现状植物群落。在调查区主要为各类草本植物组成的杂草类草丛。

● 狗尾草+杂类草草丛

狗尾草+杂类草草丛主要分布在 1#～4#调查样地，是调查区面积最大的群落类型，草丛总盖度 37%～90%。该群落类型主要以一年生草本狗尾草在群落中占优势，其他伴生的种类有芦苇、乳苣、苘麻、田旋花、小花鬼针草、中华苦荬菜、小飞蓬、砂引草、刺儿菜、茵陈蒿、裂叶牵牛、鹅绒藤、小藜、蛇床、萹蓄、独行菜等。

● 碱蓬群落

碱蓬群落主要分布在 7#调查样地。该群落类型是以湿生盐碱地植物碱蓬为优势种，群落植物组成较为简单，有时常形成单优势种群落。群落总盖度多为 2%～20%。高度一般在 5～10 cm。伴生的常见种类有稗、芦苇。

● 芦苇群落

岸坡防护林的芦苇群落主要以芦苇为建群种组成的群落类型。芦苇有发达的地下根茎，在与其他植物组成复合群落时，植物组成较为简单。该类群落主要分布在 1#、2#、6#调查样地，其中在 6#样地分布面积最大。芦苇植株生长发育受水文状况、土壤状况、芦苇种内、种间竞争等因素影响，芦苇在不同调查区域的生长高度差异较大。在调查区 1#、2#，芦苇植株较矮，一般为 20～40 cm，偶尔见 80～120 cm。在调查区 6#，芦苇生长良好，植株高大，一般为 70～150 cm。随着调查区域的不同，芦苇伴生植物也有差异。1#、2#区域，芦苇常与狗尾草、萎蒿、苘麻等组成复合群落，群落总盖度多为 34%～48%。在 6#样地，芦苇的伴生植物种类则为猪毛蒿、狗娃花、狗尾草等，群落总盖度多为50%～70%。

- 猪毛蒿群落

猪毛蒿群落主要分布在6#样地。该群落类型是以一年生草本植物猪毛蒿为优势种，群落植物组成较为简单，有时单形成优势种群落。群落总盖度多为58%～71%。伴生植物有鹅绒藤、芦苇、独行菜、牻牛儿苗、小藜、狗娃花等。

除上述分布较广的群落类型外，岸坡防护林区域还偶见零星分布的裂叶牵牛群落、鼠掌老鹳草群落、马唐群落、乳苣群落等。

B. 坡滩区域

a. 乔木

独流减河坡滩区域乔木由人工栽植的落叶阔叶植物组成的疏林植物群落。在调查区域内发现的树种主要有旱柳、白蜡、榆、金叶槐、槐，乔木种类稀少，植株较为低矮，大多在1.5～3 m，未形成高大乔木林。1#～4#坡滩区域林下草地旺盛，5#～7#调查样地坡滩区域林下草地稀疏，个别样地草地荒芜。

b. 灌木

坡滩区域的灌木并不典型，调查中仅见到柽柳群落1种群落类型。柽柳群落出现在调查区的3#、4#、5#、6#调查样地，高0.6～1.5 m，盖度20%～40%，分布稀疏。伴生的草本种类简单，高度一般在40～80 cm，常见种类有芦苇、碱蓬、稗草等。

c. 草本

- 狗尾草+杂类草草丛

狗尾草+杂类草草丛主要分布在1#、2#、3#、4#调查区域，分布面积最大，草丛总盖度40%～97%，主要高度为10～40 cm。以一年生草本狗尾草在群落中占优势，其他伴生的种类有苦苣、芦苇、苘麻、苍耳、鹅绒藤、蛇床、打碗花、大车前、刺儿菜、葎草、虎尾草、稗草、独行菜、小花鬼针草、马唐、萹蓄、乳苣、旋花、萝摩等。

- 芦苇群落

该群落类型主要分布在1#、2#、3#、4#调查区域，草丛总盖度为41%～90%。以多年生芦苇在群落中占优势。

- 狗牙根群落

狗牙根为多年生草本植物，根茎蔓延力很强，以小斑块或大斑块分布，密集丛生，为良好的固堤保土植物。狗牙根的耐盐性较好，在土壤盐碱化较为严重的6#、7#坡滩区域，狗牙根逐渐形成优势植物群落。群落总盖度60%～95%，植株一般为15～25 cm。狗牙根群的常见伴生种类为碱蓬、芦苇、乳苣、狗娃花等。

C. 湿地区域

湿地区域主要由草本植物组成，是调查区的主要植被类型。组成群落的草本植物主要有狗尾草、乳苣、芦苇、苘麻、鹅绒藤、刺儿菜、萝藦、打碗花、苘麻、裂叶牵牛、紫菀、齿果草、毛蒿、狗娃花、碱蓬等。根据植物组成群落的结构特点，初步划分为 7 个主要的群系。

a. 乔木

现场见少量乔木，树种主要为刺槐。植株较为低矮，大多在 2.0～3.5 m。林下草地旺盛。

b. 灌木

独流减河湿地区域的灌木并不典型，调查中仅见到柽柳群落 1 种群落类型。柽柳群落出现在调查区的 3# 调查样地，高 0.6～1.5 m，盖度为 20%～40%，分布稀疏。伴生的草本种类简单，高度一般在 40～80 cm，常见种类有芦苇、碱蓬、稗草等。

c. 草本

• 香附子群落

香附子群落是 3# 样地的典型群落，高 20～60 cm，盖度为 17%～49%，面积不大，群落地表常年有积水或持续时间较长的季节性积水，水深 10～30 cm，土壤腐殖质多。群落基本上以小斑块分布。

• 小飞蓬群落

小飞蓬为一年生或越年生杂草，在 5# 样地较为典型，群落结构较为简单，种群丰富度低，常形成大片单优势种群。植株高 25～50 cm，盖度为 10%～50%。

• 西伯利亚蓼群落

西伯利亚蓼是 5#、6# 样地典型和重要的群落优势种，对盐碱地环境具有很好的适应和改善能力，西伯利亚蓼高 35～60 cm，为多年生草本，生于盐碱荒地或砂质含盐碱土壤。西伯利亚蓼群落的物种组成比较简单。

• 苘麻群落

苘麻是 2# 和 3# 调查样地河滩湿地区域的主要植物类型，主要分布在河滨带下部、地势平缓、水淹影响严重、环境湿润的地方。苘麻为一年生亚灌木草本，抗性强，种子繁殖快，对环境要求低，常形成单优群落或双优群落，如苘麻-苍耳群落、苘麻-萹蓄群落、苘麻-稗草群落。苘麻群落高度一般为 30～120 cm，盖度为 40%～80%。苘麻群落常见的伴生种类有苍耳、萹蓄、稗草、狗尾草等。

• 芦苇群落

湿地区域的芦苇群落是河滩湿地面积最大的群落类型，广泛分布于各调查样地。芦苇是一种根茎型禾草，其无性繁殖力极强，天然种群以根茎繁殖补充更新，常形成单优群落或双优群落，具有极强的抗逆性和生存竞争能力，是独流减河河滨带的乡土植物。该群落对水分的适应幅度很广，从地表过湿到常年积水，从水深几厘米到 1 m 以上，均能生活。

芦苇高度不等，在调查区一般 1～2 m，植株生长发育受水文状况的影响，随着水的深度减少，植株变矮，在常年积水的地段生长较好，季节性积水地段植株较矮，中生环境下也能生长，而且群落的伴生植物也有差异。芦苇有发达的地下根茎，群落总盖度为 30%～90%。伴生的种类有狗尾草、乳苣、苘麻、苍耳、鹅绒藤、萝藦、裂叶牵牛、砂引草、碱蓬、小飞蓬、稗草等。该群落对于保护河滩湿地和净化水体具有重要作用。

- 碱蓬群落

碱蓬群落主要分布在 6#～7# 调查样地。该群落类型是以湿生盐碱地植物碱蓬为优势种，群落植物组成较为简单，有时常形成单优势种群落。群落总盖度多为 50%～90%。高度一般在 20～40 cm。伴生的常见种类有稗草、芦苇、香附子、狗娃花等。

- 芦苇-碱蓬群落

7# 调查样地以多年生草本植物芦苇、一年生草本植物碱蓬为绝对优势种。群落盖度为5%～80%。芦苇是一种拒盐盐生植物，碱蓬是典型的稀盐盐生植物，耐盐能力强，二者是盐渍化程度最高的。7# 样地湿地区域的绝对优势物种。两种植物常形成混生群落，群落物种组成相对单一，伴生植物种类极少，稳定性较差，易受人类活动影响。碱蓬高度为 10～30 cm，芦苇为 120～150 cm，芦苇株高具有绝对优势。

D. 水生植被区

本调查中水生植被主要指河流中生长的浮水植物和沉水植物。浮水植物漂浮于水面，沉水植物根固定于水底泥沙中，茎和叶沉于水面之下，叶薄而柔软或细裂，减少水流的阻力随波游动，又扩大了叶吸收二氧化碳和光的面积。常见有 2 个群落类型：

- 浮萍群落（Form. *Lemna minor*）

该群落对水质要求不高，以浮萍（*Lemna minor*）为优势种，常形成单优势种群落。浮萍的浮叶呈椭圆形，淡绿色，为家畜饲料，鱼的饵料。分布面积不大，主要集中在独流减河上游部分河道。

- 角果藻群落（Form. *Zanichellia palustris*）

该群落以沉水植物角果藻植物为优势种所组成的群落。群落季节色单一，总盖度为20%～50%。

2）植被种类分析

调查区内植物全部为被子植物，共 24 科 50 属 63 种。根据《天津植物志》，天津野生及习见栽培的高等植物计 163 科 748 属 1 365 种 6 亚种 127 变种及 18 变型。就科一级水平而言，研究区内植物科数占整个天津植物科数的 14.72%，较为常见的科为豆科、蓼科、藜科、旋花科、菊科、禾本科。就属一级水平而言，研究区内植物属数占整个天津植物属数的 6.68%。含种较多的属有蓼属（3 种）和蒿属（4 种）。就种一级水平而言，研究区内植物种数占整个天津植物种数的 4.61%。从上述植物种类组成可以看出，无论在科的水平上、属水平上或者在物种水平上，独流减河植被种类都不是特别丰富。尽管如此，上述植物在构成独流减河湿地生态系统的物种多样性方面仍然发挥了重要作用。

根据调查结果，狗尾草群落、芦苇群落、碱蓬群落较为常见，其余植物种类零散分布。根据用途，可将其分为芳香植物、鞣料植物、淀粉植物、油脂植物、纤维植物、药用植物、保护和改造环境植物资源和饲用植物等 8 大类。

（4）独流减河河滨带问题诊断

根据前期调查结果，独流减河河滨带退化特征主要表现为植被数量及多样性偏少，微生态区植被狭窄，树种主要由当地或外来种组成，生态区由当地和外来植被混合形成一定宽度的廊道。此外，虽然独流减河河滨带基本建设成了"乔灌草"三维立体构架的河滨带生态区，然而植被生长受多重因素威胁。第一，当地园林管理部门为保证乔木生长良好，需定期喷洒药物，造成乔木下面草本植被大面积死亡。第二，河岸带的水陆交接带水生植被种类少，且种植稀疏，在水位较低的情况下存在裸地现象。

### 4.4.2.3 独流减河河滨带生态修复研究

（1）河滨带生态修复应遵循的原则

1）可持续性原则

河滨带在生态修复时，应考虑水域、岸带、植被等自然环境以及社会经济环境的影响，重视人文要素在重建中的重要作用，达到社会经济和环境的可持续协调发展。

2）尊重自然原则

充分遵循独流减河的自然属性和美学价值，寻求最佳的生态修复方案。独流减河河滨带生态系统修复要根据自然地带性规律、生态演替及生态位原理选择适宜的先锋植物，构造种群和生态系统，以逐步使退化河滨带生态系统恢复到目标水平。慎重引进外来物种，防止生物入侵。

3）分类重建原则

根据不同类型河滨带的主导功能需求，在对河滨带内非生物环境的空间异质性与生物群落多样性、非生命系统与生命系统之间的依存和耦合关系进行正确分析的基础上，采用近自然规划设计，增加河滨带的异质性与多样性。

4）生态原则

根据生物多样性的要求，对独流减河河滨带进行生态修复，应重视河岸植被建设，通过科学的"乔灌草"配置，以提供水域生物净化和鸟类栖息功能。河滨带生态修复应遵循四条规律：①系统越大，维持的生物多样性越高。②重建的河岸带与毗邻生态系统的联系越密切，越有利于生物多样性的建设。③重建的河岸带生态系统与毗邻的生态系统相似或相同，有利于生态恢复。④残余的、零星的河岸带生态系统恢复能力弱，对自然和人为活动的影响较敏感。

（2）河滨带修复的空间布局研究

独流减河河滨带在时空上具有四维结构特征，即纵向（上游—下游）、横向（河床—泛滥平原）、垂直方向（河川径流—地下水）和时间变化（如河岸形态变化及河岸生物群落演替）四个方向的结构，其中河滨带横向结构是开展生态修复工作的重要前提（图4-106）。

图 4-106　独流减河河滨带横向结构

1）河滨带宽度要求

为保证河滨带能够发挥作用，对河滨带的宽度有一定要求。河滨带宽度取决于：①它所要实现的功能；②河滨带的坡度、土壤类型、渗透性和稳定性等几何物理特性；③流域上下游水文情况和周边土地利用方式；④资金投入情况；⑤有关部门要求等。

*Design Recommendations for Riparin Corridors and Vegetated Buffer Strips* 一书中强调，河滨带生态功能与其宽度具有极为密切的关系（表 4-81）。很多研究发现河滨带治理污染的效果与其宽度成正比。此外，一些案例也表明合理地确定河滨带宽度是有效保护鸟类生境栖息地的重点（表 4-82）。

表 4-81　河滨带生态功能及其宽度要求

| 功能 | 描述 | 建议宽度 |
| --- | --- | --- |
| 水质保护 | 缓冲带，特别是缓坡上茂密的草本植物缓冲带，能够拦截地表径流，捕捉沉积物，移除污染物，促进地下水恢复。对于低或中等程度的斜坡，大部分过滤都发生在开始的 10 m，但是对于陡坡，则需要更宽的缓冲带。当土壤渗透率低或非点源污染程度高时，缓冲带应主要为灌木和乔木 | 5～30 m |
| 生境保护 | 缓冲带，特别是灌木和乔木，可为河岸生物和水生生物提供食物和栖息地 | 30～500 m |
| 稳固河岸 | 河滨植物能减轻河岸土壤湿度条件，根系有利于土壤固定 | 10～20 m |
| 防洪 | 河滨带可增强洪泛区储水能力，抑制河水漫流，提高穿行时间，降低洪峰 | 20～150 m |

根据相关研究和案例，结合独流减河自身实际，为有效保障独流减河截污净化和鸟类生境保护功能，独流减河河滨带宽度宜设置在 50 m 以上。

表 4-82　兼顾鸟类生境保护的河滨带最小宽度建议值

| 文献 | 地点 | 宽度 | 优点 |
| --- | --- | --- | --- |
| Darveau et al. | 加拿大 | ≥60 m | 研究发现，居住在树上的鸟类需要 50 m 宽的林木缓冲带 |
| Hodges and Krementz | 格鲁吉亚 | ≥100 m | 大于 100 m 的河滨带足以维持六种最常见新热带候鸟的功能性聚集 |
| Mitchell | 新罕布什尔 | ≥100 m | >100 m 宽的缓冲带足以维持区域敏感性林鸟的繁殖，还能为红肩𫛭提供筑巢区 |
| Tassone | 弗吉尼亚州 | ≥50 m | 许多新热带迁徙者不栖息在宽度小于 50 m 的滨岸带 |
| Triquet et al. | 肯塔基州 | ≥100 m | 宽度大于 100 m 的河滨廊道中新热带候鸟种类更加丰富；河滨带宽度小于 100 m 时，栖息的鸟类主要为当地原生或短距离候鸟 |
| Spackman et al. | 佛蒙特州 | ≥150 m | 至少需要 150 m 宽的河滨带，才能包括中等河流沿岸 90%鸟类 |
| Whitaker et al. | 加拿大 | ≥50 m | 50 m 宽的河滨带仅能为国内≤50% 的林鸟提供栖息地 |

2）河滨带的分区修复

在独流减河河滨带修复过程中，首先要区分两类被干扰的河滨植被带。一类是未超过本身生态承载力的河滨植被带，是可逆的，当去除外界干扰以后，是可以靠自然演替实现生态自我修复的目标。如独流减河中游地区，受农药喷洒或周边畜禽污染的区域，草本植被带成片缺失情况较为严重。修复的重点应聚焦在外界干扰因素的去除和管理上。另一类是被严重干扰的河滨带，无自我恢复可能性，是不可逆的。如受河水侵蚀、地形多变、环境复杂等多重因素影响，河滨带边缘地区的异质生态条件十分活跃，在边缘地区的水生植物种群受到不相适应异质生态条件的刺激，种群缩小甚至缺失。这种情况下必须辅之以人工措施创造植被适生环境。

（3）植物物种遴选与配置研究

在独流减河河滨带垂直空间上，根据不同水位以及当地自然条件，将河滨带分为岸坡植被带、坡滩植被带、湿地植被带和水生植被带四个区域。在不同区域选取适合的植物物种。不同植被类型有不同的生态效果，在植物物种遴选时，应根据河滨带修复的主要目标和独流减河实际情况来选取和种植。首先，优先考虑本地物种，主要参考前期调查的本地已有植物种类，因地制宜配置，谨慎选择外来入侵物种。其次，不同的植被类型提供特定作用，如乔木和灌木能更好地减少土壤侵蚀，增加生物多样性；而草本植物在过滤沉淀、过滤营养物质、杀虫剂、微生物、提供野生动物生境等方面发挥更好的功效。再次，基于独流减河河滨带生态系统的生物多样性和系统稳定性要求，优先考虑鸟类栖息、嗜食、筑巢喜选植物物种，同时注重植物群落内部复杂性、物种组成以及成熟株与幼龄株比例等问题。最后，还需充分考虑河滨带植被群落构建的合理性。每个植物的群落类型都是由不同生活型的植物所组成，其空间上的结构又可以分为垂直结构和水平结构。垂直结构表现在空间上的成层现象，例如陆地植物往往可分为乔木层、灌木层、草本层，水生植物往往可以分为漂浮植物层、沉水植物层、挺水植物层；水平结构是植物群落在水平空间上的分化，包括不同物种的组成等。

1）岸坡植被带

岸坡植被带最远离水面，增加植被的种类，加大植株的年龄跨度，丰富物种和生长形态。选择种植乔木和草本植物组成的植物带，从而达到单位面积内生物数量的稳定，增加生态系统多样性。同时还能截流地表径流、减缓流速，将其转化为片状流并提高入渗量，使地表径流转化为潜水。

乔木植物选择毛白杨、刺槐、臭椿、榆树、垂柳、白蜡等高大落叶阔叶植物，形成疏林植物群落，组成连续性的生态走廊。林下配置狗尾草，裂叶牵牛落、马唐群落、乳苣群落、杂类草草丛（图 4-107）。

图 4-107　岸坡植被带

2）坡滩植被带

坡滩植被带植物选择，考虑其生态功能，采用乔木、灌木和草本植物的立体配置，在稳定堤岸的同时提供生物栖息、迁徙的通道。

乔木选择种植火炬树、榆树、金叶槐等落叶阔叶植物。灌木主要根据独流减河当地情况，配置柽柳。林下草本植物配置狗尾草、芦苇、狗牙根、杂类草草丛（图 4-108）。

图 4-108　坡滩植被带

3）湿地植被带

湿地植被带靠近水面，水深在 0～0.5 m，具有较强的水质净化能力，选择栽植净化效果良好，兼顾景观效果的挺水植物，同时增加植物多样性和覆盖度。根据前期调查结果，湿生植物物种选择狗尾草、乳苣、芦苇、苘麻、鹅绒藤、刺儿菜、萝藦、打碗花、狗娃花、碱蓬、杂类草草丛等（图 4-109）。

图 4-109　湿地植被带

4）水生植被带

水生植被带位于河岸边缘区，属于水深较大的区域，一般水深在 0.5～1.5 m。利用岸边已有植物或人工种植由水生植物组成的植被群带，主要作用是保持堤岸的稳定性，同时净化水质。根据水深栽植沉水植物和挺水植物。独流减河河滨带中上游处主要种植香附子、苘麻、芦苇、稗草、长芒稗；下游种植芦苇、小飞蓬、碱蓬、荆三棱、香附子等。种植宽度为水陆交界带 0.5～1 m（图 4-110）。

图 4-110　水生植被带

# 总  结

## 5.1  主要成果

　　研究从区域生态廊道构建与恢复方面入手，构建了滨海河流生态恢复与修复技术体系集成与模式，重点解决了流域生态脆弱和破碎化问题。研究成果构筑了与美丽天津建设相适应的水环境治理技术和管理技术体系与模式，为类似河流水质改善和生态修复提供技术支撑与范例。其产生的研究成果和突破的关键技术已经在天津市区域水质达标、黑臭水体的消除、区域水资源调配、天津市生态质量空间管控和流域水环境监控预警中应用，也为天津市的污染防治攻坚战提供了有力的技术支撑。

　　完成了滨海河流生态恢复与修复技术体系集成与模式构建，构建了以独流减河为主轴的流域生态廊道网络，建立了规模化河流生态湿地工程和大尺度水系连通与水动力优化工程，打通了大清河流域入海生态廊道。

　　针对独流减河流域城镇化进程加剧，生态单元被严重割裂，河道、湿地、湖库和河口等重要生态节点之间缺乏有机的自然连接通道，河滨带生态功能退化，截污净化功能低下等问题，通过以重要生态节点为连接点，重点考虑土地利用类型、建设用地和人口等人为干扰因素，基于最小累积阻力模型，构建了"团泊洼—独流减河—北大港—宽河槽"为主轴的"点—线—网—面"结构的生态廊道网络布局。在此基础上，针对廊道重要生态节点功能退化问题，突破了变盐度水体及人工严重干预的地形条件下的浅宽型河槽湿地净化效果优化及生物多样性提升技术；针对廊道生态需水量不足问题，突破了以满足独流减河关键节点的生态水量和水质双重需求为目的的多水源生态补水技术；针对廊道功能单一问题，突破了鸟类生境保护及截污净化统筹的河岸生态功能修复技术。

　　该成果规划出"一轴两心九带"的生态框架，并以此为基础划定了天津市南部生态红线区域，修复独流减河河岸带乔灌草立体植被 23 km，建设了规模化滨海人工生态湿地工程 30.74 km$^2$，大尺度水系连通补水工程 226 km，连通河道 12 条，年补生态需水量 0.85 亿 m$^3$，打通了大清河流域入海生态廊道，助推大清河生态廊道重建与恢复。

## 5.2 关键技术

课题突破 3 项关键技术，具体如下：

### 5.2.1 变盐度水体及人工严重干预的地形条件下的浅宽型河槽湿地净化效果优化及生物多样性提升技术

针对独流减河下游宽河槽湿地生态水量不足、生态系统退化问题，通过微地形改造与景观设计，构建由导水垾、连通渠、浅水型表流湿地、深水型稳定塘、水鸟栖息岛组成的兼顾鸟类保护与水质净化的湿地景观结构；筛选出耐盐能力强、水质净化效果好的先锋水生植物品种，包括狐尾藻、篦齿眼子菜、金鱼藻、黑藻、菹草、芦苇等，并结合地形条件和水深变化进行挺水植物（芦苇）和沉水植物（狐尾藻、篦齿眼子菜、金鱼藻、黑藻、菹草）的立体配置和群落构建；优化了湿地系统内部的布水方式（3 个区的长宽比为 2.82∶1～6.45∶1）、水力负荷（3 个区的设计流量分别为 2.12 m$^3$/s、2.52 m$^3$/s、5.36 m$^3$/s）及水力停留（22 d），提升湿地系统的水质净化功能。通过以上技术的集成与优化，突破了变盐度条件下的浅宽型河槽湿地净化效果优化及生物多样性提升技术。技术在宽河槽示范区应用后出水主要水质指标达到地表水 V 类标准，水生植物生物多样性指数和底栖生物多样性指数分别提高 19.8% 和 38.7%。

技术创新点和增量：筛选出适用于近海变盐水体湿地的水生植物、优化了湿地流场及水力调度，提出了针对不同区域的水位调节方法、植物布置方式以及鸟岛等设施设计方式，通过协同布置实现了多种生境的滩-湿-塘生态系统营造，实现了出水稳定达标和区域的生态生境提升的双重功效。

### 5.2.2 以满足独流减河关键节点的生态水量和水质双重需求为目的的多水源生态补水技术

针对独流减河生态供水不足、水源来源复杂、水资源量短缺及水质污染严重等问题，通过复杂边界条件的生态水动力学机制、水质与浮游生物相互作用关系以及非均衡多水源联合调度等研究，构建生态补水水量平衡模型和水质水量优化配置模型，计算独流减河生态需水总量及其时空分布关系，分析不同水资源调控方案下水质指标的时空变化。在非均衡多水源水量平衡和水质水量优化调配模型时空耦合的基础上，构建以满足独流减河关键节点的生态水量和水质双重需求为目的的多水源生态补水技术，确定独流减河生态环境最小需水量为 $0.837×10^8 \, m^3$，宽河槽湿地最小需水量为 $0.731×10^8 \, m^3$，上游和下游调水点的水量调配分配比例约为 7：3。基于该技术构建的独流减河水系沟通循环示范工程，实现了流域水资源量的高效利用和独流减河河流水力条件的改善，保证了河道及湿地群生态基流，同时结合河流-湿地生态系统的净化能力改善水质，支撑主要河道断面水质达到地表水环境质量 V 类标准，保障入海河流景观构建和湿地生物多样性提升。

技术创新点：形成了适用于具有重要生态功能的大型人工开挖河道-湿地的生态需水量估算方法和平原地区非均衡多水源河流的水资源优化配置和联合调度方法。

### 5.2.3　鸟类生境保护及截污净化统筹的河岸生态功能修复技术

针对包含多个重点鸟类生态功能区的独流减河下游河流湿地生态功能退化、截污净化功能较差的问题，以鸟类为主要指示物种，采用国际重要湿地评估方法、湿地野鸟指数和生物遥测技术等，建立以鸟类种类数量和栖息地环境质量为标准的河流湿地的生态质量评估体系，综合评估兼顾鸟类保护的湿地生态质量状况，提出以湿地生态功能恢复为目的，综合污染管控、水质提升、湿地面积恢复和鸟类栖息地保护的生态生境营造方案。在此基础上，综合考虑独流减河流域鸟类分布与地理环境因子的相关性以及河岸带地理地貌，确定独流减河流域生态修复的堤岸带、缓冲带和河滩过渡带区域，以优选的湿地常见截污净化植被构建鸟类生活、生长、觅食、繁衍等重要的生境场所，开展多元化生态重建与"乔灌草"三维立体构架的河滨带生态功能恢复，实现了鸟类生境保护及截污净化统筹的河岸生态功能修复。

技术创新点和增量：建立以鸟类为主要指示物种的河岸带生态质量评估体系，以优选的湿地常见截污净化植被（如狐尾藻、篦齿眼子菜、金鱼藻、黑藻、菹草、芦苇等）构建鸟类生活、生长、觅食、繁衍等重要的生境场所，实现了鸟类生境保护及截污净化统筹的河岸生态功能修复。

## 5.3　成果应用及建议

编制了《基于生态基流保障的多水源区域联合调度方案》，被大清河管理处采纳并应用于天津市独流减河和海河干流所在水系的连通调水，实现了天津市南部地区的水系连通循环。在天津市生态红线划定方面，将课题构建的"团泊洼—独流减河—北大港—宽河槽"为主轴的独流减河流域生态廊道区域划为天津市生态保护空间基本格局"三区一带多点"中的主要组成部分，即生态红线"三区"中的南部区域团泊洼—北大港湿地区。在天津市打好污染防治攻坚战方面，将独流减河流域水环境综合治理列为了《天津市打好碧水保卫战三年作战计划（2018—2020 年）》《天津市打好黑臭水体治理保卫战三年作战计划（2018—2020 年）》《天津市打好渤海综合治理治理保卫战三年作战计划（2018—2020 年）》《天津市打好农业农村治理治理保卫战三年作战计划（2018—2020 年）》4 个作战计划中的重点任务。

本研究从独流减河流域生态廊道构建和规划、河岸带修复、水系连通、宽河槽人工湿地建设等方面入手，实现了独流减河流域下游生态廊道重建和恢复，为白洋淀上游来水打通了入海通道。随着雄安新区的建设，独流减河流域已经初步具备保障白洋淀出水的入海生态安全生态屏障功能。

### 5.3.1　加强独流减河河岸带生态廊道构建，提升鸟类栖息地生境质量

独流减河流域目前已经完成了从成台子排水河到马厂减河的河岸带生态修复示范区建设，但是独流减河上游地区生态环境相对脆弱，只是从景观绿化角度完成了河岸带绿化工程，还未形成乔灌草立体植被的生态廊道空间格局。应该继续加强对鸟类生活规律和迁徙活动情况的调查，根据鸟类活动规律，以独流减河流域重要生态节点为突破口，加强基于鸟类栖息地生境营造的河岸带修复，提升鸟类生境质量。

### 5.3.2　加强湿地环境修复，增加鸟类适宜栖息地面积

独流减河下游区域是东亚—澳大利西亚鸟类迁徙通道的重要节点，湿地质量关系鸟类迁徙是否成功，但独流减河下游区域湿地破碎化，生态缺水，导致现在鸟类适宜栖息地面积不足以支撑迁徙路线上水鸟在此栖息。应该注意加强维护现有的鸟类适宜栖息地；打通围堤围埝，退耕退建还湿，保证湿地连通性；根据鸟类迁徙规律定时进行生态补水，增加鸟类适宜栖息地面积，为鸟类迁徙停留提供足够空间。

### 5.3.3　实施独流减河生态补水工程，保证河道及湿地群生态需水量

目前已完成独流减河水系沟通循环示范工程的构建，实现了海河与独流减河之间常规水源和再生水源的调度循环。但是此工程只能保证独流减河和宽河槽湿地的最小生态环境需水量，无法应对雨洪水和外源水月际和年际较大幅度波动的情况。应该继续推进"海河—独流减河—永定新河"南、北两大水系连通循环工程实施，不断优化调水路径，实现流域水资源量的高效利用，加强河道、水库、湿地生态环境补水，保证达到适宜或最大生态环境需水量。

### 5.3.4　加强独流减河宽河槽区域湿地保护，发挥湿地环境调节作用

独流减河宽河槽区域目前已经完成了宽河槽综合示范区的建设，并开展了上游来水的

补给，但目前主要功能集中在独流减河宽河槽区域生态水量的补充和来水水质的改善，随着湿地生态的逐步构建，湿地区域还可以进一步发挥湿地的环境调节作用，实现湿地对区域环境的整体改善和调节，这需要进一步加强湿地的保护工作，一方面控制入水水质，避免污染严重的水体对湿地生态造成负荷冲击；另一方面要做好水量的优化补充，特别是在汛期处理好防洪与湿地维护之间的关系，减少洪水过流对湿地的冲击。

# 参考文献

[1] 曹雪梅，彭永臻，王淑莹. 缺氧区、好氧区容积比对 $A^2/O$ 工艺反硝化除磷的影响[J]. 中国给水排水，2007，23（3）：27-30.

[2] 陈学群，俞爱媚，吕斌. Carrousel 氧化沟技术演变规律的探究[J]. 给水排水，2002，28（2）：23-25.

[3] 程晓如，魏娜. SBR 工艺研究进展[J]. 工业水处理，2005（5）：10-13.

[4] 戴世明，白永刚，吴浩汀，等. 滴滤池/人工湿地组合工艺处理农村生活污水[J]. 中国给水排水，2008，24（7）：4.

[5] 董倩倩，刘振法，杨静远，等. 曝气生物滤池/活性砂滤池用于印染废水深度处理[J]. 中国给水排水，2016，32（16）：107-110.

[6] 董哲仁. 保护和恢复河流形态多样性[J]. 中国水利，2003（11）：53-56.

[7] 郭明昆，吴昌永，周岳溪，等. 强化除磷曝气生物滤池反冲洗优化及其污泥特性[J]. 环境科学研究，2016，29（3）：404-410.

[8] 黄文飞，韦彦斐，王红晓，等. 美国分散式农村污水治理政策、技术及启示[J]. 环境保护，2016，44（7）：3.

[9] 黄志强，张小英. 青神县畜禽养殖粪污处理新模式[J]. 四川畜牧兽医，2014（8）：23.

[10] 焦居仁. 生态修复的要点与思考[J]. 中国水土保持，2003（2）：1-2.

[11] 鞠昌华，芮菡艺，朱琳，等. 我国畜禽养殖污染分区治理研究[J]. 中国农业资源与区划，2016（12）.

[12] 雷阳，张寒飞. 生态修复技术在现代园林中的应用[J]. 农家科技旬刊，2016（6）：330.

[13] 李杜元. 北方河流生态修复规划设计浅析[J]. 水利技术监督，2018（5）：101-102，50，53.

[14] 李冉，沈贵银，金书秦. 畜禽养殖污染防治的环境政策工具选择及运用[J]. 农村经济，2015（6）：95-100.

[15] 李永祥，杨海军. 河流生态修复的研究内容和方法[J]. 人民珠江，2006（2）：4.

[16] 刘富军，郭福生，曾华，等. 生物转盘在污水生物处理中的研究进展[J]. 工业安全与环保，2007（9）：35-37.

[17] 刘晋. 生物生态组合技术处理农村生活污水研究[D]. 南京：东南大学，2006.

[18] 刘锐. 表面流人工湿地和强化生态塘组合工艺净化市区河水研究[D]. 哈尔滨：哈尔滨工业大学，2012.

[19] 刘长荣，常建一. Carrousel 氧化沟的脱氮除磷工艺设计[J]. 中国给水排水，2002（1）：67-70.

[20] 骆其金，陈蕾莹，林方敏，等. 农村生活污水处理技术达标能力评估方法及案例研究[J]. 广东化工，2018，45（4）：4.

[21] 区岳州. 微曝氧化沟污水处理工艺研究[C]. 中国水污染防治技术装备论文集（第八期），2002，170-175.

[22] 宋劼，赵娜，李志威，等. 基于底栖动物的城市内河水生态状况评价——以圭塘河为例[J]. 中国农村水利水电，2017（11）：7.

[23] 宋连朋，魏连雨，赵乐军，等. 我国城镇污水处理厂建设运行现状及存在问题分析[J]. 给水排水，2013，39（3）：39-44.

[24] 田壮，方淑波，印春生，等. 盐城海岸带景观格局变化和重金属空间分布相关分析[J]. 上海海洋大学学报，2013，22（6）：912-921.

[25] 王刚，闻韵，海热提，等. UASB 处理高浓度畜禽养殖废水启动及产气性能研究[J]. 环境科学与技术，2015，38（1）：5.

[26] 王薇，李传奇. 城市河流景观设计之探析[J]. 水利学报，2003，34（8）：117-121.

[27] 徐琳. 公众参与视角下的生态恢复研究[D]. 南京：南京农业大学，2011.

[28] 徐冉，迟成龙，陈书怡. 污水处理工艺的技术经济综合评价方法[J]. 同济大学学报：自然科学版，2013，41（6）：7.

[29] 杨启红，王家生，李凌云，等. 山区河流修复中生态地貌设计与实践[J]. 人民长江，2017（S1）：74-78.

[30] 杨卫萍，陆天友. 日本净化槽技术应用对农村污水处理的启示[J]. 福建建设科技，2014（5）：86-88.

[31] 杨云龙，陈启斌. SBR 工艺的现状与发展[J]. 工业用水与废水，2002（2）：1-3.

[32] 杨志泉，周少奇，何伟，等. 改良 $A^2/O$ 工艺生物脱氮除磷应用研究[J]. 中国给水排水，2010，26（1）：79-82.

[33] 叶翼齐，郝培尧，董丽. 浅析河岸景观的生态修复[J]. 景观设计，2015（4）：112-115.

[34] 张学洪，李金城，刘茎. $A^2/O$ 工艺生物除磷的运行实践[J]. 给水排水，2000（4）：14-7.

[35] 赵金安. ABR 反应器处理畜禽养殖废水中厌氧污泥颗粒化的研究[J]. 中北大学学报（自然科学版），2015（36）：79.

[36] 赵润江，师卫华，赵辉. 城市护岸的发展历程和趋势[J]. 现代园艺，2008（9）：46-47.

[37] 赵彦伟，杨志峰. 城市河流生态系统修复刍议[J]. 水土保持通报，2006，26（1）：5.

[38] 郑天柱，周建仁，王超. 污染河道的生态修复机理研究[J]. 环境科学，2002（S1）：115-117.

[39] 周宏春. 生态修复与生态产品[J]. 绿色中国 A 版，2017（8）.

[40] 朱颢，胡启春，汤晓玉，等. 丹麦集中式沼气工程发展模式分析与启示[J]. 世界农业，2016（11）：7.

[41] ADAMS C，WANG Y，LOFTIN K，et al. Removal of Antibiotics from Surface and Distilled Water in Conventional Water Treatment Processes[J]. Journal of Environmental Engineering，2002，128（3）：253-260.

[42] ANDREOZZI R，CANTERINO M，MAROTTA R，et al. Antibiotic removal from wastewaters：The ozonation of amoxicillin[J]. Journal of Hazardous Materials，2005，122（3）：243-250.

[43] ARSLAN A I，ECOTOXICOLOGY A C J，SAFETY E. Toxicity and biodegradability assessment of raw

and ozonated procaine penicillin G formulation effluent[J]. Ecotoxicology & Environmental Safety, 2006, 63 (1): 131-140.

[44] BOJESEN M, BOERBOOM L, SKOV-PETERSEN H J L U P. Towards a sustainable capacity expansion of the Danish biogas sector[J]. Land Use Policy, 2015, 42: 264-277.

[45] Codell, R, Eisenberg, N, Fehringer, D, Ford, W, Margulies, T, McCartin, T, Park, J, and Randall, J. Initial demonstration of the NRC's capability to conduct a performance assessment for a High-Level Waste Repository[R]. United States: N. p., 1992. Web. doi: 10.2172/138429.

[46] CUNHA S J G. River channel restoration: guiding principles for sustainable projects[J]. GEOgraphia, 2010, 9 (18).

[47] ERIKSEN J, ANDERSEN A J, POULSEN H V, et al. Sulfur Turnover and Emissions during Storage of Cattle Slurry: Effects of Acidification and Sulfur Addition [J]. Journal of Environmental Quality, 2012, 41 (5): 1633-41.

[48] FUJISHIMA A, ZHANG X, ENERGY D T J I J O H. Heterogeneous photocatalysis: From water photolysis to applications in environmental cleanup[J]. International Journal of Hydrogen Energy, 2007, 32 (14): 2664-2672.

[49] GUINEA E, BRILLAS E, CENTELLAS F, et al. Oxidation of enrofloxacin with conductive-diamond electrochemical oxidation, ozonation and Fenton oxidation. A comparison[J]. Water Research, 2009, 43 (8): 2131-2138.

[50] HAQ A, FENG X, LU X J A S. A Modified Bio-Ecological Process for Rural Wastewater Treatment[J]. Applied Sciences, 2017, 7 (1): 66.

[51] HAUGEN F, BAKKE R, LIE B, et al. Optimal design and operation of a UASB reactor for dairy cattle manure[J]. Computers & Electronics in Agriculture, 2015, 111.

[52] HOBBS R J, CRAMER V A J S S E P. Restoration Ecology: Interventionist Approaches for Restoring and Maintaining Ecosystem Function in the Face of Rapid Environmental Change[J]. Social Science Electronic Publishing, 2008, 33: 39-61.

[53] JACOME, 1 J A, MOLINA, et al. Performance of constructed wetland applied for domestic wastewater treatment: Case study at Boimorto (Galicia, Spain) [J]. Ecological Engineering, 2016, 95, 324-329.

[54] KLAUSON D, BABKINA J, STEPANOVA K, et al. Aqueous photocatalytic oxidation of amoxicillin[J]. Catalysis Today, 2010, 151 (1-2): 39-45.

[55] KüMMERER K. Antibiotics in the aquatic environment–A review–Part I [J]. Chemosphere, 2009, 75 (4): 417-434.

[56] LADU J, LU X, OSMAN A M J R J O A S E, et al. Experimental Study on Anoxic/Oxic Bioreactor and Constructed Wetland for Rural Domestic Wastewater Treatment[J]. Research Journal of Applied Sciences Engineering & Technology, 2014, 7 (2): 354-63.

[57] LOYON L. Overview of manure treatment in France[J]. Waste Management, 2017, 61 (516-20.

[58] LUNDIN L G, WILHELMSON M. Genetic Variation of Peptidase and Pyrophosphatase in the Chicken[J]. Poultry Science, 1989, 68 (10): 1313-1318.

[59] MAZARELI R C D S，DUDA R M，LEITE V D，et al. Anaerobic co-digestion of vegetable waste and swine wastewater in high-rate horizontal reactors with fixed bed[J]. Waste Management，2016，52：112-121.

[60] NAVALON S，ALVARO M，GARCIA H J W R. Reaction of chlorine dioxide with emergent water pollutants：product study of the reaction of three beta-lactam antibiotics with ClO（2）[J]. Water Research，2008，42（8-9）：1935-1942.

[61] Novais，S. V.，Zenero，M. D. O.，Frade Junior，E. F.，de Lima，R.P. and Cerri，C.E.P.（2017）Mitigation of Greenhouse Gas Emissions from Tropical Soils Amended with Poultry Manure and Sugar Cane Straw Biochars. Agricultural Sciences，8，887-903.

[62] OENEMA O J J O A S. Governmental policies and measures regulating nitrogen and phosphorus from animal manure in European agriculture[J]. Journal of Animal Science，2004，82 E-Suppl：E196.

[63] OUDART D，ROBIN P，PAILLAT J M，et al. Modelling nitrogen and carbon interactions in composting of animal manure in naturally aerated piles[J]. Waste Management，2015，46（45）：588-598.

[64] PLAYFAIR G L. Do we know what we are doing?[C]. 1984.

[65] STACKELBERG P E，GIBS J，FURLONG E T，et al. Efficiency of conventional drinking-water-treatment processes in removal of pharmaceuticals and other organic compounds[J]. Science of The Total Environment，2007，377（2）：255-272.

[66] TAM N F Y，VRIJMOED L L P. Effects of commercial bacterial products on nutrient transformations of pig manure in a pig-on-litter system[J]. Waste Management & Research，1990，8（5）：363-373.

[67] TAM N F Y，VRIJMOED L L P. Effects of the Inoculum Size of a Commercial Bacterial Product and the Age of Sawdust Bedding on Pig Waste Decomposition in a Pig-on-litter System[J]. Waste Management & Research，1993，11（2）：107-115.

[68] WANG L，GUO F，ZHENG Z，et al. Enhancement of rural domestic sewage treatment performance，and assessment of microbial community diversity and structure using tower vermifiltration[J]. Bioresource Technology，2011，102（20）：9462-70.

[69] WEI，LUO，CHUNPING，et al. Novel two-stage vertical flow biofilter system for efficient treatment of decentralized domestic wastewater[J]. Ecological Engineering，2014，64，415-423.

[70] WU Y，ZHU W，LU X J E E. Identifying key parameters in a novel multistep bio-ecological wastewater treatment process for rural areas[J]. Ecological Engineering，2013，61，166-173.